태양을
멈춘
사람들

혁신과
잡종의
과학사
1

태양을
멈춘
사람들

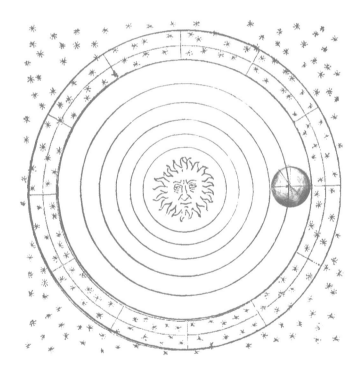

궁리
KungRee

수업을 함께한 학생들에게

과학사에서 지동설 혁명의 중요성은 아무리 강조해도 지나치지 않다. 과학사상 가장 중요한 사건이며 사실상 현대적 의미의 과학이 탄생한 사건이기도 하다. 거기에 이 과정을 탐구하며 얻는 장점들을 덧붙인다면, 과학의 시작점이기에 과학의 가공되지 않은 '원형'을 볼 수 있으며, 특히 아직 고도의 수학이 개입하지 않아서 그 내부를 비교적 쉽게 들여다볼 수 있다.─현대과학의 경우는 극단적 단순화 없이 일반인이 이해하기에는 너무 난해해져버렸다. 그리고 이 과정을 자세히 살펴보면, 과학의 특성과 과학적 사고법에 대해 많은 것을 생각하게 해준다. 결국 내가 오늘날 어떤 식으로 '과학'할 것인지 생각하게 해주는 것이 지동설 혁명이다.

이 책은 '붓 가는 대로' 쓴 지동설 혁명에 관한 글이다. 교과서로 기획되지도 않았고, 새로운 연구결과를 제시하고자 쓴 책도 아니다. 이 책에 실려 있는 사실들은 당연히 다른 책들에서도 많이 찾아볼 수 있다. 그렇다면 이 책만의 의미가 제시될 필요가 있을 것이다. 2008년 나는 케임브리지 트리니티 칼리지를 방문할 기회가 있었다. 과학사 전공자로서는 과학사의 성지에 온 셈이었다. 뉴턴의 연구실 앞에 섰을 때, 진부한 표현일지 모르지만 마음 한구석에 뉴턴이 들어왔다. 그리고 한 가지 결심을 굳혔다. 꼭 뉴턴을 주인공으로 하는 학부강의를 만들어보리라.

다행히 빨리 기회가 와서 2010년에 나는 한양대학교에서 '혁신과 잡종의 과학사'라는 이름의 과목을 개설하는 데 성공했다. 광범위한 과학사를 단순화의 위험을 무릅쓰고 16~17세기의 한 사건에 집중한 강의가 만들어졌다. 지동설 혁명에 대해서만 수업시간의 80%를 할애했다. 몇 년 동안 강의가 진행되고 내 강의안은 약간씩의 교정이 가해졌다. 그러면서 학생들의 반응이 스스로 흡족할 정도는 되었다. 무엇보다 오늘의 대학생들이—특히 이공계열 대학생들이—얼마나 과학사적 지식을 원하고 있는지, 또한 얼마나 접할 수 없는지 잘 알 수 있었다. 막연히 어렵다고 생각하면서 수강하다가 역사가, 더구나 과학의 역사가 재미있을 수 있다는 코페르니쿠스적 전환을 접하는 것을 볼 때마다 흐뭇한 기분이 되곤 했다. 그리고 몇 년의 수업경험이 축적되면서 내 수업의 흐름을 확장해서 한 권의 책을 써보자는 생각으로 자연스럽게 연결되었다. 하지만 오랜 강의를 거쳤음에도 강의를 책으로 바꾸는 것은 쉽지 않았다. 말하기와 글쓰기의 차이로 인해 전체적인 설계부터 다시 바꿔야 했다. 그래서 본래의 수업에 비해 많은 내용이 추가되었다.

어느 학생에게 받은 강의평가 중 '달의 뒷면을 보는 수업'이라는 말이 가장 마음에 들었던 기억이 있다. 그 슬로건이 꽤 멋있게 느껴져 어느새 내 수업들의 일반적 목표가 되었다. 그래서 쉬운 흐름 속에 과학의 '뒷면'을 넣는 것을 기본 목표로 했다. 즉, 이 책은 대중서로 기획되었지만 정확히는 과학을 '되돌아보려는' 사람들을 예상독자로 하고 있다.

역사만큼, 특히 과학의 역사만큼 재미있을 수도 지루할 수도 있고, 호불호가 극단적으로 갈리는 과목도 별로 없을 것이다. 역사를 재미있게 배워보는 방법은 고금으로부터 너무나 잘 알려져 있다. 인물들의 이야기로 그들을 느끼며 알아가는 방법이다. 사건 연도나 외우는 것은 전문 역사가들이나 할 일이다. 내 생과 전혀 상관없게 느껴지는 과학의 이야기가 무슨 의미를 줄 수 있을까? 인간을 먼저 알아야 그 과학자를 이해할 수 있고 특별한 재능과 업적도 비로소 이해될 수 있다. 하지만 그렇다고 그것이 달걀을 품는 아이 이야기나, 목욕탕을 벌거벗고 뛰쳐나가는 노학자의 이미지 정도여서는 아무것도 배울 수 없다. 이상화되고 단순화되어 동화가 되어버린 왜곡된 과학자상은 진실을 알려주지 않는다. 조금 더 깊게, 그러나 질리지는 않게, 거기까지가 이 책의 목표였다.

이 책에는 다른 책들과 다른 시각과 평가들이 들어 있을지 모른다. 이상한 잣대라고 폄하하지 말고, 과도하게 표준적 척도로 바라보지도 말며, 독자들이 하나의 평으로서 이해해주기 바란다. 사실과 사실 사이의 모호함에는 나의 추리들이 포함되었다. 어쨌든 최소한 내가 느꼈던 진실과 나름의 감동을 넣어보고자 한 노력의 과정에서 나온 것은 분명하다. 부족한 부분에 대해서는 그렇게 변명해둔다.

역시 역량의 한계이겠지만, 가장 맑은 정신 상태일 때, 일관적인 가치관을 유지하며 글을 쓰는 것은 불가능에 가까웠다. 오직 쓸 수 있을 때 써두자는 생각으로 띄엄띄엄 원고를 진행했다. 수업하고, 논문에 쫓기고, 기말 채점을 하고, 앓고, 집안 대소사를 처리할 때면 어쩔 수 없이 쉬어가면서 간헐적으로 원고는 진행되었다. 그래서 때로는 고즈넉한 분위기에 취해 제 딴에 멋스런 문장을 써보고자 한 흔적과, 감기에 훌쩍거리며 일단 써두고 나중에 고치자고 한 시간과, 엽기적인 사건소식에 시대유감을 표하며 연구실로 도피하며 쓴 글들이 뒤섞였고, 춘하추동의 시간들 속 내 감정의 기복들이 모두 들어가버렸다. 그리고 그러는 사이 2년이 훌쩍 지나갔다. 그런 시간들을 차별 없이 오롯이 녹여 넣었다. 물론 그 시간 안에는 내 게으름의 흔적도 있다. 그 또한 그대로 받아들이기로 했다. 그래서 문체가 간간이 다른 느낌으로 다가올 수도 있을 것 같다. 처음에는 전체적으로 통일성 있게 문장을 다시 손볼까도 생각해봤지만 그만뒀다. 모자이크 같은 모양 그대로 내버려두기로 했다. 새롭게 투자해야 하는 시간이 아찔해 보였던 것도 사실이지만, 그 다양한 순간들 속, 다양한 상태의 나 또한 나의 모습들이고, 이 글은 나의 글이니 그대로 두는 것이 더 의미가 있어 보였다. 그래서 미덕 아닌 미덕이 있다면, 이 책은 절마다 장마다 맛이 다를 수 있다고 자위해본다.

많은 위대한 과학자들의 인생 또한 그렇지 않았던가.

차례

1632년

1632년, 교황 우르바누스 8세는 얼핏 사소해 보이지만 매우 심란한 문제와 마주해 있었다. 자신과 같은 피렌체 출신이고, 메디치 가문의 궁정학자이며, 현존 최고의 학자로 인정받고 있는 갈릴레오 갈릴레이의 종교재판 문제였다. 교황은 이 사건이 미칠 여파에 대해 조심스럽게 저울질해보았다. 사실 교황은 한가한 상황이 아니었다. 유럽 전역에 영향을 미친 큰 전쟁의 와중에 교황 위를 맡았고, 10여 년간 독일지역에서는 가톨릭 제후들이 신교도들의 저항에 맞서 싸우고 있었지만 상황은 여의치 않았다. 전쟁은 아직도 16년이 더 지나야 끝날 것이었고 후세의 역사가들은 이 전쟁을 '30년 전쟁'이라 부르게 될 것이다.

17세기에 들어선 지금, 교황의 권위는 100여 년 전과는 비교할 수 없이 초라해졌다. 루터와 칼뱅의 등장은 모든 것을 바꿔놓았다. 교황의 권한은 이제 유럽의 절반에만 미치고 있었고 그나마 상징적이었다. 정치적 권위는 더욱 미미했다. 프랑스는 가톨릭 국가면서도 이해관계에 따라 공공연히 독일 신교 제후들의 편을 들었다. 중세의 절정기에는 카놋사에서 신성로마제국 황제 하인리히 4세를 무릎 꿇게 만들었던 교황의 권위였지만, 지금의 프랑스 부르봉 왕가에게는 비굴한 달래기에 가까운 조심스런 정치적 술수만 가능했다. 합스부르크 가문과의 관계는 더 복잡했다. 스페인과 오스트리아 지역을 비롯해서 보헤미아, 남부 네덜란드, 이탈리아 남부 등을 망라하는 영역을 지배하는 합스부르크 가문은 가톨릭의 수호자로 자처했다. 하지만 교황령을 지배하는 정치적 수장이기도 한 교황의 입장에서 합스부르크 가문의 팽창은 마냥 환영할 문제가 아니었다. 이로 인해 독일에서의 전쟁에 대해 교황은 미적지근한 태도를 취했고, 스페인 대사는 교황의 이런 태도에 대해 노골적 불만을 드러내고 있었다. 외교전과 전쟁의 화염 속에 사상전쟁도 불꽃을 튀기고 있었다. 위기는 도처에서 몰려왔다. 그동안 신교도 세력은 유럽 곳곳으로 퍼져 나갔고, 교황청을 적그리스도에 비유하며 신도들을 포섭하고 있었다. 가톨릭교회의 모든 의식과 성경해석들에 대해 불경한 트집잡기들이 이어졌다. 이럴 때일수록 교황의 권위를 세우고 사상통일을 물 샐 틈 없이 강화해야 했다. 그간 교황청 역시 가만히 시간을 보낸 것은 아니었다. 예수회가 성직자들의 청렴운동을 시작했고, 종교재판소는 금서목록을 만들고 사상범을 엄격히 처단하기 시작했다. 교황과 가톨릭교회는 모든 정황에도 굴복하지 않고 힘겨운 노력을 계속하고 있었다.

그런데, 이런 엄중한 시기에 한 오만한 학자가 출간한 책이 미묘한 균열을 일으키려 하고 있었다. 그것도 이탈리아 반도 안에서! 행동 자

태양을 멈춘 사람들

체도 오만방자했지만, 그 주장의 내용은 자칫 교회의 세속적 권력을 넘어 종교적 권력까지 약화시킬 수 있는 잠재적 위험을 내포하고 있었다. 마르틴 루터가 유럽을 둘로 갈라놓은 지 한 세기가 지났고 칼뱅의 이념들도 교황청의 권위를 계속해서 침식 중이었다. 30년 전쟁은 교황청의 세속적 권력을 도처에서 약화시키고 있었다. 특히 성경으로 돌아가자던 루터의 슬로건 자체에는 이의를 제기할 수 없었기에 교황청은 성경해석에 관한 유일한 권위가 자신들에게 있음을 논리와 권력을 총동원해서 주장해야만 했다. 교황청에서는 성경적 해석에 대한 사소한 이설이라도 용납되어서는 안 된다는 암묵적 동의가 강화되었다. 그런데 철없는 학자가 사소한 천문학적 문제를 성경해석과 관련된 신학적 문제로 확대시켜버릴지도 모를 상황이 발생해버렸다. 불안정한 정세 속에서 작은 틈이 거대한 붕괴를 가져올지도 모른다. 더구나 갈릴레오의 책은 그간 호의를 보여주었던 교황의 명백한 명령을 무시했다. 분노한 교황은 강한 본보기로서 일벌백계가 필요하다고 판단했다. 신교도들이 교황청의 성경해석을 무시하고 가톨릭교회의 여러 의식들을 우상숭배라 비난하더니 이젠 하찮은 학자 하나까지 교황을 깔보고 있지 않은가? 가톨릭교회는 이미 32년 전 상당한 정치적 부담에도 불구하고 조르다노 브루노를 화형시키지 않았는가?

하지만, 교황은 한편 걱정이 앞섰다. 이 상황이 오히려 교황청에 역풍을 가져올 수도 있다. 혹시라도 유죄평결이 힘들어진다면 망신을 당하게 될 것이고, 무리하게 유죄를 선고한다면 세상이 어떤 반응을 보이게 될지 모를 일이었다. 이젠 가톨릭 교인들조차 순종적이지는 않았다. 사소하지만 신중한 판단이 필요한 문제라고 상당수의 성직자들은 조언하고 있었다. 교황청 내부의 분위기는 통일되지 않았다.

그러면 학자들의 판단은 어떨까? 교황은 여러 경로를 통해 자문을 구했다. 의외로 상당수의 학자들은 갈릴레오의 이단성을 굳게 주장했고 재판은 마땅하다고 입을 모았다. 교황은 힘을 얻었다. 사실 갈릴레오는 적이 많았다. 잠재해 있던 적들은 기회가 오자 일치단결해서 갈릴레오에게 달려들고 있었다. 관료들이 보았을 때 갈릴레오는 망원경으로 몇 가지 쇼를 보여주는 자가 누리기에는 너무 과분한 대접을 받고 있었다. 벼락출세자는 망원경과 현미경 장난으로 군주의 환심을 사고 엄청난 연봉을 손에 넣고 있었다. 갈릴레오의 급여는 총리급이었다. 재상과 장관만큼의 수입이 보장되는 대가로 메디치 궁정에서 그가 하고 있는 일은 한가한 학술놀음뿐이다. 뿐만 아니라 갈릴레오는 그간 망원경 관찰결과를 놓고 수많은 학자들과 우선권 논쟁을 벌였다. 갈릴레오는 수많은 천문학적 발견들을 자신만의 것이라고 우겼고 불리한 증거가 나오면 궤변으로 빠져나갔다. 특유의 말재간으로 진지한 논쟁을 장난거리로 만들어 경쟁자들을 조롱했다.—하지만 그때마다 갈릴레오가 옳았던 것도 사실이다. 오만하고 경박한 갈릴레오의 함정에 빠져 토론 중 웃음거리가 된 학자들이 몇 명이던가? 성직자들이 볼 때 갈릴레오의 발언들은 성경해석에 관한 사제들의 권한을 위험한 수준까지 침범하고 있었다. 갈릴레오의 변명과는 달리 그의 주장들은 수시로 성경의 권위를 위협했다. 성직자들과 논쟁으로 갈릴레오가 이단 시비에 휘말린 적은 여러 번 있었다. 그때마다 이 비겁한 피렌체인은 메디치 가문의 권력 뒤로 숨었다.

그들은 이제야 때가 왔다고 생각했을 것이다. 진작 심판받았어야 할 죄인을 종교재판소로 보내게 된 것이다. 지구가 태양을 돈다는 코페르니쿠스의 주장은 성경에 배치되며 이를 교회의 명령을 어기며 옹호한 갈릴레오는 분명한 유죄다! 교황은 결심을 굳혔다. 갈릴레오의 재판을 속행하되 상황에 따라 신중한 조율이 필요할 것이다. 시비 거리를 찾고 있는 신교도들의 시선과 그나마 우호적인 메디치 가문과의 관계까지 고려해야 한다. 재판과정이 진행되었다. 종교재판소가 발빠르게 움직이기 시작했다. 1632년 가을 피렌체의 갈릴레오 갈릴레이는 로마로 와서 재판에 출두하라는 명령을 받는다. 공격목표를 정한 종교재판소가 적을 허투루 다룬 적이 있으며, 피고를 관대히 대한 적이 있었던가? 갈릴레오는 나이 일흔을 앞두고 생애 최대의 위기에 직면해 있었다.

과연 지구가 멈출 것인가? 아니면 태양이 멈출 것인가?

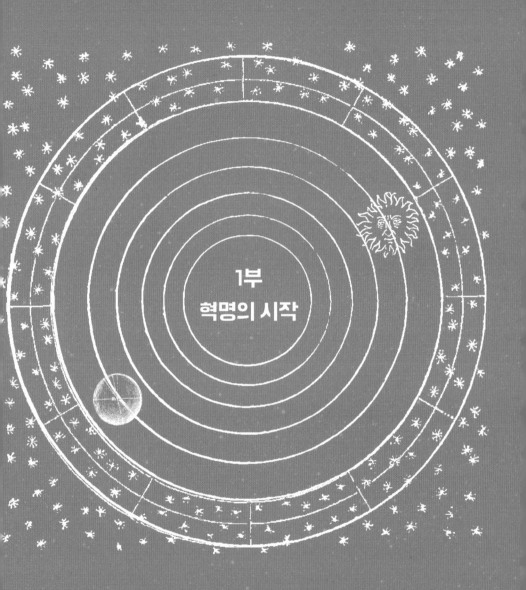

1부
혁명의 시작

01

중세의 끝에서

· 태양아 멈추어라 ·

기원전 1400년경, 이집트에서 노역에 시달리며 고통 받던 유대인 수십만 명이 선지자 모세를 따라 이집트를 탈출한 지 수십 년이 지난 어느 날이었다. 유대인들은 모세가 죽은 후 후계자 여호수아의 지도 아래 연합하여 가나안 정복전쟁의 와중에 있었다. 그날 가나안의 다섯 부족 왕들은 연합군을 형성하여 여호수아 군대와 치열한 교전을 했다. 혈전 끝에 여호수아의 군대는 마침내 승기를 잡았다. 여호수아는 수세에 몰린 적이 야음을 틈타 도망가게 될 것을 걱정했다. 여호수아는 이스라엘 군대 앞에서 기도했다. "해야, 기브온 위에 그대로 머물러라! 달아, 아얄론 골짜기에 멈추어라!" (여호수아기 10장 12-14절) 성경에 의하면 여호수아가 적군을 무찌를 때까지 해도 달도 그 자리에 멈추어 있었으며 해는 중천에 머문 채 종일토록 지지 않았다고 한다. 그리하여 여호수아의 군대는 적군을 남김없이 소탕할 수 있었다. 이 기적은 신의 권능의 확인이었고, 이스라엘 민족에 대한 신의 신뢰의 증표였다. 최소한 성경에 기반한 신앙을 가진 사람들에게는 분명히 그러했다.

여호수아의 기도로부터 3000년에 가까운 시간이 흘렀다. 16세기 중반 마르틴 루터(Martin Luther, 1483~1546)는 한 폴란드 가톨릭 성직자의 이론 하나를 전해 듣게 된다. 코페르니쿠스라는 이 성직자의 이론에 따르면 태양이 우주의 중심에 있고, 지구는 태양의 세 번째 위성으로서 태양 주위를 돌고 있다는 것이었다. 코페르니쿠스의 이론을 전해 들은 루터의 반응은 잘 알려져 있다. "여호수아가 멈추라고 한 것은 태양이지 지구가 아니다." "새로운 점성술사가 하늘과 태양과 달이 아니라 지구가 움직이고 회전하는 걸 증명하려 한다. 마차를 타고 가는 사람이 자신은 가만히 정지한 채 앉아 있고, 지구와 나무가 걸어서 움직인다고 주장하는 것이나 뭐가 다른가! 멍청하기 짝이 없다."

16세기 유럽인들에게 성경 여호수아기 내용의 의미는 명확했다. 기록된 '문자 그대로' 3000여 년 전 어느 날 신의 권능으로 태양은 땅(지구)에 대한 공전을 잠시 멈춘 기적이 발생한 것이다. 땅은 정지해 있고 태양이 매일 한 번씩 지구를 돌고 있다고 설명하는 것은 우리의 경험과 잘 일치하는 설명이다. 왜 태양과 지구의 입장을 바꾸어야 하는가? 땅의 움직임은 전혀 느낄 수 없고 작은 크기로 느껴지는 태양이 거대한 크기를 가지고 정지해 있는 땅을 돌고 있다고 보는 것은 상식에 부합하는 자명한 결론이었다.

이 유명한 일화를 들으면 현대인들은 당시 교회가 신·구교를 막론하고 지동설에 대해 적대적이었을 것이고, 루터는 완고한 보수주의자라는 섣부른 결론을 내릴 확률이 높을 것이다. 하지만 공정을 기하자면 루터의 말이 남은 이유는 단지 그가 유명인이었기 때문일 뿐이다. 루터의 지동설에 대한 반응은 당시 성직자들이라면 흔하게 보일 반응이었고, 무엇보다 루터에게 이 문제는 결코 중요한 사안이 아니었다. 유럽을 뒤흔든 종교개혁의 불길이 막 시작되고 있었고, 교황청과 목숨을 건 교리논쟁이 눈앞에 있었다. 루터는 지동설에 대해 그 시대의 성직자들이 일반적으로 보여주었을 만한 간단한 비웃음으로 대응했을 뿐이다. 가톨릭 교계에서도 지동설에 대한 특별한 반응은 없었다. 책 본문의 몇몇 문구를 수정하라는 지시 정도가 전부였다. 흔히 알려진 상식과는 다르게 이 사소한 해프닝을 제외하면 지동설의 탄생과정에 이렇다 할 탄압은 없었던 셈이다.

유럽에서 위의 성경구절에 대한 해석이 아주 중요한 문제로 떠오르게 된 것은 코페르니쿠스의 책이 출간된 지 90년 가까이 지나서였다. 피렌체의 궁정 철학자 갈릴레오가 생사의 기로에 선 재판을 당하게 되었을 때, 이 성경구절을 어떻게 해석할 것인지 하는 문제는 여러 논쟁의 씨앗이 된다. 성경기록 자체를 사실로 보더라도 태양이 공전을 멈춘 것인지, 지구의 자전이 멈춘 것인지, 아니면 전혀 다른 상징적 의미를 함축한 내용인지에 대해서는 여전히 논쟁거리일 수밖에 없었다. 하지만 그것은 반 세기 이상 지난 후에 발생할 문제였다. 아직 이 문제는 찻잔 속의 잔물결에 불과했다. 루터는 미처 몰랐을 것이고, 코페르니쿠스 스스로도 상상조차 할 수 없었겠지만, 루터의 가벼운 비웃음을 받은 내용을 담은 작은 책은 루터가 일으킨 불길만큼이나 맹렬한 혁명의 도화선이 되었다. 그 혁명의 결과 유럽과 세계의 미래는 급변하게 된다.

· 작은 시작 ·

니콜라스 코페르니쿠스(Nicolaus Copernicus, 1473~1543)는 1473년 현재 폴란드의 토룬에서 태어났다. 10세에 아버지를 여의고 성직자인 외삼촌의 후원으로 학업을 계속했다. 1496년 이탈리아 볼로냐 대학으로 유학 간 뒤 이후 파도바 대학 등을 거치며 10년 정도 이탈리아 유학기간을 거쳤다. 1516년 외삼촌이 죽자 그의 성직을 승계해서 죽을 때까지 경제적으로 안정된 삶을 살았다. 자신의 근거지에서 성직을 수행하다 1543년 노환으로 사망했다. 이탈리아 유학을 제외하면 견문이 크게 넓은 사람도 아니었고 긴 생애 전반에서 특별한 이력 또한 찾을 수 없다. 그에 대한 기록 전체가 빈약한 편이다. 그의 업적이라면 작은 책 한 권을 죽기 전에 남긴 것이 전부였다. 코페르니쿠스의 중요성은 오직 그 한 권의 책으로부터 비롯된다. 일반적으로 폴란드인으로 인정되지만 그가 유명해진 뒤 독일계 이주민으로서 독일식 이름을 가진 독일인으로 봐야 한다는 주장도 일부 있었다. 국적에 관한 사소한 논쟁은 있지만 중요한 것은 아니다. 진정 중요한 것은 코페르니쿠스의 국적이나 출생지가 아니라 그가 호흡했던 시대와 장소다. 특히 그가 유학했던 15세기 말과 16세기 초 북이탈리아 상황을 함께 이해할 필요가 있다.

코페르니쿠스가 태어난 15세기 후반의 유럽은 대격변기의 시기였다. 15세기 중반까지 유럽 문명은 한없이 초라한 수준이었다. 실제 유럽은 중국, 인도, 이슬람 문명에 비해 뚜렷이 가난했고, 지적 수준이 떨어졌으며, 인구도 훨씬 적었다. 하지만 불과 반세기 만에 유럽은 성장을 위한 결정적 전환점을 만들게 된다. 코페르니쿠스가 태어나기 20년 전인 1453년에 후세 역사가들이 중세의 끝으로 규정한 사건이 일어난다. 콘스탄티노플의 함락, 즉 동로마 제국이 오스만 투르크 군에게 멸망한 것이다. 비록 초라해지긴 했어도 서로마 멸망 이후 1000년을 지속했던 동로마 제국의 몰락은 유럽인들에게 충격을 주기 충분했다. 동로마 제국의 멸망은 유럽인들에게 공포를 주었지만 동시에 각성을 촉구했다. 동로마 제국 지식인들이 이슬람의 탄압을 피해 서유럽으로 몰려들기 시작했다. 당연하게도 고대 그리스의 원전들도 흘러들어왔다. 이 흐름은 십자군 전쟁 이후 속도가 붙기 시작하던 고대 지식의 확보와 계통적 연구를 가속시켰다. 특히 그 중심지는 이탈리아였다. 학자들은 고대의 현자들에게 존경심을 가지고 고대 지식을 체계적으로 정리했다. 40여 년 뒤 청년 코페르니쿠스가 이탈리아 유학의 길에 올랐을 때는 뜻이 있는 연구자라면 상당한 고대 지식들을 체계적으로 섭렵할 길이 넓게 열려 있게 된다. 또 이런 흐름은 결정적 기술혁신에 의해 탄력을 받았다. 코페르니쿠스가 태어나기 20여 년 전 요하네스 구텐베르크(Johannes Gutenberg, 1397~1468)는 오랜 노력 끝에 금속활자인쇄술을 상용화하는 데 성공했다. 그때까지 오직 필사에 의해서만 책이 만들어졌기 때문에 도서는 귀하고 비쌌다. 무엇보다 손으로 옮겨 쓰는 과정에서 내용이 소실되거나 왜곡되었다. 믿을 만한 책을 적절한 가격에 손에 넣는 것은 쉬운 일이 아니었다. 평생 동안 흡수할 수 있는 지식의 총량은 뚜렷한 한계가 있었다. 금속활자 인쇄술은 이런 상황을 일변시켰다. 불과 수십 년 사이 유럽에서는 수백 만 권 이상의 책이 인쇄되었다. 책값은 싸졌고 책의 정확도는 비약적으로 향상되었다. 개인이 읽을 수 있는 정보의 총량은 한 세대 전과는 비교될 수 없을 만큼 많아졌다. 거기다 코페르니쿠스가 이탈리아 유학에 오르기 4년 전 크리스토퍼 콜럼버스의 신대륙 발견이 있었다. 오늘날 외계생명체의 발견만큼이나 충격적인 뉴스였을 것이다. 그리고 유럽은 이제 수백 년간 지속될 제국주의적 팽창의 첫발걸음을 시작했다. 신대륙의 부와 자원이 유럽으로 쏟아져 들어오기 시작했고, 시대 분위기는 탐험과 지적 모험을 부추겼다. 옛것과 결별하고 새로운 것을 창조하고 싶은 사회 전반의 열망이 재능 있는 젊은이들을 독려하고 있었다. 이 모든 상황들이 불과 반세기 만에 전개되었다. 코페르니쿠스의 청년기는 이 시대 변화의 절정기였고, 이탈리아는 그 중심에 있었다. 이런 상황을 이해할 때 코페르니쿠스의 인생과 업적은 조금 더 명확해진다.

　잘 알려지지 않은 유년기를 지나 20대 초반 이탈리아로 간 코페르니쿠스는 볼로냐와 파도바 대학 등을 거치며 10년을 보낸다. 그가 유학하던 시기 르네상스는 이탈리아에서 절정을 맞고 있었다. 르네상스 3대 천재를 언급하면 일반적으로 레오나르도 다빈치(Leonardo da Vinci, 1452~1519), 미켈란젤로(Michelangelo Buonarroti, 1475~1564), 라파엘로(Raffaello Sanzio, 1483~1520)를 꼽는다. 레오나르도 다빈치는 코페르니쿠스보다 20년 정도 연배가 앞선다. 미켈란젤로는 코페르니쿠스보다 두 살 적고, 라파엘로는 열 살 아래다. 20~30대의 코페르니쿠스가 이탈리아에 머무를 무렵, 이 천재들은 모두 정력적으로 활동 중이었다. 고전의 부활이라는 르네상스의 뜻은 이 시기 최고 수준의 예술 작품들로 분명한 의미를 부여 받았다. 조각가와 건축가의 이름이 남기 시작하고 예술분야에서 고대는 완전히 부활되었다고 감히 선언할 수 있는 시대였다. 다른 분야에서도 이 전범을 따라야만 한다. 이 예술가들은 전 분야에 있어 고대의 복원이라는 지상과제를 제시한 셈이다. 코페르니쿠스는 그 시대 분위기의 세례를 받았다. 활기 넘치는 이탈리아 도시들에서 청년기를 보내며, 넘쳐나는 고대의 문헌들을 섭렵하던 코페르니쿠스는 이 시기 상당히 이단적이라 할 만한 사상에 매료된 듯하다. 고전의 부활과 함께 되살아난 피타고라스와 플라톤적 사고도 시대적 유행이 되었다. 신피타고라스학파나 신플라톤주의자들이 넓게 공유하고 있었던, 수의 이데아, 수의 신비를 믿는 이런 사상들은 온 세계에 숨겨진 수학적 미를 탐색하는 작업을 소중히 여기게 만들었다. 볼로냐와 파도바에서도 그런 분위기는 가득했으리라. 코페르니쿠스는 본래 유학의 목적인 의학과 교회법보다는 천문학적 문제에 강하게 이끌렸다. 그리고 코페르니쿠스는 피타고라스적인 수학적 조화를 천체에 투영해보려는 생각에 심취하게 된다. 아마도 후에 지동설의 시작이라 일컬을 그의 생각들은 이런 과정을 거치며 이탈리아에서 기본 개념이 정립되었을 것이다. 르네상스의 결실기는 자연스럽게 코페르니쿠스를 잉태했다.

▦── 역법 개정 문제 ──▦

이런 상황 외에도 천문학이 주목받을 만한 상황은 또 한 가지가 있었다. 달력 개정에 관한 논의였다. 때마침 이 문제는 15세기 말 당대의 중요 이슈가 된다. 의외로 그 문제는 실용적 문제보다는 지극히 종교적인 문제로 불거졌다. 바로 기독교의 중요행사인 부활절 날짜를 결정하는 문제였다. 이 문제는 당시에 천문학상 계산 문제가 왜 그렇게 중요한 사회적 문제로 인식될 수 있었는지를 알려주는 좋은 사례다.

부활절은 '춘분 이후 첫 보름달 다음에 오는 첫 일요일'로 정의된다. 부활절이 이런 복잡한 정의를 갖게 된 이유는 그리스도가 유대의 유월절 축제시기에 죽었다가 부활했다는 성경기록에 근거한다. 문제는 유럽이 유대역법을 쓰진 않으니 유럽인들의 달력에서 이 부활절은 다시 정의될 필요가 있는 것이다. 부활절을 보름으로 한정하면 태음력에 의지해서 부활절의 계절이 이리저리 바뀌게 될 것이다. 그래서 춘분이라는 태양력에도 기준이 맞춰져야 한다. 여기에 일요일이라는 전제가 있어 7일 주기와도 부합되어야 부활절로 선언될 수 있는 것이다. 부활절의 복잡한 정의로 인해 부활절 결정 문제는 325년의 니케아 공의회에서도 따로 회의를 통해 결정해야 했을 정도다. 음력, 양력, 7요일 주기까지 복잡하게 계산해야 하는 부활절 문제는 당시의 율리우스력의 오차 문제로 인해 훨씬 복잡한 문제를 양산한다.

본래 이집트에서 쓰였던 365일의 양력 체계는 이집트 원정을 다녀온 율리우스 카이사르에 의해 로마에 도입된다. 카이사르는 클레오파트라의 매력뿐 아니라 1년의 길이가 일정한 태양력의 매력도 잘 알아봤다. 하지만 실제 1년은 365.2422일 정도이기 때문에 실제 주기와 오차가 발생한다. 그래서 카이사르의 이름이 붙게 된 새로운 태양력 체계는 4년마다 윤년을 지정해서 1일을 추가해서 1년의 평균길이는 365.25일이 되었다. 이 체계는 비교적 정확했으나 역시 1000년 이상의 시간이 지나니 오차가 상당히 누적되어버렸다. 이 문제로 인해 중세 말에서 16세기 초반까지 교회에서는 이 문제에 관심이 매우 높았다. 중요한 부활절 날짜를 잘못 계산한다는 것은 있어서는 안 될 일이었다. 교황청은 모든 기독교인이 수긍할 만한 정확한 부활절을 매년 제시해주어야 할 의무가 있다. 코페르니쿠스가 살던 시기는 정확히 이 문제가 절정에 달하던 시기였다. 성직자들이 달력 문제로 이런저런 논쟁을 계속하고 있었고, 따라서 성직자들이 천문 문제에 관심을 기울이는 것은 자연스러운 분위기였다. 역법개정이 중요 이슈가 되자 결국 천문학적 문제가 종교적으로 중요한 가치를 부여받은 셈이다. 천문학에 전문성을 인정받은 코페르니쿠스는 역법개정 논의에 참가해줄 것을 요청받기도 했다. 어쩌면 이런 시대 분위기도 코페르니쿠스가 태양과 지구의 운동 문제에 관심을 가지게 된 이유 중 하나가 되었을 것이다.

덧붙이자면, 결국 부활절 문제의 결실이 나온 것은 코페르니쿠스도 죽은 뒤인 16세기 트렌트 공의회(1545~1563)부터이고, 그레고리우스 13세 교황이 즉위한 뒤 그의 재위 중인 1580년대에야 역법은 최종적으로 개정되었다. 교황의 이름을 딴 새로운 그레고리우스력은 그간의 오차를 보정한 뒤—갑자기 10여 일을 달력에서 없애버렸다—율리우스력에서 400년마다 세 번의 윤년을 없애도록 개량되었다. 즉 1700년, 1800년, 1900년은 윤년이 아니고, 2000년은 윤년이지만 2100년, 2200년, 2300년은 다시 윤년이 아닌 식이다. 현재 우리가 사용하는 이 복잡한 달력은 부활절을 올바르게 계산하려는 욕구로부터 탄생된 것이다.

신교도 지역에서는 교황의 달력이라는 거부감이 많아 아주 천천히 받아들여졌다. 그래서 뉴턴의 생일조차도 당시 영국 달력이냐 그레고리우스력이냐에 따라 두 가지 버전이 존재한다. 유럽 문명권이 모두 그레고리우스력으로 합의한 것은 동방정교회를 믿는 제정러시아가 멸망한 20세기 초반이 되어서였다. 달력은 통합되었지만 아이러니하게도 유럽에서 부활절은 아직도 종교교파에 따라 두 가지 날짜가 공존하고 있다. 참고적으로 현재 우리가 쓰고 있는 그레고리우스 역법은 1년에 30초 정도씩 오차가 누적된다. 아마 앞으로 1만 년은 별 탈 없이 쓸 수 있을 것이다.

02

고대의 지식

· 고대 그리스, 자연철학의 시대 ·

코페르니쿠스의 핵심 아이디어 즉, 단순화해서 "지구가 태양을 돈다."
라는 생각이 가지는 의미를 제대로 이해하기 위해서는 우리는 먼저
고대인들의 생각으로 돌아가 봐야 한다. 특히 우리는 기원전 4~5세
기의 고대 그리스를 거쳐야만 그 후 2000년 뒤에 발생한 사건들을 제
대로 이해할 수 있다.

　황하, 인더스, 메소포타미아, 이집트 등 우리가 고대문명이라 이름
붙일 수 있는 거대 문명집단은 몇 가지 공통점을 가진다. 문자, 관료체
계, 기하학(수학), 건축술(특히 치수기술), 그리고 천문학의 존재다. 고
도로 발달한 관료체계와 문자가 없다면 당연히 문명은 성립할 수 없
을 것이다. 수학체계와 건축술이 없다면 치수와 과세를 위한 측량이나

거대한 건축물들을 건조하는 것은 불가능할 것이다. 동시에 이와 함께 반드시 갖춰야 할 지식이 바로 천문학이다. 발달된 천문학이 있어야만 계절의 변화를 측정하여 농사를 짓고, 강의 범람시기를 예측해서 대비하며, 방위를 측정해 항해와 여행이 가능할 것이기 때문이다.

요컨대 천문학은 농경문명성립에 필수불가결한 요소다. 따라서 모든 문명들은 상당히 정밀한 수준의 천문 관측기록을 남겼으며, 달력을 제정하고 반포하는 것은 독립된 정치세력의 중요한 증표이기도 했다. 이집트, 바빌로니아, 페르시아, 인도, 중국 할 것 없이 모든 문명권에서 독자적 연구로 어느 정도 정확한 일월식의 예측이 가능했고, 춘하추동의 주기를 측정하는 데도 놀랄 만한 정확성을 보여주었다. 하지만, 그들의 계산은 대수적인 것—즉 비기하학적인 것—이라는 또하나의 공통점이 있었다. 어느 문명권에서도 행성과 행성의 거리라든가 태양의 크기 같은 것을 고민하지는 않았다. 하늘의 해, 달, 별은 땅으로부터 얼마나 멀리 떨어져 있는지는 중요하지 않았다. 사실 그것을 아는 것이 농경에 무슨 도움을 줄 수 있겠는가? 별들은 그냥 둥근 하늘에 붙어 있다고 생각하면 된다. 경험에 의해 별들의 위치와 주기는 예측되었다. 그것이면 충분했다.

그런 점에서 볼 때 고대 그리스 문명은 매우 특이한 경우였다. 지금까지 알려진 바 '기하하적 입체'로 우주를 가정한 것은 그리스 문명이 유일했기 때문이다. 고대의 문명들 중 비교적 늦게 출발한 그리스 문명은 규모 면에서 보잘것없었다. 여러 폴리스로 분열되어 중앙집권적 권력체계가 없었기에 정밀 천문관측에서도 이렇다 할 두각을 나타내지는 못했다. 하지만 그들은 천체를 입체로 보았으며 천체 간 '거리'에 대해 생각했다. 태양과 달의 상대적 거리 등에 대해 논했고 우리가 살고 있는 땅의 모양에 대해서도 다양한 해석을 내놓았다. 그들은 특이하게도 이처럼 '실용성'과는 무관한 우주에 대한 사유를 진행시켰다.

예를 들어본다면, 기원전 6세기의 아낙시만드로스—밀레토스 학파로서 탈레스의 제자로 추정된다—는 지구(땅)는 우주의 중심에 누구의 지탱도 받지 않고 떠 있으며, 직경이 높이의 3배인 원통형이라고 주장하기도 했다. 지구에서 별, 달, 태양까지의 거리는 각각 지구 직경의 9배, 18배, 27배라는 수치도 제시했다. 천체에 대해 제시된 이런 기계적이고 기하학적인 모형들에서 우리는 그리스적인 특성을 살펴볼 수 있다. 이런 식의 다양한 우주론적 시각들은 여러 논쟁들을 거치며 최종적으로 기원전 4세기 아리스토텔레스에 의해 우주론의 고대적 완성본이 만들어진다. 이후 이 우주관은 약간의 개량을 제외하면 2000년 동안 압도적 설명력을 제공하며 코페르니쿠스의 시대까지 이어지게 된다. 긴 그리스 자연철학의 역사를 모두 논하는 것이 이 글의 목적은 아니므로 여기서는 아리스토텔레스의 시대를 중심으로 고대인들의 생각을 간단히 정리해보기로 한다.

먼저 기원전 5세기까지 그리스 자연철학을 정리한다면 크게 두 개의 줄기가 관찰된다. 하나는 소아시아(오늘날의 터키)의 이오니아 지방의 중심도시 밀레토스를 중심으로 활동했던 밀레토스 학파로 그들은 자연의 '물질적 원인'에 대해 논했다. 최초의 철학자로 알려진 탈레스는 모든 물질의 근본이 물이라고 주장했으며, 앞서 언급한 아낙시만드로스는 무한한 모양을 가져 한정할 수 없는 무한자(apeiron)로 되

고대 그리스 지도
© Travelling-light | Dreamstime.com

어 있다고 보았다. 아낙시메네스는 만물의 근원을 공기(pneuma)의 응축과 희박화의 원리로 설명했다.[1]

또 하나의 흐름은 이탈리아 지방을 중심으로 활동하던 피타고라스 학파다. 밀레토스 학파가 물질적 근본을 추구한데 비해서 피타고라스 학파는 존재들 간의 '수학적 관계성'에 관심을 가졌다. 즉 그들은 만물의 근본을 '수'로 놓았다. 우주는 수의 조화(harmony)로 이루어진 질서(cosmos) 자체였기에 우주적 아름다움은 음악으로 표현될 수 있었다. 그래서 피타고라스 학파는 오늘날 화성학의 선구자이기도 했다. 종교적 색채가 강했던 집단이었고, 영혼의 불멸을 믿었다. 영혼의 정화를 위해 수학을 사용하고 수학적 신비주의(number mysticism)를 추구했다. 피타고라스 정리로부터 시작해서 제곱근을 발견한 수학적 선구자들일 뿐만 아니라, 제곱근이 무리수임을 교단 내의 비밀로 하고 이 비밀을 누설한 사람을 물에 빠트려 죽인 유명한 전설은 전형적 종교비밀결사의 모습을 잘 보여준다. 또한 이 피타고라스 교단은 태양중심설과 유사한 우주론을 신봉했는데, 이는 훗날 신피타고라스학파가 태양중심설을 선호하는 근거가 된다. 후일 코페르니쿠스가 피타고라스적 이단사상에 심취했었다는 추측은 이런 상황에 근거한다. 다시 정리해 본다면, 밀레토스 학파는 존재의 본성을 물질의 구성요소에서 찾았고, 피타고라스 학파는 우주의 수학적 구조에서 찾았다. 이 두 가지 중

....

1 아낙시메네스의 공기(pneuma)를 단순히 현대적 공기(air)로 생각해서는 안 된다. 그냥 공기라기보다는 생기, 즉 살아 있는 기운으로서 동양의 기(氣) 사상과 유사하다. 이것은 탈레스의 물에 대해서도 마찬가지로 신중히 접근할 필요가 있다. 그리스 사상가들의 생각을 어린아이같이 순진한 것으로 치부하는 시각이야말로 어린아이 같은 생각일 수 있다.

요한 흐름은 긴 시간을 지나 오늘날 과학 속에 함께 녹아 있다.

이후 끝없는 변화를 강조한 헤라클레이토스, 존재의 불변성을 강조한 파르메니데스, 원소간의 사랑(결합 혹은 인력)과 투쟁(분리 혹은 척력)으로 삼라만상을 설명한 엠페도클레스, 모든 것은 모든 것의 부분이기에 순수물질은 존재하지 않는다고 본 아낙사고라스에 이르기까지 기원전 5세기까지 그리스에서는 같은 시기 중국 춘추전국시대 사상가들의 백가쟁명에 견줄 만한 다양한 학설들이 만개했다. 하나 더 인상적인 주장을 추가한다면 레우키포스와 데모크리토스가 주장한 고대 원자론이 있다. 이들은 만물이 더 이상 나눠지지 않는 무한히 많은 원자들로 구성되었고, 이 원자들이 진공 속에서 움직이며, 원자의 모양과 배열에 따라 여러 성질들이 파생된다고 보았다. 원자는 영원하며 분리 불가능한 것이기에—즉 창조된 것이 아니다—기본적으로 무신론적이고, 무수히 많은 원자 운동을 예측하는 것도 불가능하기에 우주는 비결정론적이다. '신'과 '운명'을 부정하는 주장이었기에 고대 세계에서 극소수파일 수밖에 없었고, 아리스토텔레스에 의해 무참히 비판당한다. 이 원자론은 놀랍게도 2000년의 시간을 뛰어넘어 화려하게 부활하고 현대과학의 기본적 가정을 세우는 데 중요한 주춧돌이 된다. 이제 이런 모든 상황들은 기원전 4세기 고대 학문의 집대성자인 아리스토텔레스에 의해 총결산의 시기를 맞이하게 된다.

· 모든 학문의 아버지, 아리스토텔레스 ·

중세의 문헌에서 '철학자(the Philosopher)'라는 표현을 발견한다면

단 한 사람을 지칭하는 것이다. 바로 아리스
토텔레스(Aristoteles, B.C. 384~322)다. 모든
지식의 화신으로 보였던 그였기에 특별히
이름을 언급하지 않는다면 철학자는 그 이
외의 사람을 떠올리기 힘들었다. 그의 권위
는 르네상스기에 이르기까지 압도적이었고,

아리스토텔레스

그의 이름은 학문의 상징이었다. 모든 학문에서 압도적인 존재였기에
당연히 역학과 천문학에서도 아리스토텔레스의 설명은 절대적이었
다. 아리스토텔레스가 이런 절대적 권위를 가지게 된 이유는 여러 가
지를 들 수 있지만, 그의 설명이 그만큼 충분히 합리적이었다는 것이
가장 중요한 이유다.

　아리스토텔레스를 이해하기 위해서는 그만큼이나 유명한 그의 스
승 플라톤(Plato, B.C. 427~347)에 대해 먼저 살펴볼 필요가 있다. 플라
톤은 아테네의 총명한 엘리트였다. 소크라테스(Socrates, B.C. 470?~399)
의 제자였던 플라톤은 20대 후반 자신의 스승이 스스로의 신념을 지
키기 위해 눈앞에서 독배를 마시고 죽어가는 것을 지켜봐야 했다. 스
승의 사후 십수 년을 지중해 곳곳을 전전하며 망명생활을 하다가 기
원전 388년 아테네로 돌아와 자신의 학원인 아카데메이아(Akademaia)
를 설립했다. 이후 40년 동안 이곳에서 가르치다 사망했다. 철학자 엘
리트 집단에 의한 독재정치인 철인정치를 주장한 것으로도 유명한데,
자신의 스승을 아테네의 어리석은 민주정—'투표 따위로 사람을 죽
이는' 다수결 체제—에 의해 잃었다고 생각했을 사람으로서는 어쩌
면 당연한 귀결이었을지 모른다. 플라톤은 엄청난 철학, 정치학, 윤리

아카데메이아

라파엘로가 그린 이 그림에는 르네상스기 유럽인들의 입장에서 바라본 고대의 현인들이 총망라되어 있다. 그 중심의 두 사람이 플라톤(좌측)과 아리스토텔레스(우측)다. 이 두 학자가 유럽 지성사에서 차지하는 위치를 명확히 보여준다.

학적 업적을 남겼지만 여기서는 그의 철학의 핵심인 이데아(idea)론만 간단히 살펴보도록 한다.

플라톤은 『국가론(Politeia)』에서 목수와 탁자의 비유를 들어 이데아를 설명한 바 있다. 목수는 자신의 마음속에 만들 탁자의 모습을 가지고 있지만 재료상의 한계, 즉 불완전한 물질세계의 한계로 말미암아 언제나 불완전한 탁자를 만들 수밖에 없다. 그래서 모든 탁자는 조금씩 모양이 다르고 처음 마음속에 두었던 탁자는 어느 곳에도 존재할 수 없다.—이 목수와 탁자의 관계는 그대로 조물주와 우주의 관계로 비유될 수 있다. 완전한 개념인 설계도로서 이데아와 이를 불완전하게 구현한 물질세계가 뚜렷이 구분되는 것이다. 즉 이데아의 세계는 비물질적이며, 감각에 의해 느끼는 것이 아니라 이성에 의해 이해하는 완전한 세계다. 반면 물질계는 가시적이고 경험적이며 변화하는 불완전한 세계다. 철학자는 심연 너머의 이데아를 볼 수 있어야 한다. 이데아는 이성에 의해서만 접근 가능하므로 감각적 경험은 이데아에 대해 아무것도 가르쳐주지 않는 단순하고 유치한 정보에 불과하다.

그렇다면 이런 이데아적 상황을 가장 잘 기술할 수 있는 대표적 학문은 무엇일까? 다름 아닌 기하학이다.—그리스 수학은 기하학적인 부분이 대부분이며 대수적인 부분이 약했다. 수학은 연역적이고 추상적인 학문이다. 수학은 물질세계를 벗어나 철저히 사유 속에서만 논해진다. 언제나 정확한 답을 제공하고 오차를 허용하지 않는다. 이런 저런 주의주장에 오염되어 서로 다른 답을 얻게 될 확률도 없다. 이보다 더 이데아적 세계를 잘 기술할 수 있는 도구가 어디에 있겠는가? 아카데메이아 정문에 써 붙인 '기하학을 모르는 자 이곳에 들어오지 말라'는 문구 한 마디는 플라톤의 입장을 잘 대변한다. 기하학은 현실세계를 다루지 않는다. 원, 삼각형 등의 도형들은 개념으로만 존재한다. 현실세계 어디에도 정확히 표현되지 못하지만 우리의 사유 속에 완전한 도형은 분명히 존재한다. 기하학은 바로 그런 것을 다룬다. 플라톤에게 수학을 모르는 자는 이데아를 논할 자격이 없었고, 자신의 학원에 들어올 가치도 없었다.

곰곰이 플라톤의 입장을 곱씹어 보면 결국 실험의 경시와 수학적 전통의 옹호로 이어질 수밖에 없음을 깨닫게 된다. 이처럼 수학적 전통은 실험적 전통과 커다란 간극이 있었다. 이데아를 갈구하는 영혼에게 수학은 훌륭한 동반자였고, 실험과 관찰 같은 경험은 무의미한 것이었다. 이미지로서 플라톤을 바라보면 귀족적이고 피타고라스적인 전망이 그와 함께 하고 있다. 플라톤의 조물주는 수학적 장인이며 신은 자연세계를 수학적으로 창조했다. 그렇다면 자연은 수학에 의해 설명됨이 마땅할 것이다. 이 자명한 결론은 유럽 지성사에 잠복해 있다가 지동설 혁명의 완성기에 뚜렷한 확신으로 등장한다.

반면 제자 아리스토텔레스는 이런 스승과 여러 면에서 대조적인 인생과 철학을 남겨놓았다. 아리스토텔레스의 아버지는 마케도니아 왕의 주치의였다. 이 때문에 어린 시절을 왕자였던 필리포스와 인연을 쌓으며 성장했다. 총명했던 아리스토텔레스는 17세에 당시 그리스 학문의 중심지인 아테네에 보내져서 플라톤의 아카데메이아에서 수학하게 된다. 북쪽 변방 외국인인 아리스토텔레스는 플라톤의 제자들 중에서도 두각을 나타내며 플라톤이 죽는 기원전 347년까지 20여 년을 아테네에서 보냈다. 하지만 플라톤 사후 학원은 플라톤의 친인척

손에 들어가고 아마도 자의반 타의반으로 아카데메이아를 떠나게 된 듯하다.

아테네는 아무리 뛰어난 사람도 부모가 아테네인이 아니면 시민권을 주지 않았다. 더구나 당시는 마케도니아가 전 그리스를 석권하려고 군사적 위협을 강화하고 있었다. 출중한 능력에도 불구하고, 외국인이며 더구나 마케도니아인이라는 사실이 불리하게 작용했을 것이다. 몇 년간 지중해 여러 지역을 여행하며 많은 경험을 쌓던 중 그의 인생에 중요한 경력이 더해진다. 기원전 342년, 이제는 마케도니아 국왕이 된 옛 친구 필리포스는 아리스토텔레스에게 자신의 아들 알렉산더의 가정교사가 되어줄 것을 부탁한다. 이로 인해 아리스토텔레스는 알렉산더를 13세에서 16세까지 가르쳐 제왕의 스승이 된다.

이후 필리포스가 암살된 뒤 알렉산더는 약관의 나이에 절대 권력을 손에 쥐고 그리스 전역을 석권한다. 아리스토텔레스는 이 시기인 기원전 335년 아테네로 돌아가 자신의 학교인 리케이온(Lykeion)을 세우고 제자들을 가르쳤다. 10여 년에 걸친 알렉산더의 대 정복 기간은 아리스토텔레스 말년의 활동과 겹친다. 기원전 323년, 12년 동안의 치세 동안 정복전쟁을 계속했고, 동방의 대제국 페르시아를 멸망시켰으며, 단 한 번의 패배도 기록하지 않은 전쟁을 통해 '알려진 모든 세계 이상'을 정복했던 알렉산더가 갑자기 사망했다. 민주정을 부활시키고자 했던 아테네인들은 봉기해서 알렉산더가 임명했던 총독을 쫓아냈고, 아리스토텔레스를 재판에 회부할 움직임을 보였다. 아리스토텔레스는 '아테네인들이 철학에 두 번째 죄를 짓지 않도록 하겠다'는 말을 남기고 아테네를 탈출했다.—물론 첫 번째 죄는 소크라테스를 죽인 것이다. 하지만 아리스토텔레스도 아테네를 떠나 떠돌다가 다음 해 사망한다. 불과 60대의 나이였다. 그는 결국 제자와 흥망성쇠를 같이 한 셈이다.

생존기간 동안 아리스토텔레스가 이룩한 업적들은 상상을 초월한다. 수많은 저작을 남겼고 윤리학, 정치학, 자연학, 우주론 전반에 걸쳐 일관성 있는 이론 체계에 기반해 설명했다. 자신의 앞선 시대를 살다 간 많은 학자들의 이론도 체계적으로 정리했다. 우리가 고대의 원자론을 알고 있는 이유도 아리스토텔레스가 원자론을 언급하며 강하게 반론을 제기했기 때문이다. 특히 전체 자료 중 20%는 놀랍게도 생물학에 관련된 연구였다. 저서 안에서 500종이 넘는 동물에 대해 기술하고 있는데, 분명히 해부를 실시한 듯하고, 고래와 물고기의 차이도 정확하게 인식하고 있었다. "고래는 물고기와 다르고 짐승에 가까운 것이다." 심지어 아리스토텔레스가 언급한 특별한 종류의 상어에 대한 언급은 너무 특이해서 믿어지지 않았지만 19세기에 정확한 설명이었음이 판명된 사례도 있다. 무엇보다 아리스토텔레스는 많은 개별사실들을 충실히 모아서 하나의 일반적 결론을 이끌어내는 귀납적 방법론을 옹호했다. 그는 스승과 달리 일상적 경험을 소중하게 생각했다.

플라톤과 아리스토텔레스 철학의 차이를 간단히 설명하기 위해 흔히 사용하는 쉬운 비유를 들어보자. 진정한 개는 어떻게 찾는가? 플라톤은 조용히 개의 이데아적 형상을 관조해보라고 조언할 것이다. 진돗개, 치와와, 삽살개 등 많은 종류의 개들은 모두 조금씩 형태가 다르고 불완전한 개의 모습이기 때문에 이를 단순하게 관찰하는 것은 오류와 혼란을 가중시키는 일이 될 것이다. 반면 아리스토텔레스는 진 돗개, 치와와, 삽살개 같은 많은 종류의 개들을 최대한 많이 모아 관찰 하라고 조언할 것이다. 모든 개의 차이와 함께 그들을 개이게 해주는 공통된 특징이 있을 것이고 그것이 개의 본질이다. 더 많은 개를 관찰 할수록 우리는 오류를 제거하고 이 개의 본질에 가깝게 다가가게 될 것이다. 두 철학자들 간에는 분명한 입장 차이가 있다.

아리스토텔레스의 인생에는 한 가지 추측을 더해볼 수 있다. 어떤 면으로 보아도 아리스토텔레스의 업적은 거대할 뿐만 아니라 특이하 다. 우주론을 제시한 사람은 많았지만 생물학에 손을 댄 학자는 그때 까지 그가 유일하다. 그토록 많은 책을 쓴 사람도 없었다. 그랬기에 아 리스토텔레스는 고대 지식의 집대성자라는 이름을 얻었다. 경험을 아 리스토텔레스만큼 강조한 학자도 없다. 경험과 관찰은 학자가 아니라 도 언제나 가능하지 않은가? 왜 그렇게 특별하지 않은 보통 사람들의 방법론을 옹호했을까? 아리스토텔레스의 업적을 아리스토텔레스의 일생과 연결해보면 재미있는 추측이 한 가지 가능하다. 간략한 일대 기를 살펴보아도 우리는 한 가지 추리를 할 수 있다.

고대의 일이라 뚜렷한 증거는 없지만 정황상 정권의 비호를 받았을 확률이 매우 높다는 사실이다. 알렉산더가 집권한 직후 리케이온이 만들어졌고, 알렉산더 사후 반 마케도니아 정서가 강한 아테네에서 곧바로 도망쳤다. 10여 년간 리케이온에서 쏟아낸 업적들은 엄청난 분량이었다. 한 개인이 연구하는 것은 불가능한 양으로 보인다. 많은 제자들과의 공동연구로 보는 것이 타당한 추측이다. 아리스토텔레스 에 대한 자발적 추종으로만 그 많은 사람들이 그의 연구를 도왔을까?

그뿐만 아니라 많은 인력과 자금이 소요되었을 것이 분명한 연구기록들—특히 많은 생물들에 대한 관찰 연구—은 어떻게 보아야 할까? 폴리스 체제 안에서의 개인적 부로 이런 자원을 확보하기는 불가능했을 것으로 보인다. 고래를 비롯한 수많은 동물의 해부기록이 어떻게 가능할 것인가? 고대 세계의 어떤 철학자도 이런 연구를 시도한 적은 없다. 아리스토텔레스의 선배들은 하늘을 쳐다보며 자신들의 연역적 추론을 즐겼을 뿐이다. 예나 지금이나 실험과 관찰에 의한 귀납적 연구는 시간과 돈이 많이 드는 작업이다.

왜 아리스토텔레스만이 유일하게 이런 작업을 수행할 수 있었을까? 알렉산더의 점령지마다 쏟아지는 노예들, 아시아의 부, 희귀한 동식물들의 극히 일부라도 지속적으로 아리스토텔레스에게 전달되었다고 상상해본다면 퍼즐은 아주 쉽게 맞춰진다. 그의 엄청난 연구업적은 알렉산더의 스승이라는 상황과 연관 있을 확률이 높다. 아리스토텔레스의 귀납의 강조는 어쩌면 알렉산더의 후원의 결과물일 수도 있다는 재미있는 상상이 가능한 셈이다. 결국 다양한 실험과 관찰은 아리스토텔레스처럼 다양한 자원을 확보할 수 있는 학자만이 제대로 해낼 수 있는 일이었던 것이다. 어쩌면 아리스토텔레스는 고대 세계 최초의 국립연구소장으로 보는 것이 적절할지도 모른다. 물론 뒤에 보게 될 아리스토텔레스의 이론들도 한 천재 학자의 업적으로 판단하기보다는 국가지원을 받은 고대의 거대과학의 결과물로 바라보는 것이 바람직할 것 같다. 그리고 그 고대적 후원의 결과물이 까마득한 미래에 새로운 발전의 밑거름이 되었다는 상상을 해보는 것은 신비하고 재미있는 일이다. 그럼 이제 상상을 정리하고 아리스토텔레스가 주장

44

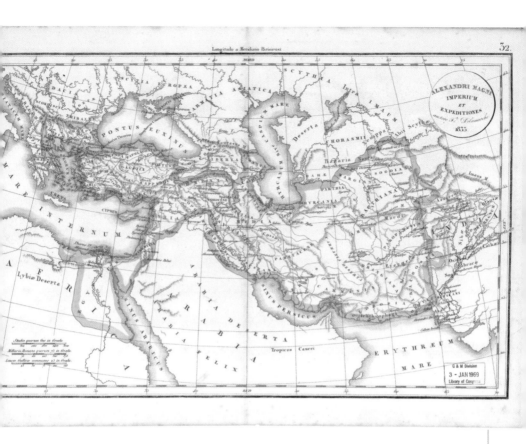

알렉산더제국 지도

아리스토텔레스의 '대통합'은 알렉산더의 '대제국'과 연관되어 있을 수 있다.

했던 우주론을 살펴볼 차례다.

· 아리스토텔레스의 우주론 ·

원칙적으로 아리스토텔레스의 우주론을 온전히 이해하려면 먼저 그의 철학적 기본 입장과 운동론, 원소론의 기본을 함께 곱씹으며 이해할 필요가 있다. 하지만 너무나 먼 고대의 인물이기에 그가 쓰는 용어와 설명의 방식은 처음 접하는 사람에게는 낯설 수 있고 그런 설명은 이 책의 주제를 넘어서는 일이다. 여기서는 그의 우주론을 이해하는 데 필요한 가장 중요한 사항인 '목적'과 '운동'의 관계만 간단히 짚어보고 우주론으로 넘어갈 것이다.

아리스토텔레스는 모든 존재는 목적(그리스어 telos)을 이루기 위해 있다고 보았다. 목적이 없다면 존재는 '불필요'한 것이다. 이 목적을 이루기 위해 존재들은 존재하고 운동한다. 이 말을 이해하기는 어렵지 않다. 예를 들어 우리는 직장에 제 시간에 출근하려는 '목적'을 위해 지하철을 타고 이동하는 '운동'을 한다. 사자는 배를 채우기 위한 '목적'을 위해 토끼를 쫓는 '운동'을 한다. 이런 주장은 우리도 당연하게 받아들일 수 있다. 하지만 오늘날 우리는 돌맹이의 운동 목적과 혜성의 공전 목적을 묻는 것이 어색하게 느껴진다. 현대인들은 우리가 '생물'—사실 이 개념 자체가 19세기적 발상이다—이라고 부르는 대상에 대해서만 이 생각에 동의하는 편이다. 하지만 아리스토텔레스에게는 존재하는 것은 모두 목적이 있는 것이다. 돌맹이 하나부터 태양과 같은 천체에 이르기까지 목적 없는 존재는 없다. "자연은 쓸데없는

천상세계(Celestial world)	영구불변, 등속원운동, 에테르(제5원소)	
지상세계(Terrestrial world)	불완전한 세계, 생성소멸의 반복, 천하고 유치하며 처음과 끝이 있는 직선운동	

고상함
↑
불
공기
물
흙
↓
비천함

아리스토텔레스의 우주론—지상계와 천상계 개념도

일을 하지 않는다."는 것이 그의 기본입장이었다. 그랬기에 그는 우주에 대한 설명 역시 자신의 이러한 목적론적 세계관에 맞게 기술해내는 데 성공한다.

아리스토텔레스에게 우주는 천상계(Celestial world)와 지상계(Terrestrial world)의 두 개의 큰 영역으로 구분된다. 우주의 중심에 지상계가 있으며 바깥쪽을 천상세계가 감싸고 있는 형국인데 두 영역의 경계면은 달의 궤도 바로 아래다. 천상세계는 영원불변하며, 지상세계는 불완전하다는 특성을 가진다. 두 영역은 그것을 구성하는 기본물질이 다르기 때문에 전혀 다른 운동법칙의 지배를 받는다.

먼저 지상계는 흙, 물, 공기, 불의 불완전한 사원소로 삼라만상이 구성된 불완전한 세계다. 불완전하기 때문에 생성하고 소멸하는 변화가 반복되며, 운동도 천하고 유치하며 처음과 끝이 있는 유한한 운동인 직선운동이 발생한다. 즉, 무거운 물체는 낙하하고 가벼운 물체는 상승하게 되는데, 그 이유는 이미 설명한 대로 '자신의 목적을 이루기 위해서', 즉 자신의 본성에 알맞은 '자연의 장소'로 이동하기 위해서 발생한다. 이를테면 사원소 중 가장 무거운 원소는 당연히 흙일 것이고, 그래서 우주의 가장 '아래'인 우주의 중심에는 흙으로 구성된 지구가 위치한다. 그 위에 차례로 무게에 따라 물의 층, 공기의 층, 불의 층이 위치한다. 이것이 각 원소가 '있을 곳', 즉 '목적'이다. 그래서 돌멩이는 아무리 강제로 하늘로 던져도 결국 자신이 '있을 장소'인 땅으로 돌아간다. 불을 피우면 불이 모여 있어야 할 장소인 불의 층이 위치한 하늘로 올라간다.—아리스토텔레스의 이론은 언제나 이처럼 경험과 상식적 판단에 잘 일치하면서도 자신의 철학인 목적론적 체계에도 잘 부합한다.

한편 천상세계는 지상계와 전혀 다른 특성을 가진다. 천상계는 지상세계에는 존재하지 않는 천상의 제5원소 에테르(Ether)로 이루어진 영원불변한 세계다. 고귀하고 영원불변한 원소인 에테르는 당연히 영원불변하고 고상한 운동인 '등속원운동'을 한다. 영원불변하니 새로운 별은 태어날 수 없고 존재하는 별은 사라질 리 없다. 여기서 한 가지 더 밝혀둬야 할 것은 '천구'의 개념인데 에테르는 해와 별 같은 천체를 이루고 있다기보다는 수정처럼 맑은 천구를 이루고 있다고 설명된다. 천체는 지구를 양파껍질처럼 차례차례 감싸고 있는 천구에 붙어서 지구둘레를 돌고 있다. 에테르는 순수물질로 무게가 없고 수정처럼 투명해서 천구는 보이지 않을 뿐이다. 태양, 달, 별 같은 천체들은 이 천구에 '붙어서' 천구와 함께 돌고 있는 것이다. 즉 목성은 목성천구에 붙어 있으며, 그 바깥의 토성은 토성천구에 붙어 있다. 천구가 돌면서 이들 천체도 함께 움직이게 되는 것이다. 해와 달과 별이 지구를 중심으로 회전하는 것은 이런 이유 때문이다. 지상세계의 불행하고 유한한 존재들과 달라서 그 천체들의 회전은 영원할 것이다.

천구를 지상계에 가까운 순서대로 단순화하면 달, 수성, 금성, 태양, 화성, 목성, 토성천구가 있고, 별들이 박혀 있는 항성천구가 있으며, 가장 바깥은 제일천구(First Heaven)의 순서다.—실제 아리스토텔레스는 훨씬 많은 60개 천구의 까다로운 운동을 언급했으나 이건 복잡한 이야기다. 맨 바깥의 제일천구는 이후 기독교 신학에서 천국으로 대체되기 용이했다.—태양과 달과 별은 '보이는'데다가 에테르로 구성되어 있다는 명확한 언급도 없이 애매한데, 후세사람들로선 다른 원소를 상정할 수도 없는 노릇이니 이후 사람들은 당연히 모든 것이 에테르로 가득 찬 천상계로 받아들였다. 어쨌든 천체들은 각 천구에 붙어 있는 표식 같은 것이었다. 이 천구에 대한 설명은 오늘날 현대인에게는 이상하게 느껴지겠지만, 아리스토텔레스로서는 천체를 단순히 '계산'만 하는 것이 아니라 '설명'하기 위한 착실한 노력의 결과였다. 해와 달이 허공에 '떠' 있는 것보다는 천구에 매달려 있다고 보는 것이 논리상 받아들이기 쉬우므로 천구의 도입은 자연스러운 것이었다. 우리의 우주에 대한 이해가 만유인력에 의해 재구성된 것이기에 그 이전 사람들의 고충을 이해하기 힘들다는 사실을 기억할 필요가 있다.

이 아리스토텔레스의 우주론을 곰곰이 생각해보면 먼저 상하의 개념이 다른 문명들과 독특한 차이를 가지고 있다는 것을 알 수 있을 것이다. 즉, 우주의 중심이 '아래'가 되고 우주의 바깥쪽이 '위'가 되는 것이다. 평평한 땅을 전제한 다른 문명권에서는 위와 아래가 지표면을

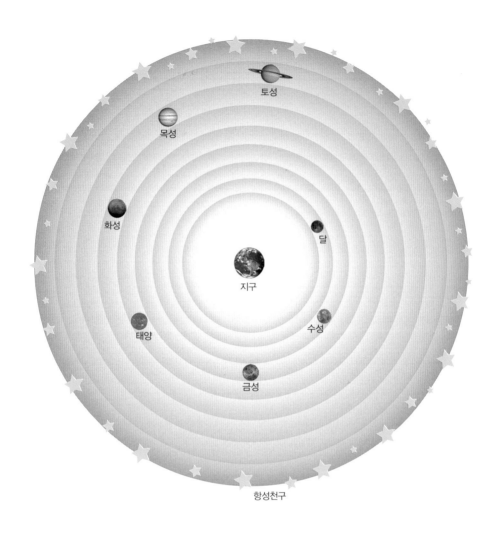

토성

목성

화성

달

지구

태양

수성

금성

항성천구

아리스토텔레스의 우주론―천동설 체계도

따라 대칭으로 끝없이 이어지겠지만, 아리스토텔레스 체계에서 가장 아래는 우주의 중심점이 되고 측정하기 힘든 위는 갈수록 넓어지게 되어 있다.

또한 이 개념 안에는 자연스럽게 위계사상이 자리 잡고 있다. 가볍다는 것은 위에 있고 더 고귀하다는 것을 의미하며, 무겁다는 것은 아래에 있어야 하고 곧 천하다는 것을 의미한다. 그래서 가장 가벼운 것은 에테르로서 가장 고귀하고 영원하며, 그 아래의 비교적 가벼운 불은 좀 덜 고귀한 것이고, 공기, 물, 흙으로 내려갈수록 비천한 것이 된다. 자연세계가 이러할진대 인간세계도 당연히 그러해야 할 것이다. 고귀한 인간 지배자가 있을 것이고, 마땅히 허드렛일을 해야 하는 비천한 노예들이 있어야 할 것이다. 인간은 잘 짜여진 위계적인 신분제 사회에서 자신의 능력에 따라 소임을 다하고 직분을 지키는 것이 자연스러운 것이다. 아리스토텔레스의 동시대인들 생각으로 신분제는 너무나 자연스러운 것이다. 성급한 얘기지만 신분제의 폐지가 만유인력에 의해 위와 아래가 상대적이 되고 난 뒤에야 이루어지기 시작한 것이 과연 우연일까? 과학사를 살펴보다보면 자연세계에 대한 설명은 인간세계에 대한 설명과 밀접한 연관이 있음을 종종 느끼게 된다.

그러면 아리스토텔레스에 의해 설명되는 우주의 모습을 다시 한 번 생각해보자. 달은 왜 지구를 도는가? 아리스토텔레스에게 답은 자명하다. 달은 천상의 원소인 에테르로 구성되었으므로 영원불변하며 따라서 영원불변하고 고귀한 운동인 등속 원운동을 한다. 사과는 왜 땅으로 떨어지는가? 여러 원소가 섞여 있겠지만 아마도 흙의 원소가 가장 많이 포함되어 있을 것이니 당연히 아래—즉 우주의 중심방향—로 떨어진다. 아리스토텔레스의 세계관 내에서는 이런 문제에 대한 완벽해 보이는 체계적인 설명이 제시되고 있다. 아리스토텔레스가 완성한 이 우주론은 앞에서 설명된 것처럼 우주구조론, 물질원소론, 운동론이 견고하게 목적론적 철학체계에 통합된 형태이기 때문에 여간해서는 붕괴시키기 힘들다. 하지만 동시에 하나가 붕괴되면 급속히 해체될 '묶음'이기도 하다. 자기충족적인 세계관이기 때문에 전체를 받아들이거나 전체를 거부해야 한다. '부분적 개량'은 거의 불가능한 셈이다. 이것은 지동설 혁명이 왜 그토록 오래 걸렸는지에 대한 하나의 해답이 될 수 있다. 이렇게 서양 학문의 표준이 된 학자 아리스토텔레스의 우주론적 종합이 완성되었다. 역학과 우주론은 아리스토텔레스 철학과 조화를 이루며 관찰 가능한 결과들에 '크게' 무리 없이 적용되었다. 하지만 모두가 그렇게 본 것은 아니었다. 정밀한 관측자료가 축적되면서 후대의 천문학자들은 관측된 자료와 아리스토텔레스의 이론을 화해시키기 위해 다양한 노력을 기울여야만 했다.

▬▬ 사원인과 운동에 대해 ▬▬

어떤 존재를 낳게 되는 원인을 아리스토텔레스는 네 가지로 구분했다. 질료인, 형상인, 운동인, 목적인이 그것이다. 예를 들어 책상이라는 존재의 원인은 무엇일까? 책상은 나무라는 질료(재료)로 되어 있으니 나무가 책상의 원인이며 이것이 질료인이다. 또 목수의 생각에 의해 책상이 만들어지므로 목수의 생각 속에 있는 책상의 형태가 책상의 원인이며 이것이 형상인이다. 목수와 그의 연장들이 사용(운동)되어 책상이 만들어지므로 이것도 책상의 원인이며 운동인이라 부른다. 공부하려는 책상 주문자의 목적이 책상을 만들어지게 했으므로 이것 또한 책상의 원인이며 바로 목적인이다. 아리스토텔레스가 보기에 밀레토스 학파는 이중 질료인만 중요시한 것이고, 플라톤의 이데아론은 형상인만 중시한 것이다.—그러기에 플라톤은 실체로 존재하지 않는 목수 생각 속의 책상에만 집착했다. 즉 나머지 세 가지 원인을 제대로 보지 못한 것이며 아리스토텔레스 자신은 이를 확장하여 올바른 원인에 대한 이론체계를 세운 것이다. 존재는 이 네 가지 원인이 있었기에 실체로서 존재할 수 있다.

　이처럼 아리스토텔레스에게 스승의 이데아는 공허한 것이었다. 천변만화하는 감각되는 세계 이외에 다른 세계는 따로 없으며 이 세계에 존재하는 '실체(substance)'들 이외에 다른 존재는 없다고 단호히 선언되었다. 그래서 스승 플라톤은 불완전한 책상만 보았지만, 자신은 하나하나의 책상이 실체로서의 책상임을 볼 수 있었던 것이며 그것은 감각하고 경험할 수 있는 생생한 책상이었다.
아리스토텔레스는 이 사원인 중 목적인을 가장 중요시했는데 이 목적을 이루기 위해 자연세계에서는 '운동'이 일어나게 된다. 목적을 이루기 위한 것이 운동이므로 어린아이가 성장해서 어른이 되거나 달걀이 병아리로 바뀌거나 나무가 타서 숯이 되는 것도 모두 운동이 된다. 즉 생성과 소멸, 성장, 상태 변화, 위치 이동이 모두 운동이 될 수 있다. 일반적으로 오늘날 우리는 위치 이동에 대해서만 운동이라는 표현을 사용한다. 용어의 의미가 좁아진 것이다. 사실 이런 생각은 2000년 뒤 데카르트로부터 유래한 것이다. 아리스토텔레스와 우리 사이에는 이런 다양한 개념의 차이도 함께 놓여 있다. 이런 부분들을 함께 곱씹어볼 수 있을 때, 그의 이론이 틀린 것이 아니라 단지 우리와 다른 것으로서 이해할 수 있고, 아리스토텔레스의 입장에 감정이입하며 그의 생각을 따라가볼 수 있을 것이다.

▰▰ 생물학에서 형상과 질료 ▰

　아리스토텔레스의 영향력이 얼마나 전방위적이고 거대한 것인지 알려주는 웃지 못할 사례가 한 가지 있다. 아리스토텔레스의 만물이 형상과 질료로 되어 있다는 개념은 자신의 생물학에도 적용되었다. 아마도 그는 짐승들에게서 암컷과 수컷이 나뉘어 태어나는 원인이 궁금했던 모양이다. 논리적인 추론 끝에 그가 도달한 답은 생식에 대해 형상과 질료 개념으로 설명하는 것이다. 수컷이 암컷에게 제공하는 것은 형상—오늘날의 관점에서 존재에 개성(Character)을 제공하는 정보

(Information)의 의미에 가까운 것으로 보아야 할 것이다—이며 형상을 제공받은 암컷은 그것을 질료로서 채운다고 해석했다.—잉태를 수컷의 씨를 암컷이라는 밭에 키운다는 개념으로 보는 많은 문화권의 일반론과 크게 다르지 않다.

그렇다면 어째서 암컷과 수컷이 나뉘는가? 형상이 두 가지가 있는 것인가? 아리스토텔레스는 형상은 수컷의 형상만 있다고 보았다. 그렇다면 왜 수컷이 아닌 암컷이 태어날 수 있는가? 아리스토텔레스는 답을 했다. 형상은 수컷의 형상이 제공되었지만 여러 요인으로 인해 적절한 양의 질료가 암컷으로부터 제공되지 못했기 때문에 암컷이 태어난 것이다. 즉 암컷이 태어난 이유는 '결핍'에 있다. 결국 이 설명을 인간에 적용하면 여성은 '불완전한 남성'이라는 의미를 내포하고 있다.

아리스토텔레스의 이런 주장들은 중세에 '여자는 인간인가?'라는 질문이 중요한 철학적 질문이 될 수 있도록 했다. 르네상스기에 해부학이 발달하기 시작했을 때 아리스토텔레스의 이 이론은 또다시 주목 받는다. 남녀의 생식기관이 해부학적으로 놀랄 만큼 유사했기 때문이다. 르네상스기 해부학자들의 입장에서는 여성의 신체는 남성의 형상이 제대로 밖으로 돌출되지 못한 모습으로 보였다. 그래서 아리스토텔레스의 선견지명은 다시 한 번 놀라운 것으로 받아들여진다.—이처럼 과학기술의 발달에 따라 오류가 자연스럽게 조금씩 개선되어갈 것이라는 믿음은 허상이다. 수없는 진퇴의 되풀이는 과학의 역사 속에도 있다.

20세기에 이르기까지 이 주장은 쉽게 붕괴시키기 힘들었다. DNA의 개념이 정립된 뒤에야 아리스토텔레스의 논리는 명백하게 생물학에서 제거될 수 있었다. 오늘날 우리는 남자와 여자가 절반씩의 '형상'을 제공한다고 믿는다. 여성 참정권의 확대가 20세기에야 진행되기 시작했다는 것은 우연일까? 자연세계의 사실에 대한 설명은 인간세계의 당위에 대한 설명을 정당화하는 데 사용되게 마련이다. 아무리 과학이 사실만을 다루고 그래야만 한다고 믿어도 과학은 사실의 문제에 끝나지 않는다. 과학은 객관적 사실의 나열을 넘어 종교적 진실의 판단과 사회적 행동의 결정에 분명히 영향을 미치고 있다.

사원소설

사원소설이 아리스토텔레스가 처음 제시한 것은 아니다. 사원소설은 이미 엠페도클레스가 제안한 것이었고 스승 플라톤도 채용한 것이었다. 하지만 아리스토텔레스는 차가움과 뜨거움, 건조함과 습함이라는 두 가지 상대적 성질의 차이로 사원소설을 설명했다는 차이가 있다. 따뜻하고 건조한 것은 불, 따뜻하고 습한 것은 공기, 차갑고 건조한 것은 흙, 차갑고 습한 것은 물이다. 물이 가열되면 차가운 성질이 뜨거운 성질에 굴복하여 공기로 변한다. 즉 사원소는 서로의 온냉건습의 균형을 바꿔주면 상호변환이 가능하다. 이처럼 아리스토텔레스의 설명은 상식과 직관에 잘 부합하고 경험에 기초하므로 호소력이 강하다. 우리 입장에서 본다면 질적 변화를 강조하므로 양적인 측면을 다루는 수학은 설 자리가 좁아진다는 약점이 있기도 하다. 이런 아리스토텔레스의 설명은 원소는 상호간 변환할 수 있다고 본 연금술(Alchemy)에 이론적 기반이 되어 후일 이슬람 연금술사들에게도 중요한 영향을 미치게 된다.

기억을 더듬어보면 중세 전설에서도 우리는 아리스토텔레스의 사원소설의 흔적이 남아 있음을 추측할 수 있다. 바람(공기)의 요정 실프, 불의 요정 샐러맨더, 물의 요정 운디네, 흙의 요정 놈 등은 서양 판타지 소설에서 많이 들어보는 요정의 이름들이다. 사원소와 정확히 대응되지 않는가? 어떻게 보면 사원소가 의인화되어 표현된 것에 불과하다. 쉬운 설명을 위해 어린아이들에게 우화의 형식으로 교육하듯이 아마도 전반적 지적 수준이 후퇴한 중세의 단면을 보여주는 문명 퇴락의 증거이자 고대적 기억의 잔상일 것이다.

불교에도 지수화풍의 개념이 있다. 사원소설의 기본개념과 일치한다. 우연찮게도 인도 불교의 시작과 아리스토텔레스의 시기는 어느 정도 겹친다. 기원전 4세기는 알렉산더의 대정복으로 인해 인도와 그리스는 정치ㆍ경제ㆍ문화 전 분야의 거리가 좁아진 시기였다. 학문적 영향을 서로 주고받을 수 있는 가능성은 충분히 있는 시기다. 아이디어는 어느 쪽이 먼저였을까? 아니면 정말 각각 독자적인 것이었을까? 정답을 알기는 힘들 것이고 물론 세부 사항에서도 역시 큰 차이가 있다. 하지만 혹시라도 아리스토텔레스가 친근하게 느껴지고, 어쩐지 서양사상과는 다른 듯하며, 어디선가 들어본 것 같은 느낌이 든다면, 그의 사상이 불교를 비롯한 동양사상과 유사한 측면을 많이 가지고 있다는 것을 떠올리며 즐거워할 수는 있을 것이다.

03

지동설의 등장

· 위대한 책『알마게스트』,
프톨레마이오스의 천동설 ·

프톨레마이오스(Claudios Ptolemaios, 100?~170?)는 2세기의 천문학자
다. 아리스토텔레스로부터 거의 500년의 시간이 지난 후에 활동한 사
람이다. 우리에게는 모두 고대인으로 뭉뚱그려 인식되겠지만 프톨레
마이오스에게 아리스토텔레스는 까마득한 역사 속 인물이다. 그 사
이 헬레니즘 제국들이 피었다 졌고 로마제국은 오현제 시대로 불리
는 최전성기에 이르고 있는 시점이었다. 프톨레마이오스 시기까지 축
적된 새로운 자료와 이론들은 적지 않은 분량이다. 여기서는 그 대표
자로서 프톨레마이오스를 다룰 뿐이다. 당연하게도 그의 업적은 그만
의 것이 아니라 헬레니즘 천문학의 유산이다. 프톨레마이오스는 그리

스 이론 천문학의 유산과 오리엔트의 관측자료를 종합해서 정밀한 수리 천문학 체계를 집대성한 책 『알마게스트(Almagest)』를 완성했다. 이 내용은 아랍에 전해졌다가 12세기 이후 유럽에 재도입된다. 코페르니쿠스가 자신의 이론 즉, 이 프톨레마이오스의 이론과 다른 이론을 만들 수 있었던 것은 역설적으로 이 이론이 있었기 때문이다. 유럽 지식인들을 탄복시키며, 정밀한 관측자료에 근거하고 복잡한 수학체계로 이론을 전개하는 천문학적 방법론 자체를 가르쳐준 책이기 때문이다. 따라서 『알마게스트』는 '천동설을 담고 있는 책'이라기보다 '올바른 천문학의 전범을 제시한 책'으로 이해하는 것이 옳을 것이다.

　프톨레마이오스의 업적을 이해하기 위해 잠깐 아리스토텔레스 체계를 다시 한 번 생각해보자. 항성천구에는 수많은 별들이 박혀서 함께 돌아가는데, 왜 수성, 금성, 화성, 목성, 토성의 다섯 행성은 따로 천구가 있을까? 태양과 달은 다른 별들과 달라 뚜렷이 구분되지만 다섯 행성은 겉보기에 그냥 별과 같아 보이고 당시에는 당연히 태양계의 행성들임을 몰랐을 때다. 그런데도 왜 이들은 항성천구에서 독립되어 따로 자신만의 천구를 가지게 되었을까? 그 이유는 이 다섯 행성의 움직임이 아주 특별하기 때문이다. 다른 모든 별들은 하늘에 붙박혀 있는 듯이 함께 움직인다. 북극성을 중심으로 일정한 상대적 위치를 유지하며 동심원을 그린다. 하지만 이들 다섯 행성들은 하늘에서 이리저리 위치가 변하며 마치 술취한 듯이 불규칙하게 움직인다. 이것은 오래전부터 잘 알려진 사실이다. 7요일 체계의 기원이 바빌로니아에서 이미 시작했고, 동양도 음양오행설에서 이미 다섯 행성을 특별히 취급했다. 인류에게는 익숙한 지식이다. 그래서 고대 그리스인들

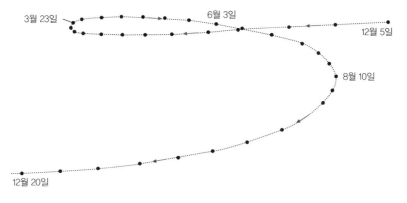

3월 23일

6월 3일

12월 5일

8월 10일

12월 20일

행성들의 겉보기운동 사례

프톨레마이오스가 서기 132~133년 사이 치밀하게 관측하고 기록한 지구에서 본 토성의 경로.
133년 3월에서 8월 사이 토성은 분명하게 뒤로 움직였다.

도 떠돌이별이란 의미의 'planet'으로 행성들을 지칭했고 이 단어는 오늘날 영어에서 그대로 쓰인다. 그렇다면 아리스토텔레스 체계는 바로 문제가 발생한다. 간단히 생각해봐도 이들 다섯 행성은 '아름다운' 등속원운동으로는 설명 불가능한 천체들이다. 자세히 살펴보면 이 다섯 행성은 앞으로 가는 순행운동과 잠깐 뒤로 물러서는 역행운동을 반복하며 움직인다.

아리스토텔레스는 이 사실을 몰랐던 것일까? 그 역시 이런 문제를 잘 알고 있었다. 하지만 그는 문제의 해결을 후세인들에게 떠넘겼다. 자신의 이론은 완벽하니 완벽해 보이지 않는 '현상을 구제하라(Save the Phenomena)'고, 즉 관찰결과를 어떻게든 이론에 일치시키라고 천문학의 목표를 제시한 것이다. 자칫 우스꽝스럽게 들릴 수 있다. 나타난 현실에 이론을 일치시켜야지 이론에 현실을 맞추라니 말이 되는가? 하지만 이런 상황은 의외로 오늘날도 많이 발견할 수 있다. 완벽

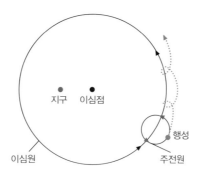

주전원

주전원을 사용하면 그림처럼 행성들의 겉보기운동이 잘 설명된다.

해 보이는 이론에 일치하지 않는 실험결과가 나오면 과학자들은 자신의 실험에 문제가 있을 거라고 단정하는 경우가 많다. 끝없이 새로운 측정을 반복해서 어떻게든 아름다워 보이는 이론에 굴복시키려는 것은 비단 아리스토텔레스 시절만의 일은 아니다.

아리스토텔레스 이후는 이렇게 관측기록과 우주론적 통찰을 조화시키기 위한 노력이 필요한 시점이었다. 아리스토텔레스의 천재적 직관은 위대했으나 분명한 한계가 있었다. 고대인들은 그 한계를 보지 못할 만큼 멍청하지는 않았다. 해결을 위해 긴 세월 동안 다양한 노력들이 더해졌다. 거의 500년이 지난 후 기원 2세기 로마제국의 팽창이 절정에 이르게 된 시대에 프톨레마이오스는 아리스토텔레스 체계에 기반하고 고대 천문학 지식을 총합하여 고대적 우주론을 완성시켰다. 프톨레마이오스는 행성들의 순행과 역행이 번갈아 반복되는 상황을 주전원(epicycle)의 개념을 도입해서 해결했다. 행성이 단순히 원궤도를 도는 것이 아니라 스스로 작은 원을 그리면서 지구 주위를 돌게 된다고 보면 상황을 쉽게 설명할 수 있었던 것이다. 주전원은 행성의 궤적이 그리게 되는 작은 원을 지칭한다. 행성들은 이 소원을 그리며 돌면서 동시에 지구 주위를 큰 원을 그리면서 회전한다. 그러면 행성이 주전원궤도를 따라 지구를 반대방향으로 돌게 될 때 지구에서 보면 역행운동이 관찰될 것이다.—오늘날 달이 지구 주위를 돌면서 태양 주위를 도는 모습을 상상해볼 때 달이 지구 주위를 도는 작은 원이 이 행성들의 주전원에 해당하고 태양 주위를 도는 원이 대원에 해당하는 셈이다.

이 탁월한 설명에 의해서 우주의 중심에서 움직이지 않는 지구의 개념과 천체의 원운동은 보존할 수 있었다. 하지만 그 대가로 지구를 중심으로 한 천구들의 개념은 사실상 포기할 수밖에 없었다. 또 여러 복합적 요인들과 관찰결과를 일치시키기 위해 프톨레마이오스 체계에는 80개가 넘는 주전원들이 그려져야 했다. 그래서 끔찍하게 복잡했다. 하지만 당시의 관측 결과와 가장 잘 부합했고 정확한 예측에도 뛰어났다. 일반적 상식과 쉽게 어울렸으며, 특히 아리스토텔레스의 우주관과도 '대부분' 일치했다.

그로부터 300년 정도가 지나면 유럽은 중세 시대로 접어든다. 고대 지식의 등불은 꺼졌고, 여러 이설들은 있지만 어떻게 판단해도 문명적 퇴행이 분명한 중세가 도래했다. 유럽인들은 이제 아리스토텔레스가 누구인지도 잘 모르는 시절을 맞게 되었다. 이 시기 고대 그리스의 지식들은 대부분 아랍에서 보호되고 발전되었다. 9세기 아랍 천문학자들은 프톨레마이오스의 책을 번역하면서 그 정확한 내용에 감명받아 아랍어 정관사 알(Al)과 위대하다는 의미의 그리스어 메기스테

(Megiste)를 합쳐 『알마게스트(Almagest)』로 부르기 시작했다. 중세 유럽인들은 후일 이 책을 재발견하면서 『알마게스트』라는 명칭을 그대로 사용했다. 중세 후반기에 아리스토텔레스 철학이 부활되어 기독교 신학의 기본 틀을 형성하자 아리스토텔레스의 우주관과 『알마게스트』는 쉽게 결합되어 중세 기독교 세계의 공인된 우주체계로서 확고한 위치를 차지하게 되었다.

앞서 언급했듯이 프톨레마이오스의 『알마게스트』에 체계화된 이런 천동설이 없었다면 지동설이 대두되기 힘들었을 것이다. 그 정확도와 놀라운 관측 데이터의 총량으로 볼 때 아무리 당시까지 전해진 관측자료가 있었다 하더라도 프톨레마이오스의 전 생애를 바친 '현상을 구제하기'였을 것이다. 고대 천문학의 종합판이 이렇게 코페르니쿠스 시대 학자들에게 선물로 주어졌다. 천동설 자체가 지동설의 중요한 토대였다. 정확한 관측에 의한 기하학적 설명과 기술, 그리고 정확한 동작 구조와 원인을 밝히는 일은 이미 고대에 지속적으로 시도되었기에 코페르니쿠스에 의해 '비슷한 그림'을 만드는 작업이 진행될 수 있었던 것이다. 이런 과정을 돌이켜볼 때 천동설을 지동설과 상반되거나 지동설의 발전을 방해하는 요소로 보는 것은 지극히 단순한 해석이다.

▬▬▬ ▬▬ 헬레니즘 천문학 ▬▬ ▬▬▬

알렉산더가 대제국을 이루고 죽은 후 그의 제국은 여러 개로 나뉜다. 하지만 부하장군들에 의해 여러 왕조가 세워졌기 때문에 지배계층이 그리스인들이었다는

1부 혁명의 시작

점에서는 공통적이다. 이 시기를 헬레니즘시대라고 부르게 되는데 그리스적 전통과 이집트와 페르시아 제국 등의 문화와 기술 전통이 결합되면서 새로운 국제적 양상을 띤 시대문화가 형성되게 된다. 새로운 지배계층은 학문발전에 우호적인 태도를 취했다. 특히 알렉산더의 친구였던 프톨레마이오스가 창건한 이집트의 프톨레마이오스 왕조는 알렉산드리아를 고대 세계 최고의 연구중심지로 발전시켰다. 알렉산드리아에 만들어진 무세이온(Museion)—오늘날 박물관(Museum)의 어원이 된다—에는 도서관, 동물원, 식물원, 천문대, 실험실, 해부실이 모두 갖춰져 있었고 최고의 지성들이 모여 연구했다. 간단한 몇몇 인물만 살펴봐도 유명한 아르키메데스를 비롯, 『기하학 원론』의 유클리드, 지구 둘레를 측정했던 에라토스테네스, 원추곡선론의 아폴로니우스, 간단한 증기기관 등의 기계장치를 발명한 헤론 등이 무세이온을 거쳐갔다. 프톨레마이오스 왕조의 마지막 여왕 클레오파트라가 자살한 기원전 30년 이후 서양의 역사는 로마를 중심으로 동작하게 되지만 로마제국 최전성기인 기원 2세기까지도 학문 중심지는 여전히 그리스와 이집트를 포함한 동방에 있었다. 아리스토텔레스로부터 프톨레마이오스까지의 이 500여 년 간의 짧지 않은 시기, 천문학에서도 다양한 이론들이 제시되었다.

먼저 아리스토텔레스 이전 시기 제시된 이론 중에는 후기 피타고라스 학파 필로라오스(Philolaos)의 이론이 눈길을 끈다. 필로라오스는 지구중심설을 배격하고 지구를 비롯한 모든 천체가 우리의 눈에는 보이지 않는 중심불(central fire)을 중심으로 원을 그리며 돌고 있다고 주장했다. 만약 이 중심불만 태양으로 대체한다면 지동설의 아이디어와 아주 유사한 모습이 될 수 있음을 알 수 있다. 이처럼 고대 지동설의 원조에는 신비적 요소가 많았다. 또한 그의 우주는 변화와 생성의 세계인 맨 안쪽의 우라노스(Uranos), 조화와 질서의 세계로서 태양과 달, 그리고 다섯 개의 행성 등이 완전한 기하학적인 도형인 구형으로 자리 잡고 원형의 궤도를 등속도로 운행하고 있는 코스모스(Cosmos), 우주 바깥의 순수한 영역인 올림포스(Olympos)의 세 부분으로 나뉜다. 이 세 영역으로 구분하는 기본 아이디어는 약간씩 변형되었지만 플라톤, 아리스토텔레스, 중세 신학자들에 이르기까지 근본적으로 영향을 주었다. 예를 들어 필로라오스의 우주는 기독교적 세계관 속에서 각각 지상계와 우주, 천국에 대응될 수 있다.

아리스토텔레스의 체계에서도 핵심이라고 할 수 있는 지구를 중심에 둔 천구는 아리스토텔레스보다 한 세대 정도 앞의 에우독소스(Eudoxos, 408~355 B.C)

에 의해 처음 도입되었다. 플라톤 아카데미 학생이었던 에우독소스는 대담한 기하학적인 천체모델인 천구를 제안해서 당시 관찰되는 천문현상을 합리적으로 설명하려고 했다. 에우독소스는 지구를 중심으로 한 여러 천구들이 각각 일정한 축을 중심으로 회전하고 있다고 가정한 다음, 천체관측 결과와 부합하도록 동심천구의 수와 회전축을 결정해서 추가해 나아가는 방식을 선택했다. 그는 결국 자신이 관측한 천체의 운동을 충분히 설명하기 위해 27개의 천구를 도입했다. 즉 천구를 계속해서 늘려감으로써 관찰된 상황을 설명하려고 하는 방법론인데 천문학자들에게는 상당히 인상적이었던 듯하다. 천구가 존재한다는 가정하에 관찰결과에 맞춰 그 구조를 계속 복잡하게 다듬어 가는 에우독소스의 방법은 약간씩 개량을 거듭하면서 코페르니쿠스의 시대까지 계속해서 이어졌고 코페르니쿠스도 결국이 방법을 선택했다. 아리스토텔레스 역시 이 모델을 개량해서 60개의 천구가 돌고 있는 자신의 우주론을 완성한 것이다. 천구의 존재는 후에 튀코 브라헤 등에 의해 부정되기까지 근 2000년간 당연한 것으로 받아들여졌다.

아리스토텔레스와 동시대인인 헤라클레이데스(Heracleides)의 독특한 우주론 체계도 눈여겨볼 만하다. 에우독소스의 뛰어난 천구체계에서 설명 불가능한 현상이 한 가지 있다. 지구에서 수성, 금성, 태양까지의 상대적인 거리가 계속 변한다는 관측 결과를 설명할 수 없었던 것이다. 이상하게도 세 천체는 항상 근처에서 관측되며, 때로는 금성이 가장 멀어지고, 때로는 수성이, 혹은 태양이 가장 멀리 있는 것처럼 관측되었다. 서로가 일정한 천구상에서 움직인다면 이렇게 관찰될 리 없었다. 헤라클레이데스는 이 상황을 설명하기 위해 수성과 금성은 태양 주위를 공전시켰다. 하지만 태양과 달과 다른 행성은 지구 주위를 회전하고 지구는 우주의 중심에서 1일 1회 자전한다. 기본적으로 천동설이지만 그래도 태양 주위로 두 개의 행성을 돌게 만든 부분적 태양중심설인 셈이다. 그러면 수성과 금성은 태양 주위를 돌며 지구에서 멀어지고 가까워지고를 반복하게 될 것이다. 나중에 보게 될 튀코 이론의 원형이 보인다. 또 지구를 자전시킴으로써 거대한 항성천구의 회전을 없앴다. 우리가 보기에는 상당한 아이디어가 돋보이는 모델이지만 당시에는 별다른 호응을 얻지 못했다.

고대적 지동설의 대표자는 알렉산드리아에서 활동했던 아리스타르코스(Aristarchos, 310?~230 B.C)다. 피타고라스 학파의 우주론을 발전시켜 분명한 태양중심설을 주장했다. 우주의 중심은 지구가 아닌 태양이고, 지구는 매일 한 번 자전하며, 1년에 한 번 태양 주위를 공전한다고 주장했다. 또한 지구 주위를 도는 달을 제외하고 모든 행성은 태양 주위를 회전하며 항성들은 움직이지 않지만 지구가 자전하는 바람에 지구 주위를 매일 한 번씩 도는 것처럼 보인다고 설명했다. 코페르니쿠스 지동설의 기본적인 뼈대를 모두 갖추고 있다. 하지만, 사변적이고 정성적인 모델이었을 뿐 정밀한 관측에 기반해 측정 결과와 일치시키는 노력을 하지는 않았던 것 같다. 지구 중심의 천구에 기반한 천동설 주장자들에게는 너무나 게으른 사람의 지적 백일몽이었을 것이다. 아리스타르코스의 태양중심설을 천상 세계의 완전성을 무시하는 신성모독적인 이론으로 보아 스토아학파의 클레안테스(Cleanthes)는 그에게 불경죄의 혐의를 씌우기도 했다.

이런 전반적 상황들로 인해 이후의 천문학은 지구중심설의 방향으로 뚜렷이 발전해갔다. 지구를 중심으로 하는 동심천구론의 핵심 약점은 지구에서 각 행성 간의 거리가 일정하지 않다는 관찰결과를 설명할 수 없다는 문제였다. 이 문제를 극복하기 위해 이미 헤라클레이데스도 행성이 지구를 중심으로 회전하되 스스로 작은 소원, 즉 주전원(周轉圓, epicycle)을 그리면서 돈다는 이론을 제안했었다. 아폴로니오스는 지구에서 행성까지의 거리의 다양성을 설명하면서 주전원의 이론을 확장하고, 이심원(離心圓, eccentrics)이라는 또 다른 수학적 장치를 개발했다. 이심원설에 의하면 행성 궤도의 중심은 지구가 아닌 지구 밖의 허공에 있다는 것이었다. 이렇게 하면 관찰결과에 더 근접한 모델을 얻을 수 있었다. 이 주전원과 이심원이라는 수학적 모델을 받아들여 지구 중심의 체계를 더욱 발전시킨 천문학자는 니케아(Nicaia) 출신의 히파르코스(Hipparchos, B. C. 190~120)였다. 그는 또 고대 바빌로니아와 그리스의 천문학자들이 남긴 천체관측 기록을 대조하고 종합해서 1000개가 넘는 별들을 관측한 것으로 알려져 있다. 또 별들의 밝기도 6등급으로 분류했다. 여기에 춘, 추분점이 이동하는 세차(歲差, precession) 현상을 발견했다.

이처럼 고대 천동설에도 다양한 사람들의 개량과정이 있었다. 본문에서 프톨레마이오스의 업적으로 정리된 이론 틀은 이런 다양한 이론들의 퍼즐조합이다. 프톨레마이오스의 업적은 엄밀히 표현하면 히파르코스까지의 헬레니즘 시기 천문학의 집대성이라고 표현할 수 있다. 최종본이라 할 수 있었기에 당연히 가장 정확했으며, 그랬기에 그의 책 『알마게스트』로 이슬람에 전달되고 이후 유럽에서 케플러 시대에 이르기까지 '천문학의 성경'으로 군림할 수 있었다. 에우독소스, 히

파르코스, 프톨레마이오스 등의 많은 이론들이 나름의 근거를 가지고 있었다. 하지만 한편으론 어떤 이론도 뚜렷이 두각을 나타내며 진정한 우주의 모습에 대한 본보기를 보여주지는 못했다. 이런 상황으로 인해 코페르니쿠스 같은 근대인들은 다른 천문학적 모델을 제시하는 상상력을 발휘할 수 있는 여유를 가질 수 있었다.

■── 주전원과 이심 ──■

본문에서는 프톨레마이오스의 이론을 단순화해서 주전원에 대한 부분만 설명했다. 하지만 실제 모델은 훨씬 복잡한 것이다. 에우독소스가 생각하고 아리스토텔레스가 다듬은 지구 중심의 천구론은 실제 관측결과와 많은 부분에서 어긋났다. 프톨레마이오스는 이를 대체하기 위해 주전원(epicycle) 체계를 도입했다. 관측결과와 일치도는 더 높아졌으나 너무 복잡해져버렸다. 순행과 역행을 번갈아가며 바꾸는 행성운동을 지구중심체계 안에서 설명하기 위해 고안된 것이 주전원 체계다. 그것뿐 아니라 여러 개념이 추가된다. 그중 이심(eccentric)의 개념도 중요하다. 이 개념에 의하면 지구에서 약간 비껴난 곳에 행성궤도의 중심(이심)이 있고 행성은 이 이심을 중심하고 그 주위를 가변적인 속도로 돌게 된다. 이렇게 관찰결과와 근사치 값을 만드는 데는 성공했지만 역시 문제가 발생했다. 어떻게 행성이 아무것도 없는 곳을 중심으로 하고, 계속해서 속도가 빨라졌다 느려졌다를 반복하면서 돌 수 있는가? 더구나 주전원은 결국 행성들이 우주의 중심인 지구가 아닌 다른 곳을 중심으로 도는 원을 허용하는 것이다. 관찰결과에는 가장 잘 맞았지만, 아리스토텔레스의 주장과 모순되고 있었고, 무언가 상식적이지 않았다. 즉, 프톨레마이오스 체계에 대해서도 이후 코페르니쿠스 체계가 당한 것과 같은 비판이 지속적으로 존재했다. 수학적 허구일 뿐 현실을 반영한 것은 아니라는 것이다. 만약 아무 모순 없이 천동설 체계가 잘 동작하고 있었다면 코페르니쿠스는 이를 대체할 새로운 체계를 감히 제시할 생각은 하지 못했을 것이다. 실제 코페르니쿠스는 자신의 이론을 제시하면서 자신의 이론이 프톨레마이오스보다 더 아리스토텔레스 체계에 잘 맞는다고 주장하게 된다.

· 성직자의 책『천구의 회전에 대하여』, 코페르니쿠스의 지동설 ·

코페르니쿠스가 그렇게 늦게서야 자신의 이론을 책으로 만든 이유는 명확하지 않다. 그는 최소한 1510년대부터는 지동설의 기본 아이디어를 정립한 것으로 보이는데 책의 출간은 30년 이상이 걸렸다. 흔히 얘기되는 이유는 이단으로 의심받게 될 것을 두려워하여 죽을 때가 되어서야 원고를 출판하려 했다는 것인데, 앞에서도 다룬 것처럼 '명확히' 책의 이단성을 의심받게 될 것이라고 볼 만한 시기는 아니었다. 책 출간의 지연은 최대한 정확한 자료로 뒷받침하기 위한 신중성의 결과일 수도 있고, 자신의 본업인 성직에 열중하느라 시간이 연장되었을 확률도 충분히 있다. 100년 이상 뒤의 뉴턴도 초기 만유인력의 아이디어를 책으로 연결하기까지 20년 이상이 필요했다. 당시는 학자들이 다작을 하는 시기는 결코 아니었다. 따라서 코페르니쿠스를 단순히 겁이 많은 성직자라는 이미지로만 치부하기에는 무리가 있다. 어쨌든 그의 책『천구의 회전에 대하여(De Revolutionibus orbium caelestium)』는 그가 죽던 해인 1543년에야 출판되었고 아마도 그는 책의 초판본은 확인한 채 사망한 것으로 보인다. 그렇게 코페르니쿠스는 자신의 책이 세상에 어떤 영향을 미칠지 전혀 모른 채 죽었다.

한 가지 더 언급할 것은 책의 출간과정에 덧붙여진 서문이다. 이 서문에서는 코페르니쿠스의 주장이 쉬운 계산을 위한 수학적 조작이지 실제 우주의 동작을 의미하는 것은 아니라는 점을 분명히 했다. 이 서문 때문에 오랜 기간 별다른 논쟁 없이 코페르니쿠스의 책은 잘 읽힐 수 있었다. 책의 서문은 처음 책의 출간을 권유했던 레티쿠스(Rheticus)로부터 최종적으로 원고를 받아 출간한 루터파 목사 오시안더(Osiander)가 논쟁을 일으키지 않을 목적으로 써 넣은 것으로 보인다. 서문 때문에 금서목록에서 오랫동안 빠질 수 있었다는 측면에서 다행스럽고 저자의 핵심 의도를 왜곡했다는 점에서는 당혹스럽다.

우리는 보통 지동설이 처음 나왔을 때 왜 당시 사람들이 이를 받아들이지 못했는지 궁금해한다. 하지만 사실 궁금해야 하는 것은 왜 지동설이 일부에서 받아들여졌는지에 관한 것이다. 코페르니쿠스의 책의 핵심은 물론 지동설이지만 그의 이론은 우리가 오늘날 받아들이는 지동설과는 많이 다른 모습이었기 때문이다.

코페르니쿠스 이론을 간단히 요약해본다면 그는 프톨레마이오스 체계에서 태양과 지구의 위치를 바꾸었다. 그렇게 되면 달은 자연히 지구와 함께 움직여야 한다. 이제 천구의 배열은 태양, 수성, 금성, 지구, 화성, 목성, 토성, 항성천구의 순서가 되어야 했다. 지구는 태양에 대한 공전과 스스로의 자전이라는 속성이 추가되었다. 일단 우리가 알고 있는 지동설과 '유사'하다. 『천구의 회전에 대하여』는 총 6부로 구성되어 있다. 1부에서는 지동설의 타당성 역설하고 태양을 우주의 중심으로 잡는 핵심내용이 들어가 있고, 2부에서는 행성들의 궤도가 길어지면 공전시간도 길어진다는 것을 보여준다. 3부에서는 자전축의 세차운동을 언급하면서 26000년 주기임을 계산했고, 4부에서는 달은 지구 반경의 59배 정도 거리라고 계산했다. 5부와 6부에서는 상당한 수고를 들인 계산들이 나오는데 코페르니쿠스는 목성의 주기를 12년으로 계산했고, 태양과 지구 거리를 1로 잡았을 때 수성 0.36, 금

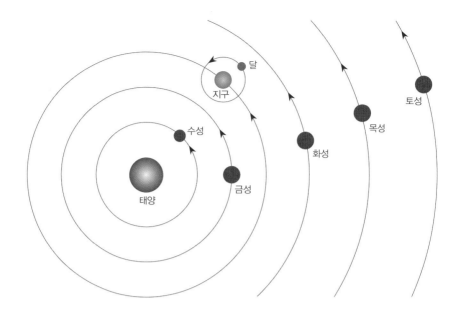

지동설 그림

천동설과 다른 점은 단지 태양과 지구가 위치를 바꾸었다는 정도다. 그 결과 지구는 스스로 자전하면서 태양 주위를 공전하는 행성들 중 하나가 되었다.

성 0.72, 화성 1.5, 목성 5, 토성 9 정도라는 상대적 수치도 제시했다. 20세기 측정값으로 목성 5.2, 토성 9.5로 상당한 근사치라고 할 수 있는데 그럼에도 정확도는 당대에 인상적인 수준은 결코 아니었다.

코페르니쿠스가 천문학에 쏟은 기간은 프톨레마이오스보다 더 짧았을 것이고—코페르니쿠스는 직업적 천문학자가 아니었다—고대 그리스와 이슬람 천문학자들보다 정확한 관측을 한 것도 물론 아니었다. 아리스타르코스의 이론처럼 관념적이지는 않았고, 정확한 천문학 자료로 뒷받침하기 위해 분명히 노력했지만, 고대 전문가들에 비해서 크게 앞서지는 못한 수준이었다. 코페르니쿠스 이론은 복잡해 보이는 자연 속에 단순화될 수 있는 조화로운 수학적 패턴이 있다는 신념을

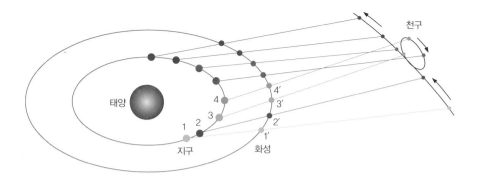

지동설에서 역진운동 설명

내포하고 있다. 다시 언급하지만 이런 생각과 태양중심설의 선호는 신피타고라스 학파의 특징이다. 그의 이론을 신비주의 정도로 무시할 이유는 충분했다고 볼 수 있다.

그럼 먼저 코페르니쿠스 이론의 명백한 장점을 정리해보자.

첫째, 그는 자기 이론을 사용하면 수학적 단순성이 발생한다는 것을 자랑스럽게 책의 전반부에 과시했다. 제일 중요한 부분은 행성의 역진운동이 지동설에서는 설명하기 매우 쉬워진다는 것이다. 그림에서 보는 것처럼 지구가 화성보다 빠르게 화성을 가로질러 지나칠 때면 지구에서 화성은 역진운동하는 것처럼 보인다. 이렇게 하면 행성의 역진운동을 설명하는 데 사용되었던 수많은 프톨레마이오스의 주전원이 사라질 수 있게 된다. 그 결과 천체의 운동을 계산하기 매우 쉬워진다.

둘째, 항상 태양 근처에서만 발견되는 금성과 수성의 위치 문제다. 지구에서 관찰했을 때 수성은 태양과 최대 24도 이상 멀어지지 않고, 금성은 48도 이상 멀어지지 않는다. 천동설에서는 그래야만 할 특별

1부 혁명의 시작

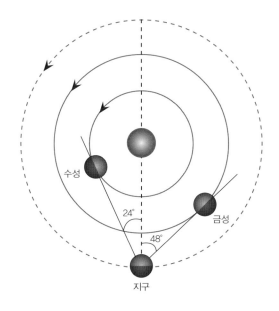

수성과 금성의 위치 문제

그림에서 볼 수 있는 것처럼 지구에서 관찰했을 때 수성은 태양과 최대 24도 이상 멀어질 수 없고, 금성은 48도 이상 멀어질 수 없다. 지동설에서는 이 현상이 아주 쉽게 이해된다. 사실 이 문제 때문에 이미 고대의 헤라클레이데스도 수성과 금성만큼은 태양 주위를 돌게 만들었다.

한 이유가 존재하지 않는다. 하지만 지동설에서는 수성과 금성이 지구보다 안쪽 궤도를 돌고 있는 내행성이기 때문에 아주 잘 설명된다.

셋째, 천구들이 어머어마한 속도로 지구 주위를 돌 필요가 없어진다는 것이다. 지구가 자전하면 항성천구는 정지해 있으면 된다. 실제 항성천구가 얼마나 빠른 속도로 지구 주위를 도는가 하는 문제는 천동설 체계에서 가치 있는 질문이었다. 그러나 지동설 체계에서는 이 문제에 대한 해답이 주어진 게 아니라 질문 자체가 의미가 없어진다. 지구의 자전으로 간단히 대체되는 것이다.

넷째, 지동설에서는 태양에서 멀어질수록 행성들의 주기가 차례로 느려진다. 수성보다 금성이, 목성보다 토성이 주기가 더 느리다. 천동설에서는 지구 주위를 도는 행성들의 속도와 주기는 당연히 불규칙적이다. 하지만 지동설에서는 태양에서 멀리 떨어진 행성일수록 주기는 일관성 있게 느려진다.

이 정도까지가 지동설의 장점으로 제시될 만한 것들이다. 하지만 지동설의 단점은 이런 장점을 상쇄하고도 남을 만큼 많다.

첫째, 가장 중요한 문제는 가설을 지탱하기 위한 어떠한 역학적 설명도 존재하지 않는다는 점이다. 왜 흙으로 구성된 지구가 지동설에서 우주의 중심에 위치시킨 태양을 향해 떨어지지 않는가? 가장 무거운 원소인 흙이 우주의 중심을 향해 낙하해야 할 것 아닌가? 아리스토텔레스의 설명을 따른다면 물리적으로 불가능한 체계였다. 코페르니쿠스는 이 문제에 대해 아무 대답도 하지 않았다.

둘째, 새로 만든 체계는 '압도적으로' 간단한 것이 아니었다. 주전원은 완전히 사라진 것이 아니라 줄어들었을 뿐이다. 실제 행성들의 궤도는 타원인데 코페르니쿠스는 여전히 원운동을 고수하고 있었기 때문에 관측결과와 일치시키기 위해 그는 여전히 많은 수의 주전원을 그려 넣어야 했다. 물론 주전원의 수는 1/3 정도로 줄었다. 계산에는 분명 효율적이었지만 프톨레마이오스 체계와 뚜렷이 비교되는 단순성은 아니었다. 만약 주전원이 전부 없어졌다면 충분히 인상적이었겠지만, 줄어든 것만으로는 설득력이 부족했다.

셋째, 항성의 연주시차 문제다. 만약 지구가 태양을 돌면서 위치가 바뀐다면 계절에 따라 별들의 상대적 위치가 바뀌어 보여야 할 것이다. 이를 연주시차 문제라 하는데 당시 관측 결과들은 이런 시차를 발

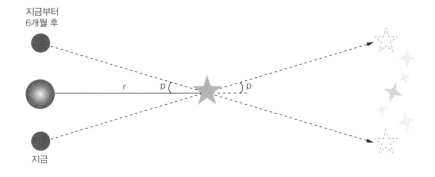

연주시차 문제

그림에서 보는 것처럼 지동설에서는 지구의 위치가 반년마다 태양의 반대편에 가 있어야 한다. 그러면 별들을 관찰할 때 그 거리에 따라 상대적 위치가 바뀌어 보여야 할 것이다. 연주시차가 관측되지 않는 이유에 대해서는 코페르니쿠스도 너무 먼 거리 때문에 그 각도차가 아주 작아서라고 주장했다. 하지만 그렇다면 항성들은 너무 먼 거리—당시 느낌으로는 거의 무한에 가까운—를 떨어져 있어야 했다. 믿기 힘든 주장이기에 받아들여지지 않았지만 실제 그랬다. 태양에 가장 가까운 항성조차도 몇 광년이나 떨어져 있다. 이로 인해 인류가 처음 연주시차를 측정한 것은 19세기에 이르러서였다. 가장 가까운 별의 연주시차는 0.76"(1"는 1°의 3600분의 1)다. 훨씬 더 먼 별들은 오늘날에도 연주시차를 관측할 수 없기 때문에 전혀 다른 방식으로 항성들까지 거리는 측정되고 있다.

견할 수 없었다. 실제로 이 연주시차는 극미하지만 존재한다. 하지만 당시 기술로는 관측할 수 없으므로 이 비판은 정당한 것이었다.

넷째, 달의 특수성 문제가 있다. 도대체 왜 달만 태양을 중심으로 돌지 않고 지구를 중심으로 도는가? 더구나 달의 천구는 없거나 지구 천구와 충돌 중인 것이 아닌가? 코페르니쿠스는 여전히 천구 체계를 사용해서 지동설을 설명하고 있는데 달은 천구개념에 부합하지 않는 매우 이질적인 요소였다.

다섯째, 경험적으로 지구의 움직임을 전혀 느낄 수 없다는 것이다. 지구가 움직이고 있다면 우리는 어지러워 제대로 서 있을 수도 없을 것이고 머리 위로 던져 올린 물체는 옆으로 이동해 떨어져야 하지 않겠는가? 이 생각이 우습게 느껴진다면 그것은 우리가 관성의 개념을 알고 있기 때문이다. 지구의 움직임을 느낄 수 없는 상황을 설명할 수 있는 관성 개념의 탄생은 아직 갈릴레오의 시기까지 기다려야 했다.

이상의 상황을 종합해볼 때 지동설은 장점에 비해 혼란이 너무 많이 발생하는 체계다. 어쩌면 루터의 빈정거림이 옳을 것이다. 지동설은 수학적 단순성을 얻는 정도로는 잃을 것이 너무 많은 체계였다.

이런 장단점들과 함께 지동설에 대해 비판적으로 생각해볼 부분들도 많이 있다. 먼저 코페르니쿠스는 지동설의 최초 주창자는 분명히 아니다. 코페르니쿠스는 이탈리아에서 공부할 때 아리스타르코스 이론을 들었을 확률이 높으며 많은 천문학자들이 고대의 지동설을 잘 알고 있었다. 그럼에도 그들이 지동설에 손을 대지 않은 것은 비합리적인 부분이 많았기 때문이다. 지동설 이론의 선택은 코페르니쿠스가 수학적 탐미주의자의 입장에서 천문학에 접근하지 않았다면 선택할 이유가 없어 보인다. 합리적인 성향의 학자라면 당연히 체계적인 물리적 설명을 갖추고 있는 천동설을 선택하는 것이 옳았다. 즉 지동설은 코페르니쿠스의 '비합리적인' 성격적 특성들에서 시작되었을 확률이 있다.

또한 코페르니쿠스는 행성들이 일정한 속도로 완전한 원을 그리며 돌아야 한다는 아리스토텔레스의 주장에도 그대로 동조하고 있다. 이에 따라 그는 프톨레마이오스 이론에서 행성들이 부등속의 다양한 속도로 돌아야 한다는 것이 불합리하다고 보았다. 그는 아리스토텔레스를 극복하겠다는 목표가 아니라 아리스토텔레스 체계를 바로 잡겠다는 목표를 가지고 있었던 셈이다.

1부 혁명의 시작

또 하나 특기할 만한 것은 코페르니쿠스 체계가 천구를 사용하는 수학적 지동설이라는 사실이다. 천구는 고대부터 천동설에서 사용했고, 고대 지동설에는 없었던 체계다. 고대 지동설은 관찰 정확도를 살피는 부분에 있어서는 철저하게 무책임한 편이었지만, 천동설 학자들은 면밀히 계산한 천구를 사용해 관찰결과와 일치시키는 설명에 힘을 쏟아왔다. 코페르니쿠스 이론은 방법론과 결과 면에서 이 두 가지 이론의 종합판이다. 어쩌면 그는 천동설과 지동설이라는 고대의 두 가지 이론 틀을 묘하게 뒤섞었다고 볼 수 있다.

코페르니쿠스이론에 대한 신학자들의 반대는 많았고 분명히 현실성 없는 설명체계였다. 그러나, 그럼에도 '실용적'이었기에 잘 사용되었다는 또 하나의 역설이 뒤따른다. 지동설의 확실한 장점 한 가지는 계산하기 쉬워졌다는 실용적 이점이다. 코페르니쿠스 체계에서는 주전원이 줄어들면서 복잡한 프톨레마이오스 체계보다 쉬운 계산이 가능했다. 많은 학자들이 코페르니쿠스 행성표를 사용해 좀 더 쉽게 책력 계산을 했다. 편한데 쓰지 않을 이유가 없다는 것이 당대 학자들의 생각이었다. 중세 말의 학자들은 흔히 생각하는 대로의 앞뒤가 꼭 막힌 원칙주의자들은 아니었다. 더구나 천동설이나 지동설 모두 오차는 어느 쪽도 압도적이라 주장하기 힘들 정도로 컸다. 실제 관측 상황에서는 모두 다 오차가 많이 발생했다. 지동설이나 천동설 모두 이론의 정당성을 주장할 수 있는 극적인 관찰 증거는 없었다. 그래서 두 이론은 수 십 년간 함께 잘 사용되었다.

냉정히 판단해볼 때, 코페르니쿠스의 주장은 어쩌면 작은 개량이었다. 천구도, 역학체계도, 주전원도 그대로 있었다. 약간 쉬워진 계산

말고는 선택할 이유가 특별히 없는 체계였다. 수학적 단순화를 위한 무리한 논증이라고 볼 만했다. 성공하기 힘든 시도였다. 그럼에도 중요한 것은 이로 인해 변화가 시작되었고 돌이킬 수는 없었다는 사실이다. 코페르니쿠스가 시작시킨 지동설 혁명은 이제 튀코 브라헤, 요하네스 케플러, 갈릴레오 갈릴레이 등의 시대를 거치면서 치열하게 진행될 참이었다.

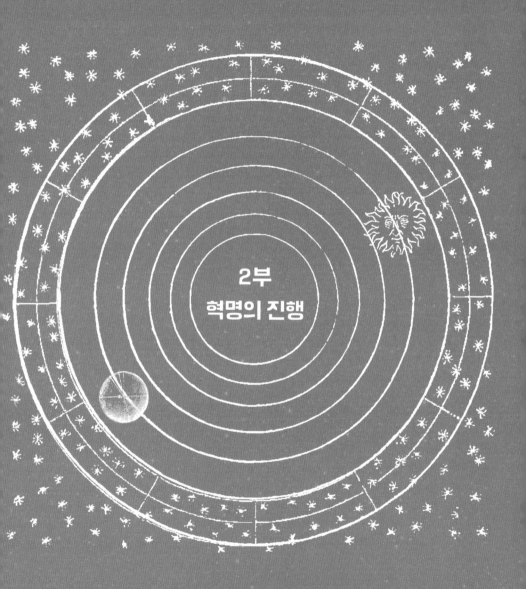

2부
혁명의 진행

04

프라하의 스승과 제자

· 덴마크의 귀족, 튀코 브라헤 ·

튀코 브라헤(Tycho Brahe, 1546~1601)는 코페르니쿠스가 죽은 지 3년 후에 태어났다. 태어나면서부터 그의 찬란한 미래는 보장되어 있었다. 왕족에 버금가는 덴마크의 고위 귀족으로서 튀코[2]는 대영지를 소유한 관료 귀족으로서의 삶이 예상되었고, 원했다면 충분히 그 길을 선택할 수도 있었을 것이다. 하지만 그는 천문학자의 길을 선택했고, 그 결과 과학의 역사에 분명하게 자신의 흔적을 새겨 넣었다. 튀코는

....

2   일반적으로 서양에서는 이름보다 성을 사용하지만, 튀코 브라헤의 경우 여러 책에서 브라헤라는 성보다는 튀코라는 이름으로 표현하고 있다. 성보다 이름이 쉽고 특이하며, 또 르네상스 시기에는 이름을 쓰는 것이 관례적이었기 때문이기도 하다. 그래서 여기서도 튀코라는 표현을 사용할 것이다. 갈릴레오 갈릴레이 역시 마찬가지 이유로 갈릴레오로 표기한다.

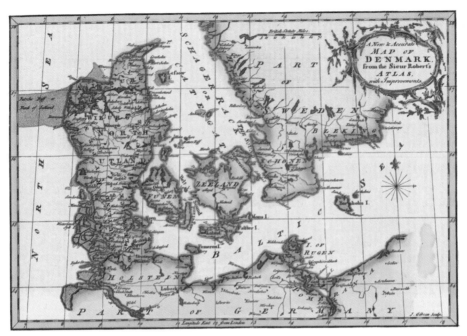

덴마크 지도

17세기 덴마크는 북유럽의 강국이었다. 셰익스피어가 쓴 『햄릿』은 덴마크의 왕자였다. 17세기 덴마크의 위상을 알 수 있는 사례다.

자신의 신분과 천문학에 대한 열정이 결합된 독특한 인생을 살았다.

1546년 튀코 브라헤는 덴마크의 유서 깊은 귀족 가문의 아들로 태어났다. 쌍둥이로 태어났는데 한쪽은 출생 후 바로 사망했다. 이후 튀코는 2세 때 삼촌 요르겐에게 납치되어 양육되었다고 많은 자료에 표현되어 있다. 독자의 입장에서는 '납치'라는 용어와 이런 일이 가족 간에 별다른 충돌 없이 이루어졌었다는 기이한 정황 때문에 이해하기 혼란스러울 수 있을 것이다. 아마도 이 상황은 후사가 없는 백부가 반강제로 조카를 양자로 들인 정도로 이해하면 적절할 것 같다. 삼촌 가정에서 양육 받은 경험은 튀코의 인생행로에 적잖은 변화를 주었다.

튀코 브라헤
튀코를 알아보는 가장 쉬운 방법은 그의 '코'를 살펴보는 것이다.

튀코가 귀족에게는 결코 자연스럽지 않은 학자의 길을 걸을 수 있었던 것은 삼촌과 숙모 집안의 유달리 학구적인 분위기와 상관이 있었을 것이다. 납치되지 않았다면 튀코는 다른 친형제들처럼 영지를 관리하는 기사 출신 귀족의 본분을 따랐을 확률이 높다.

튀코는 남부럽지 않은 최고의 교육을 받으며 13세부터 코펜하겐 대학을 다녔다. 당시 귀족들은 대학 졸업장 같은 것이 필요 없었기 때문에 대학에 입학하고 졸업하는 것이 일반적이지는 않았다. 학문에 뜻이 있는 귀족 자제들은 유럽 유명 대학들을 주유하며 듣고 싶은 강의를 편하게 청강했다. 이 시기 대학 교육에서 천문학과 점성학은 통합되어 있었고, 특히 코펜하겐 대학은 수학과 기하학이 잘 교육되던 대학이었다. 여기에다 1560년 일어난 월식은 튀코가 천문학에 직접적 관심을 가진 계기가 된다. 튀코는 이후 여러 대학들을 여행하며 학문에 심취했고, 1563년에는 라이프치히에서 천문기록도 작성했다. 이런 작업과정에서 당시 통용되던 천문표들의 부정확성에 실망하고, 새로운 천문표가 만들어져야 한다고 생각했다. 그리고 그 일을 자신이 하겠다고 마음먹었다. 불과 10대의 나이에, 그것도 귀족이 이런 생각을 하는 것도 특별한 일이지만, 더구나 그 꿈이 결국 튀코 사후에 케플러의 손을 통해 이루어졌다는 점에서 더욱 특별한 일일 것이다.

1565년에 아버지와 같았던 삼촌 요르겐이 사망했다. 요르겐은 물에 빠진 국왕 프레데릭 2세를 구하고 숨졌다. 구체적으로 기록되지 않았지만, 정황으로 미루어볼 때 함대 사령관이었던 요르겐은 국왕과 다리 위에서 대화 중이었고, 국왕이 물에 빠지자 그를 구하러 강에 뛰어들었으며, 국왕은 구한 뒤 자신은 빠져 나오지 못한 것으로 보인다. 이 사건은 국왕으로 하여금 요르겐의 후계자로 볼 수 있는 튀코에게 부채의식을 갖게 했을 만한 사건이다. 이후 국왕이 튀코에게 보여주는 호의는 그런 측면에서 이해해볼 수 있을 것이다.

1566년 스무 살이 되었을 때 튀코의 특징적인 이력이 하나 더해진다. 로스토크 대학으로 가서 학업을 계속 하던 중 팔촌 친척과 다투다가 결국 결투를 벌였다. 그 결과 튀코는 코의 일부가 잘려나갔다. 이후 튀코는 피부색과 최대한 비슷한 효과를 낸 금과 은, 금속을 섞은 합금 코를 붙이고 다녔다. 이 사건은 두고두고 그의 외모나 성격과 관련된 전설이 되었고, 후일 그려진 튀코의 초상화에는 특이한 그의 코 이미지가 잘 나타나 있다. 1560년대 내내 튀코는 로스토크, 프라이부르크, 아우크스부르크 등의 대학도시들을 여행하며 학문 공부를 계속했다. 본격적인 천문 관측을 시작하면서 관측 장비를 개선하기 시작했고, 정밀관측의 꿈을 키워 나가는 과정에서 가설을 배제하고 상상이 아닌 철저한 관측에 기반해서 연구해야 함을 신조로 가지게 된다. 이 과정 속에서 튀코는 스스로 감독할 수 있는 연구시설에서 장치개발 전문가와 함께 하는 천문관측 연구소를 꿈꿨다. 대부분의 천문학자에게는 꿈일 뿐이었지만 그는 행운이 따른다면 이를 실행에 옮길 수 있는 신분이었다. 후일 프레데릭 2세 국왕은 그 행운이 되어주었다.

물론 이 시기 튀코는 자신의 미래를 위한 직업적 선택에도 신경을 썼다. 귀족이라 원하는 일을 하기 쉬웠을 것으로 보이지만, 당시 귀족들은 오히려 직업선택에 제한이 많았다. 법으로 정해져 있지는 않았지만 귀족은 마땅히 영지를 관리하며 봉건귀족의 의무를 다할 것이 기대되었다. 대학교수나 천문가는 귀족이 선택하기에는 격이 떨어지는 직업이었다. 귀족이 이런 직업을 가진다면 평민의 영역을 침범하는 것으로 비춰졌다. 이 시기 튀코는 다행스럽게도 적당한 성당 참사회원직을 얻었다. 이 직분은 교회의 보수가 주어지는 명예직이지만 성직자만큼의 의무를 가지지 않고 조용히 살 수 있었기 때문에 천문학자로 살아가기에는 적합한 지위였다. 코페르니쿠스도 참사회원이었다는 점을 떠올리면 당시 튀코가 선택 가능했던 가장 적절한 직업이었을 것이다.

1571년에 부친이 사망하자 오랜 시간이 걸리는 상속 절차가 시작되었고 튀코는 고향에 머물면서 천문관측을 시작했다. 이 시기 튀코는 키르스텐이라는 평민여성과 결혼했다. 엄청난 신분 차이로 인해 법적으로는 결혼이 불가능한 상황이었다. 그래서 튀코는 덴마크의 오래된 관습법상의 혼인을 선택했다.—사실 과거에는 후처를 맞을 때 사용하는 방법이었다. 문제는 이 경우 태어나는 자녀는 평민 신분일수밖에 없었고, 귀족의 후계자로서 재산 상속은 불가능했다. 결국 이로 인해 후일 여러 문제가 발생하게 된다. 튀코는 당시 귀족에게 너무나 당연했던 정략결혼을 택하지 않았다. 생애 전반의 보수적 이미지에도 불구하고 튀코는 사랑에 대해서만큼은 로맨티스트였다.

1572년 11월 11일 튀코는 천체관측 중 신성을 발견했다. 이것은 매우 극적인 일이다. 왜냐하면 20세기까지 천 년간 육안관측 가능한 신성은 단 세 번만 나타났기 때문이다. 놀랍게도 이 중 한번은 튀코 브라헤가, 한번은 1604년에 케플러가 관측하게 된다. 또 다른 한번은 1006년에 있었다. 신성은 육안으로는 평생 보지 못할 확률이 높다. 두 천문학자로서는 어쩌면 운명적이라는 표현이 적합할 '우주적인 행운'이었다. 신성은 매우 먼 곳에 나타난 '별'임이 분명했고, 이것은 우주가 영원불변하다는 아리스토텔레스 우주관에 분명한 문제가 있음을 암시하고 있었다. 이 관찰을 토대로 1573년에 『신성에 관하여』를 출판하자 튀코의 천문학자로서의 위상이 높아졌고, 필연적으로 귀족 본연의 모습과는 더더욱 멀어졌다.[3] 1574년에 코펜하겐으로 갔을 때는 천문학 권위자가 된 튀코에게 코펜하겐 대학이 강의를 맡기려고 했다. 귀족이 대학에서 강의를 한다면 다른 신분의 영역을 침해하는 것이었기 때문에 이 과정에는 튀코의 강의를 허락해 달라고 대학 학생들이 따로 청원을 하는 해프닝까지 있어야 했다.

이 시기 지동설이 나온 지는 30년이 지나고 있었다. 천동설과 지동설은 천문학에서 모두 잘 사용되고 있었다. 두 가지 이론 중 직접적 관찰증거라 할 만한 것은 어느 쪽도 없었고, 분명히 지동설의 수학적 가치가 컸음을 모든 천문학자들이 잘 인식하고 있었기 때문이다. 분위기는 두 체계에 모두 우호적이었다. 대부분의 천문학자들은 무엇이 진실인지에 아무 관심이 없었다. 이 상황이 분명히 모순이라는 사실에도 불구하고 천문학자들은 아무 거리낌 없이 때에 따라 편리하게 두 체제를 모두 인용하며 설명했다. 이런 상황 속에서 튀코는 진실은

....

3 당시에 귀족이 책을 쓰는 것은 이상한 일이었다. 요즘으로 치면 현직 대통령이 자신의 책을 출간하는 등의 일보다 별난 일로 보였을 것이다.

하나여야만 한다는 입장을 견지했다. 튀코는 쉽고 신뢰성 높은 예측을 제공해주며 간편하게 설명한 코페르니쿠스 쪽의 설명이 현실에 가깝다고 보았다. 하지만, 지동설을 선택한다면 우주의 크기는 비현실적으로 크다고 가정해야 하는 문제가 있다.—코페르니쿠스에서 살펴본 것처럼 그래야만 연주시차가 발견되지 않는 문제를 해결할 수 있었다. 프톨레마이오스 이론의 수학적 난해함과 코페르니쿠스 이론의 물리학적 문제점을 동시에 해결할 방법은 없을까? 어쩌면 코페르니쿠스 이론을 우주의 중심에 있는 정지한 지구에 적용시킬 수 있을지도 모른다. 그것이 튀코의 아이디어였다. 이후 10년 가까운 연구와 개량 끝에 튀코는 결국 튀코 시스템으로 불리는 새로운 우주론을 완성하게 된다. 그것은 두 체계의 기묘한 절충안이었다.

· 벤 섬의 영주 ·

1575년 몇 년을 끌던 아버지의 유산이 확정적으로 상속되어 수입이 늘자 튀코는 대학 강의를 그만두고 다시 유럽 여행을 시작했다. 프랑크푸르트, 바젤, 베니스, 인스부르크, 아우크스부르크, 레겐스부르크 등 유명한 대학도시들을 돌아보며 견문을 넓혔다. 그리고 프라하로 가서 덴마크를 대표하는 고위 귀족의 신분으로 신성로마제국 새 황제 루돌프 2세의 대관식에도 참석했다. 20여 년이 지난 후 결국 그는 이 루돌프 2세와 연결되게 된다. 이런 많은 견문들은 그에게 다양한 지적 자극을 주었을 것이다. 동시에 좀 더 천문연구에 많은 지원을 얻을 수 있는 곳을 찾아 덴마크를 떠나려는 동기 또한 주었다. 1576년에 튀코는 바젤로 이민 갈 생각을 굳히고 재산을 정리하기 시작했다. 하지만 새로운 상황이 발생했다. 재산 정리 도중에 프레데릭 2세는 튀코가 떠나려 한다는 소문을 듣고 좋은 영지 4곳 중 한 곳의 선택권을 준다. 이런 좋은 조건에도 불구하고 튀코는 놀랍게도 생각할 시간을 요청했다. 그러자 튀코를 외국에 뺏기고 싶지 않았던 국왕은—아마도 삼촌 요르겐과의 관계도 생각났을 것이다—코펜하겐 앞 바다에 있는 작은 섬인 벤(Hven) 섬을 영지로 제시했다. 튀코는 고립되어 있는 섬이 천문관측에도 용이하고 평민신분인 자녀들을 위한 적절한 피난처로 생각되어 이 제의를 받아들였다. 역사상 손꼽히는 천문대의 이야기는 이렇게 시작될 수 있었다.

1576년 튀코 브라헤는 서른 살의 나이에 벤 섬의 영주가 되었다. 튀코는 이 섬에 자신이 꿈꿔 왔던 천문관측소를 만든다. 하늘의 성이라는 의미의 우라니보르그 천문대와 거주 시설은 몇 년간의 공사 끝에 완공됐다. 지하는 연금술 실험실, 2층은 조수들의 작업실, 3층은 천문기기들로 구성된 건물이었다. 3000권의 책들, 정밀관측이 가능한 값비싼 관측기구, 대형 천구의 등이 건물에 가득 들어찼다. 장비 제작장, 실험장, 수리소를 포함한 종합연구소의 모습을 모두 갖췄다. 어떤 면에서 16세기의 거대과학이라 부를 만한 업적이었다. 그는 자신과 같은 신분의 사람만이 할 수 있는 천문학을 시도했다. 고귀한 신분이라는 행운을 적절히 활용해서 튀코는 지금까지 볼 수 없었던 정밀 관측 천문학을 만들어냈다. 국왕 역시 물심양면 지원을 계속해 주었기 때문에 튀코 브라헤는 유럽의 어떤 학자와도 비교될 수 없는 최상의 조건을 갖춘 천문학자의 길을 걸을 수 있었다.

하지만 이 과정에서 발생한 사건들은 튀코 브라헤에 대한 괴담으로 현대까지 남게 된다. 당시 영주들은 주민들에게 주당 이틀을 무급으로 동원해 일을 시킬 권한이 있었다. 문제는 튀코는 사실상 섬의 첫 영주였기 때문에 이 의무를 벤 섬의 주민들에게 부과할 영주가 튀코 이전에는 없었다는 것이다. 40세대 정도의 주민이 전부이던 작은 섬에 그는 갑작스런 재앙처럼 나타났다. 튀코는 자신이 전통적인 영주로서의 권한을 행사했다고 생각했겠지만, 섬사람들로선 갑작스럽게 그들의 방목지에 공사가 시작되고 영주의 거주 시설과 천문대가 들어선 것이었다. 더구나 그 공사는 자신들의 무급노동으로 진행되었다. 섬 주민들의 불만은 점증했고, 이 시기에 일꾼들이 고된 노동으로 섬을 탈출하는 일들도 심심찮게 발생했다. 튀코와 주민들은 국왕에게 고소와 항소를 반복했다. 과도한 노동착취라는 주장과 주민들의 의무 불이행이라는 시각이 수시로 충돌했다. 코가 금으로 된 괴팍한 마법사 영주 튀코의 이미지는 이때부터 벤 섬의 주민들에게 각인되었다. 1580년대 건물이 완공되었을 때 모든 것이 자급자족 가능한 전 유럽 최고의 천문대와 불만에 가득 찬 섬 주민들이 남았다. 이런 과정으로 인해 튀코 브라헤를 흉폭한 영주로 묘사한 글은 현대에도 꽤 발견할 수 있다. 당시 섬 주민들의 고충은 충분히 짐작할 만하지만, 시대기준으로 보아 분명 보편적이고 합법적인 일이었음은 고려되어야 할 것이다.

섬 주민들과 충돌 중에도 튀코는 1577년에서 1578년 사이 나타난 혜성에 대한 주목할 만한 관찰결과를 내놓는다. 튀코는 몇 주간의 관찰 끝에 혜성이 달보다 멀리 있음을 확인했다. 신성 발견에 이어 우주가 아리스토텔레스의 원칙을 따르지 않고 있다는 또 하나의 증거가

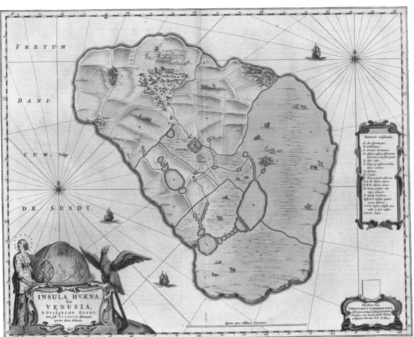

벤 섬(위) | 우라니보르그(아래)

튀코의 천체관측은 안전한 벤 섬에서 이루어질 수 있었다.

축적되었다. 또한 이 시기 지구대기에 의한 빛의 굴절이 측정오차를 만든다는 것도 유추해냈다. 빛의 굴절개념이 아직 잘 알려져 있지 않던 시기였다. 공전궤도가 계란형일 수 있다는 추측도 했었다. 이는 뒤에 케플러가 이르게 될 결론에도 어느 정도 근접했던 셈이다. 행성 속도의 불규칙성도 분명히 인지하고 있었고, 이 시기의 빽빽한 관찰기록들 자체가 그의 천문학자로서의 노력을 잘 보여주고 있기도 하다. 자신이 관찰한 혜성에 관한 책에서는 이전에 나온 혜성에 관한 책들을 체계적으로 비판하며 서술했다. 오늘날에는 일반적인 방법이지만 그 당시는 혁신적인 구성법이었고, 이처럼 과학서적의 일반 모델에도 영향을 주었다. 튀코는 쉼 없이 자신의 업적을 쌓아갔다.

영지 수입으로 튀코는 아마도 유럽 학자 중에서는 최고 부자가 되었을 것이다. 그 수입으로 1580년대 내내 특별한 천문학 장비들을 계속 개발하며 관측을 계속했다. 섬에서의 건축도 계속 진행되었고, 기구제작과 건축을 도와줄 조수들도 지속적으로 고용했다. 1583년에는 스체른보른이라는 지하 관측소 건물을 추가했다.—물론 이번에도 섬 주민들은 오랫동안 동원되었다. 이런 노력의 결과 튀코의 관측 정확도는 극적으로 높아졌다. 당시 관측 오차는 몇 각분 단위였지만, 튀코는 때에 따라 이를 몇 각초 단위로 줄이는 데 성공했다.[4] 이 때문에 관측천문학자로서 천문관측기술의 혁신을 그의 최대 업적으로 꼽는 경우도 많다. 하지만 그의 여러 업적 중에서 튀코와 관련되어 가장 많이 언급되는 것은 그의 우주론이다.

....

4   각도 측정에서 사용하는 단위로 1/60도가 1각분이고, 1/60분이 1각초에 해당한다.

· 절충안, 튀코 시스템의 탄생 ·

1584년, 튀코는 오랜 연구 끝에 자신의 우주론인 튀코 시스템을 정립했다. 새로운 우주론을 제시하려고 마음먹은 지 10년의 세월이 지난 시점이었다. 이 우주론에 따르면 모든 행성(5개의 행성)은 태양을 중심으로 공전하고, 태양과 달과 항성천구는 지구를 중심으로 공전한다. 다시 천동설로 돌아간 셈이다.

어쩌면 튀코의 우주론은 현대인들이 처음 보았을 때 우스꽝스럽기까지 할 것이다. 그는 왜 이런 어처구니가 없을 정도로 기이해 보이는 우주론을 제시한 것일까? 튀코의 우주론은 어떤 이점이 있을까? 가장 중요한 장점은 여전히 지구가 우주의 중심에 위치하게 되므로 아리스토텔레스 역학체계와 어떤 모순도 일으키지 않는다는 점이다. 흙으로 구성된 지구가 자연스럽게 우주의 중심에 위치하므로 코페르니쿠스 지동설에 대해 제기되었던 모든 문제점들은 사라지게 된다. 또 연주시차 문제가 사라지게 되므로 우주의 크기는 합리적 수준으로 줄어들 수 있었다. 튀코로서는 자신의 정밀관측에도 불구하고 연주시차가 발견되지 않았으므로 이 부분에 대해서만큼은 확신이 있었다. 동시에 다섯 행성은 태양 주위를 돌게 만들었으므로 주전원은 코페르니쿠스 체계만큼 줄어들게 된다. 수학적 단순성에서 코페르니쿠스 이론이 가지는 장점을 그대로 유지시킨 것이다. 수성과 금성이 태양 주위를 돌고 있으니 두 행성이 태양 주위에서만 관측되는 상황에 대한 설명도 잘 성립한다. 튀코 시스템은 지구가 움직이지 않는다는 점만 제외하면 코페르니쿠스 체계와 수학적으로 동등했다. 튀코의 판단으로는 프

2부 혁명의 진행

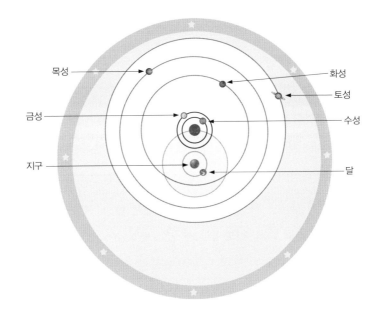

튀코 우주론 그림

튀코 시스템—절충안 : 두 군주를 모신 튀코 브라헤의 인생처럼 튀코의 우주론에는 마치 두 개의 중심이 있는 듯한 모습이다. 시대상황으로 보아 합리적인 가설이지만, 수학적으로는 결코 아름답지는 않다. 기하학적 대칭성이 깨져버린 것이다.

톨레마이오스와 코페르니쿠스 이론의 장점은 모두 취하면서 두 이론의 단점은 모두 상쇄시킨 셈이었다. 튀코는 스스로 적절한 해법이라 생각한 이 시스템의 입증에 나머지 인생을 걸게 된다.

튀코가 제시했던 우주론은 우리에게 많은 시사점을 제공해준다. 튀코 시스템은 분명히 현대적 관점에서 틀린 이론이다. 하지만 당시 정황에서 본다면 튀코 브라헤의 체계와 코페르니쿠스 체계는 어느 쪽이 합리적인가? 당연히 튀코의 우주론 쪽이다. 시대의 물리법칙을 만족하면서 수학적 단순성을 확보했다. 여기서 우리는 지동설의 발전과정을 합리성의 승리과정으로만 보려는 시각의 문제점을 분명히 알 수 있다. 합리성을 선택하려면 지동설은 버려야 옳았다. 튀코의 개량된 천동설에는 합리적 보수 귀족 튀코 브라헤의 모습이 겹친다. 우리에게는 우스꽝스러울 수 있지만 튀코의 천동설은 퇴보나 뒷걸음질이 아니다. 튀코의 시대상황 내에서 가능했던 최선의 합리적 선택이다. 시대성 속에서 과학이론의 의미를 바라보는 작업은 결코 쉽지 않다.

우리는 이 사례를 통해 천동설에서 지동설로 옮겨가는 과정이 얼마나 어려운지 알 수 있고, 천동설을 주장한 사람들이 비합리적인 고집을 부렸던 것이 아니라는 사실 또한 느껴볼 수 있다. 무엇보다 과학의 발전과정이 끝없이 합리적 선택을 추구한 결과가 아니라는 사실 또한 확인해볼 수 있다. 코페르니쿠스에서 전술한 것처럼 질문은 왜 천동설을 고집했느냐가 아니라 이처럼 모순에 가득 찬 지동설을 왜 추진시켰느냐에 모아져야 한다. 당시의 상황에서 튀코의 우주론이 마음에 들지 않을 확실한 이유가 있다면 그것은 수학적 비대칭성이다. 기하학적 미를 찾아보기 힘든 튀코 시스템을 받아들일 수 없었던 사람들은 지동설 체계 내에서 어떻게든 답을 찾고자 했다. 지동설은 많은 부분 이러한 수학적 탐미주의에 의해 강력한 동력을 제공받았다. 그것은 합리성의 추구라기보다는 고대적인 신념체계로부터 유래한 것이다. 우리는 케플러를 살펴보면서 전형적 사례를 느껴볼 수 있을 것이다.

한편 이런 업적의 축적에도 불구하고 튀코의 자녀와 천문대의 미래는 여전히 불확실했다. 튀코는 자녀들에게 섬을 영지로 물려주기 위해, 또 자신의 영향력을 강화하기 위해 사교적인 작업도 게을리 하지 않았다. 하지만 상속 문제는 여전히 발목을 잡고 있었다. 평민인 부인은 만찬의 주최 자격이 없어서 부인이 아닌 여동생이 우라니보르그

관측 중인 튀코 브라헤

성의 만찬을 주최했을 만큼 신분한계는 엄격했다. 1580년에 상황은 계속 불리하게 진행되어 관습법상 결혼은 수치스러운 것이라는 포고가 내려졌다. 관습법 결혼 관계의 부부는 갈라서지 않으면 성찬식 참석도 금지되었다. 이 시기 이후 튀코는 덴마크를 떠날 때까지 성찬식에 참석하지 못했다. 1582년에는 관습법 결혼으로 낳은 자식은 유산과 성과 가문 문장, 신분을 상속받지 못한다는 것이 법률로 명문화되었다. 이 법에 의해 튀코가 죽고 나면 그의 자식들은 벤 섬에서 쫓겨나게 될 것이 자명해졌다.

이때부터 튀코는 천문대는 영지가 아니라 대학과 유사하다는 논리를 펴기 시작했고, 자신의 사후 천문대 관리자로서의 지위를 자식들에게 넘기고자 노력했다. 튀코를 아꼈던 왕은 이를 승인했지만 문서로 남겨놓지는 않은 채 1588년 사망했다. 후원해주던 왕까지 죽자 튀코는 점증하는 난관에 봉착하기 시작한다. 그래서인지 1590년대부터는 튀코 본인의 성격 변화도 감지된다. 재단사를 투옥하고, 광대를 구타하고, 채무자를 감금하는 등 고집불통의 늙고 완고한 보수 귀족의 모습을 떠올리게 하는 상황들이 여러 번 연출되었다. 만년의 튀코는 후일 케플러에게도 편집증적 증세를 보였다. 천문학 연구 진척 상황에 대한 실망과 노화에 따른 전반적 우울증이었을 것이다. 운명의 시계추는 그를 강제로 자신의 자리에서 밀어내고 있었다. 이제 튀코는 케플러의 인생과 필연적 조우를 하게 될 참이었다.

· 독일인 신교도, 요하네스 케플러 ·

요하네스 케플러(Johannes Kepler, 1571~1630) 역시 하나의 그림으로 그려지기에는 복잡한 인생을 살았던 인물이다. 천문학자로서는 분명 행운아였지만, 한 인간으로서는 비극적인 생을 살았으며, 학자로서는 모험적이고 재기발랄했으나, 기독교인으로서는 조용하고 품격 있는 신앙심을 유지했다.

케플러는 1571년 슈투트가르트 인근의 바일 주 소도시에서 태어났다. 당시 독일은 수백 개의 자유도시나 제후령으로 나뉘어 있었고, 이 시기 독일의 지도는 전문 역사가조차 정확히 제시하기 힘들 정도로 복잡했다. 독일의 통일은 아직 300년을 기다려야 하는 시점이다. 우리로서는 신구교간 대립이 격화되고 있던 시기 독일 지역의 한 소도시에서 케플러가 태어났었다는 사실 정도를 기억하면 족할 것이다.

케플러의 가문은 역사를 거슬러 올라가면 한때 귀족이었으나, 케플러가 태어나기 반세기 전에 이미 몰락한 상황이었다. 아버지는 떠돌이 용병이었고 가끔 집에 들렀다. 케플러는 자신의 기록에서 아버지를 무식하고 부도덕하며 폭력적인 사람으로 묘사했다. 7남매를 키워야 했던 어머니는 꽤 수다스럽고 괄괄한 성격이었던 것으로 보이며, 약초와 약물 제조에 열중했다. 당시 이런 특성은 마녀로 몰리는 데 하나의 빌미가 될 수 있었고, 훗날 결국 그 일은 벌어지게 된다. 동생 중 한 명은 간질 환자였다. 이 동생은 아버지가 자신을 팔아버리겠다며 야단치자 집을 도망쳤고, 가끔 집에 구걸 차 나타나며 마흔 무렵까지 어머니 속을 이리저리 썩이다가 사망했다. 삼촌 한 명은 직업상 수도 사였는데도 아내가 있었고 성병에 걸리는 등 문란한 사람이었고, 심지어 고모는 독살 당하기도 했다. 물론 한두 명의 형제들은 정상적으로 성장해서 케플러와 잘 지냈지만, 친인척의 가정사 전체가 전반적으로 황량했다. 이런 모든 가정사를 케플러는 담담하게 개인기록으로 남겨두었다.

케플러 자신은 다섯 살 무렵 천연두를 앓았지만 다행히 살아났다. 하지만 얼굴에는 곰보자국이 생겼고, 장차 천문학자가 될 사람으로서는 치명적이게도 시력이 크게 나빠졌다. 더구나 그로 인해서인지 체격도 왜소했다. 케플러의 성장기는 암울했고 낙천적 성격을 갖기는 쉽지 않았을 것이다. 이런 모진 고난을 겪어간 인물이 비뚤어지지 않을 수 있었던 것은 학문과 신앙에의 심취 때문이었으리라.

케플러가 성장하던 시기 독일의 종교 지형도는 정치 지형도보다 훨씬 더 복잡했다. 이론상 광대한 독일지역은 프라하의 신성로마제국 황제의 지배하에 있었지만 사실상 개별 영주들이 독자적으로 통지하고 있었다. 마르틴 루터의 종교개혁 이후 발생한 신구교간 갈등은 일단 1555년 아우크스부르크 조약에 의해 중재되었다. 각 지역 통치자들에게 가톨릭과 루터교 중 선택권이 주어졌다. 더 나아가 자유도시들은 일반적으로 개인에게도 느슨한 종교의 자유가 있었다. 인접한 지역마다, 도시의 구역마다 종교적 신념체계를 달리했다. 불안정한 평화 시기 속에서 잠시 봉합된 신구교간 갈등의 골은 깊어가고 있었고, 이런 상황은 곧 30년 전쟁이라는 끔찍한 참화로 진행될 것이었다.

케플러가 살던 바일 주는 뷔르템베르크 공작령에 속하는 신성로마제국 자유도시였고, 공작은 루터교를 공식 지지했지만, 바일 주는 가톨릭이 다수였다. 이로 인해 루터교를 믿는 소수파인 케플러 집안은 불안감을 느껴 곧 이사했고, 뒤이어 아버지가 재산을 탕진하자 이리 저리 떠돌며 궁핍한 생활을 이어갔다. 결국 케플러의 아버지는 케플러가 10대 때 집을 떠난 후 부자간에 다시는 만나지 못했다. 이런 가족사의 흐름에도 불구하고 케

케플러

플러의 학자로서 경력은 무리 없이 진행되었다. 체계적으로 교육받은 열혈의 신교도 인재들을 키워내려고 했던 지역적인 시대 상황으로 인해 집안 경제사정과 상관없이 케플러는 최고도의 지식을 흡수할 수 있었다. 초등교육기관에서 똑똑했던 케플러는 바로 눈에 띄었고, 공공지원으로 운영되는 고등교육기관에서 무리 없이 교육받는 인생으로 진행해 갔다. 5년 과정 라틴학교를 3년에 마치고, 숙식과 수업료가 무료지만 엄격한 통제생활을 하는 중고등 신학교를 다녔다. 이 시기 케플러는 루터파와 칼뱅파의 평화를 권고하는 등 당시 상황에서는 대담한 행동을 하기도 했으며, 신은 이교도를 저주한다는 식의 잔인한 신학적 해석에는 반발심을 느꼈다. 케플러에게 신은 만물 앞에 공의로우신 분이며 아름다움으로 충만한 우주를 창조하신 분이었다.

우여곡절 끝에 튀빙겐 대학을 다니며 수학 및 천문학 교수인 매스틀린(Michael Mastlin)의 영향으로 프톨레마이오스 천문학의 기초를 탄탄히 전수받는다. 마침 매스틀린은 코페르니쿠스 우주론을 강하게 신봉하는 극소수 천문학자 중 한 명이었다는 점이 케플러의 인생에 영향을 미친 듯하다. 케플러는 스승 매스틀린의 생각에 동의했고, 대학시절

공식적으로 코페르니쿠스를 지지했다. 이 과정에서 태양은 모든 변화의 근원이며, 만물의 복잡한 구조 속에 수학적 단순성과 대칭성이 숨어 있으리라는 믿음을 강화시켰다. 여러 측면에서 케플러는 피타고라스 학파의 수비주의적 전통의 연결선상에 있는 인물로 성장해갔다.

· 겸손한 수비주의자 ·

1591년 케플러는 스무 살에 석사학위를 받고 당연히 성직으로 진출을 염두에 두었지만 본인의 생각대로 인생이 진행되지 않았다. 때마침 그라츠 대학에서 수학교수 추천을 의뢰했는데 튀빙겐 대학은 케플러를 추천했다. 케플러는 마지못해 타의로 그라츠로 가게 되었다. 천문학 및 수학교수의 의무상 케플러는 대학 강의, 책력 편찬, 점성술─봉급 받는 천문학자의 당연한 의무였다─등에 시간을 할애해야 했다. 하지만 막상 스스로는 점성술을 '훌륭한 천문학의 어리석은 어린 딸'이라고 표현했다. 이 와중에서 케플러는 자연스럽게 천문학에 강하게 심취하기 시작했다. 그의 강한 수비주의적 성향은 이 시기에도 많은 기록들에 나타난다. 천체들의 운동에서 그럴 듯한 수학적 대칭이나 비례구조를 발견하면 신비감을 느끼고 뛸듯이 기뻐했다. 그가 궁금해했던 질문들은 다음과 같은 것들이었다.

"행성은 왜 하필 여섯 개인가?"

"행성들은 일정한 거리를 두고 태양을 공전한다. 왜 그 거리인가?"

"각 행성은 왜 그 속도로 움직이는가?"

어쩌면 답이 있을까 싶은 당황스러운 질문들이었다. 일부의 질문에 대해서는 오늘날 우리가 우스꽝스럽게 느끼고, 어떤 질문들은 놀랍게도 적절한 답이 후일 뉴턴에 의해 제시되었다. 더구나 그 당시는 '원인'을 밝히는 것이 천문학자나 수학자의 당연한 의무인 시절이 아니었기에 케플러의 이런 성향은 매우 독특한 것이다. 그의 여러 가지 질문들은 한 마디로 요약할 수 있다.

'왜 신은 우주를 하필이면 이렇게 창조하셨는가?'

이 질문은 사실 지동설 혁명뿐만 아니라 과학의 발전을 가져온 핵심 질문이기도 하다. 물리적 이유를 묻고 있는 것이다.—이것은 코페르니쿠스에게서는 발견되지 않는 특징이다. 그는 '무책임'하게 태양과 지구의 위치를 바꿨을 뿐이었다.

케플러는 이 시기 많은 과감한 예측들을 시도하고 폐기하기를 여러 번 반복했다. 그때마다 억지스러울 정도의 비례나 대칭구조를 가정했다. 그의 다양한 가설들은 한편 중세적 신비주의로 보일지 모르지만 자연체계의 궁극적 원리가 인간에 의해 이해가능하다는 신념은 분명히 현대과학자들의 신념과 일치하고 있다. 신의 형상대로 창조된 인간이기에 노력하면 신의 창조논리를 이해할 수 있고, 그것은 신앙인의 마땅한 의무였다. 케플러의 신앙심과 그의 천문학적 열정은 직접적으로 연결되어 있었다. 이런 태도는 과학혁명기 내내 주요 학자들의 기본 입장이기도 했다.

젊은 시절 케플러가 진행한 한 가지 연구는 그의 성향을 적나라하게 보여주는 사례가 될 수 있을 것이다. 26세에 케플러는 『우주의 신비』(1596)라는 책을 집필했다. 이 책에서 그는 상당히 독특한 태양계 구조를 제시한 바 있다. 처음에는 '목성의 공전궤도가 토성의 절반 정

1577년 11월 12일 프라하 하늘에 나타난 대혜성을 새긴 판화

도인 이유는 무엇일까?'로 시작한 연구였다. 그러다 그는 두 행성의 궤도 사이에 삼각형을 끼워 넣을 수 있다는 생각을 해보았다. 잘 되지 않자 케플러는 두 행성의 공전궤도 사이에 사각형, 오각형 등을 배치해보기 시작한다. 그러다가 3차원 입체 도형의 사용을 검토하게 된다. 3차원 공간상에서 정다면체는 다섯 개(정사, 육, 팔, 십이, 이십면체)만 존재한다. 그렇다면 여섯 행성의 궤도를 품는 구면체의 사이사이에 다섯 개의 정다면체를 끼워 넣어 배치시킬 수 있을 것이라는 생각에 이르렀다. 특히 정다면체는 각 꼭지점 모두가 바깥에 위치한 구의 표면에 외접하며 구 안에 들어갈 수 있고, 정다면체 안쪽의 구는 각 정다면체의 면 중앙에 내접하며 정확히 들어갈 수 있다. 또한 신이 행성을 배치할 때 완벽한 다섯 개의 입체를 고려해서 배치했다면, 행성들이 여섯 개인 이유도 당연한 것이 된다.

이런 가정하에 그는 토성공전궤도 안에 정육면체를 내접시키고, 그 안에 목성의 궤도를 위치시켰으며, 목성궤도 안에 정사면체를 내접시킨 뒤 화성의 궤도를 위치시켰다. 화성궤도 안에는 정십이면체가 있고, 그 안에는 지구궤도가 있으며, 이에 내접하는 정이십면체 안에는 금성이 위치하고, 그 안에는 정팔면체를 위치시킨 뒤, 최종적으로 수성의 궤도를 위치시켰다. 그의 초기 계산으로는 이렇게 구성하면 다섯 개의 정다면체들이 여섯 행성 사이사이에 거의 들어맞았다. 신은 바로 이런 기하학적 측면을 고려하여 천체구조를 창안하셨음이 분명했다. 그는 사명감과 자부심을 느꼈다. 이 시기 "신이 나의 책을 통해 알려지길 원하신다."라고 스승 매스틀린에게 보낸 편지에서 단호하게 기록했다. 이제 그의 평생은 천문학과 함께하게 된다.

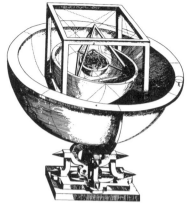

『우주의 신비』에 나오는 태양계 구조
수비주의적 특징이 유감없이 나타나 있는 젊은 시절 케플러의 우주론이다.

여기까지의 케플러는 여전히 기하학적 수비주의의 경향을 강하게 드러내고 있다. 하지만 그는 여느 신비주의자의 모습으로 끝나지 않았다. 그는 이 가설이 맞는지 마지막까지 정밀하게 '검증'해보고자 했고 최종적으로 자신의 가설이 틀렸음을 분명하게 인정하게 된다. 강직한 인품 또한 그의 업적을 완성하는 데 도움이 되었다. 자신의 가설을 검증할 가장 확실한 방법은 유럽에서 가장 정밀한 관측 데이터를 가지고 있는 튀코 브라헤의 자료에 접근하는 것이었다. 하지만 덴마크는 너무 멀리 있었다. 두 사람이 인연이 있을 확률은 희박했다. 그런데 예상외의 사건이 발생하면서 케플러의 생애에 흔치 않은 행운이 다가왔다.

· 프라하로 간 튀코 브라헤 ·

케플러가 『우주의 신비』를 출간하던 즈음 덴마크의 튀코 브라헤는 달갑지 않은 인생의 분기점과 마주하게 됐다. 튀코를 후원해주던 프레데릭 2세가 죽고, 튀코를 탐탁잖게 생각하는 그의 아들 크리스티안 4세가 집권한 것이다. 새로운 왕은 튀코에게 벤 섬의 영지를 영구히 하사하려 했던 선왕의 계획을 취소했다. 섬에서는 여러 민원이 발생하고 있었고 튀코는 섬의 주민들에 대한 착취 혐의로 조사를 받았다. 당시 받고 있던 혐의 중 어느 정도까지가 사실인지는 불분명하다.—어쨌든 벤 섬에서 그는 20세기까지도 황금 코의 사악한 마법사나 미치광이 탐관오리 정도로 기억되고 있었다. 1591년 국왕은 튀코가 관리 중인 로스킬레 대성당의 수리를 여러 차례 명했다. 하지만 튀코는 여전히 어린 국왕의 이미지를 떠올리며 대수롭지 않게 무시했던 듯하다. 1593년 국왕은 직접 대성당에 가서 조부와 부왕의 무덤이 위험할 정도로 관리가 되지 않은 상황을 확인했고, 튀코는 이로 인해 돌이킬 수 없을 정도로 국왕의 신임을 잃었다.

여기에다 튀코는 1594년에 딸의 혼인을 진행하다 파혼당하는 수모까지 겪었다. 당시 약혼 후 파혼은 사실상 재혼이 불가능한 시대였다. 더구나 파혼 상대자는 튀코 가족을 악의적으로 비방해서 튀코는 여러 면에서 수치스러운 상황을 맞았다. 튀코는 이 일이 학계에 퍼질까 전전긍긍해야 했다. 그는 지쳐갔다. 1596년부터 튀코는 덴마크를 떠나려는 계획을 어느 정도 염두에 둔 것으로 보인다. 정치적 입지가 좁아지던 튀코는 벤 섬에서 1597년 3월에 마지막 천문 관측을 했고, 4

월에는 21년간 살았던 벤 섬을 영원히 떠났다. 1582년부터 15년 동안 이 섬은 유럽 최고의 천문관측소였다. 튀코는 코펜하겐에 잠시 머물렀지만 그마저도 왕의 홀대와 반대자들로 인해 몇 달을 버티지 못했다. 그는 계속해서 여러 사건들로 웃음거리가 되어 자존심에 큰 상처를 입었다.

16세기에 50세라는 나이는 새로운 시도를 하기에는 너무 늙은 나이였음에도 튀코는 큰 결단을 내렸다. 덴마크를 떠나기로 결정한 것이다. 놀랍게도 그는 벤 섬에 남겨둔 거대 장비 넷을 제외하면 모든 천문학 장비를 가지고 이동할 수 있었다. 처음부터 쉽게 해체와 조립이 간편한 천문도구들을 만들었던 것으로 볼 때, 오랜 기간 덴마크를 떠날 수도 있다는 것을 염두에 두고 용의주도하게 준비되었던 것으로 보인다. 국외로 떠난 뒤에도 튀코는 얼마간 덴마크 국왕과 조율을 시도했으나 식어버린 국왕의 마음을 돌리지는 못했고 망명은 기정사실화 되었다.

여러 후원자를 물색하던 브라헤는 우여곡절 끝에 1598년 9월에야 프라하의 루돌프 2세의 후원 약속을 받아내는 데 성공했고, 1599년에 가족들과 프라하에 안착했다. 하지만 튀코는 곧 예상 못한 장벽에 부딪친다. 루돌프 2세는 튀코를 호의로 대했지만 문제가 있었다. 덴마크에서는 국왕의 약속은 일반적으로 그대로 진행되었지만 이곳에서는 황제가 선의로 한 약속이 의회에서 통과되지 않거나 재정적으로 불가능한 일일 수 있다는 것을 튀코는 알지 못했다. 웅장한 감투명과는 다르게 신성로마제국 황제는 결코 충분한 국고를 가지고 있지 못했다. 연금 지급이나 공사비용 문제는 수시로 지연되기 마련이어서 튀코는 다시는 벤 섬과 같은 천문관측을 하지 못했다. 인생의 황혼기에서 튀코는 불안해졌고, 자신만이 가지고 있는 전 유럽 최고의 관측 데이터만이라도 새롭게 정리해서 천문학자로서 위대한 마무리를 하고 싶었을 것이다.

· 프라하로 간 케플러 ·

한편 케플러는 『우주의 신비』 출간 후 곧 결혼했지만, 장인과 사이가 좋지 않았고 책에 대한 반응들도 없어 조바심을 내던 중이었다. 그 와중에도 케플러는 행성들이 매질 사이를 이동하며 소리를 낸다는 가정을 제안하고 이를 음계로 표현해보고자 했다. 여러 아이디어와 가설은 계속 제안할 수 있었지만 케플러에게는 필요한 것을 관찰하고 검증할 천문학 장비와 자금이 없었다. 사실 그것은 유럽에서 오직 튀코만이 가지고 있었다. 다행히 튀코는 복잡한 망명과정 중에도 케플러의 책을 읽었고 바로 재능을 알아보았다. 젊고 수학적 재능이 있는 천문학자 조수를 원하던 튀코에게 케플러는 안성맞춤인 존재였다. 튀코는 프라하에 자리를 잡으면서 케플러를 초청했다. 그라츠에 살던 케플러는 신교도들에 점차 불리해지고 있던 현지 상황에 더해 애초에 튀코의 관측자료에 관심을 가지고 있던 터라 프라하로 오라는 튀코의 초대를 받아들였다. 그라츠에서 프라하는 덴마크와 비교할 수 없을 정도로 가까운 곳에 있었다. 여행경비가 없었지만 지인의 호의로 프라하까지 공짜 여행도 할 수 있게 되었다. 1600년에 두 사람의 인생은 이렇게 연결되었다.

하지만 서로가 서로를 필요로 했음에도 불구하고 두 사람의 협동 연구는 순조롭지 못했다. 아이러니는 케플러가 코페르니쿠스 지지자인 줄 알면서도 튀코는 그의 재능을 필요로 했다는 점이다. 튀코는 자신과 다른 관점을 가진 케플러를 아끼면서도 의심하는 양면적 태도를 벗어나기 힘들었고, 그는 케플러에게 관측자료를 감질날 정도로 조금씩 넘겨주었다. 튀코 역시 남과 차별화되는 자신의 지적 재산은 벤 섬의 관측자료뿐이라는 것을 잘 알고 있었다. 더구나 의도하지 않게 황제의 경제지원이 불규칙해서 월급을 주기도 힘들었다. 케플러로서는 손님 신분에서 벗어나 정식 계약까지도 의견차로 난관이 많았다. 케플러는 처음에 기대한 만큼의 대접을 하지 않는 고압적이고 권위적인 귀족 튀코의 태도가 못마땅했고, 튀코는 신분 낮은 케플러를 이토록 정중히 대해주는 자신을 그가 제대로 존경하지 않는다고 생각했다. 케플러는 튀코에게, 튀코는 루돌프 황제에게 계속해서 지쳐갔다. 두 사람은 모두 향수병에 시달리고 있었고 상대가 그런 자신의 상황을 배려해주기 기대했다. 몇 번이나 헤어질 뻔한 위기가 지나갔다. 하지만 둘의 운명은 이미 연결되어 있었던 듯하다. 때마침 생활터전이었던 그라츠에서는 가톨릭인 지배층이 루터파 신도들을 쫓아내기 시작해서 케플러는 가족과 쫓겨났고, 의지와 무관하게 튀코에게 의탁할 도리밖에 없었다. 튀코도 분석과 계산을 할 조수를 더 고용하려고 했지만 케플러 이외에는 여간해서 구해지지 않았다. 둘은 선택의 여지가 별로 없었다.

· 튀코의 죽음 ·

긴 갈등의 시간이 지난 1601년 가을이 되어서야 튀코는 한 가지 결단을 내렸다. 지동설에 심취한 케플러가 자신의 우주론을 옹호할 것이라는 보장이 없었지만 그렇다고 인생의 황혼기에 무작정 시간을 보낼 수는 없었다. 50대는 16세기에는 충분히 노년기라 할 만한 나이였다. 자료를 분석하려면 케플러를 믿고 그에게 자료를 넘겨야 한다. 어렵고 중요한 결정이었다. 결심을 굳힌 튀코는 케플러를 황제에게 알현시켰다. 동시에 새로운 천문학 표를 작성할 계획을 보고했다. 그 새로운 천문학적 업적은 황제의 이름을 따서 루돌프 행성표로 불리게 될 것이다. 황제는 미끼를 제대로 물었다. 학문 후원에 대한 자신의 업적이 역사에 남게 될 기쁨에 겨워 황제는 케플러의 급여와 신분 보장에 필요한 작업을 빨리 진행해주었다. 그리고 튀코는 자신의 가장 소중한 관측자료에 대한 접근을 케플러에게 허용했다. 그것은 튀코가 과학발전에 기여한 가장 중요하면서도 마지막인 작업이 되었다.

튀코는 그로부터 한 달도 지나지 않아 사망했다. 어느 날 황제의 만찬에 초대되어 갔던 튀코는 많은 양의 음료수를 마셨다. 당시 예법에는 주인이 일어서기 전에 식탁에서 일어날 수 없었다. 튀코는 이 사소한 예절을 지키기 위해 소변을 오래 참았다. 그 결과 신장과 방광 기능에 이상이 생겼고, 귀가 후 최악의 고통 속에서 소변을 보지 못한 채 발열과 정신착란 속에서 여러 날을 보내고 사망했다. 어이없는 죽음이었다.

튀코는 마지막에 '내 삶을 헛되게 하지 말라'는 말을 반복했다고 한다. 그리고 『신천문학』에 케플러가 기록한 바에 의하면 '당신이 코페르니쿠스 편에 있다는 것을 알지만 내 가설과 일치하는 증명을 해주기 바란다.'고 튀코는 자신의 바람을 케플러에게 전했다. 전자는 케플러에 의해 이루어졌다. 튀코가 평생을 바친 관측자료는 극적으로 사용되었다. 하지만 후자는 이루어지지 않았다. 케플러는 튀코의 자료를 바탕으로 지동설의 최종적 승리를 앞당기게 된다.

· 타원의 충격, 케플러 1, 2법칙 ·

튀코의 관측자료 분석에서 많은 시행착오 끝에 도달한 케플러의 결론은 현대까지 케플러의 3법칙이라는 이름으로 잘 알려져 있다. 하지만 그의 이 업적들은 튀코의 관측자료를 손에 넣은 뒤에도 20년 가까운 세월을 보내고서야 완성되었다.

튀코 사후 케플러는 일단 프라하 궁정의 수학자로 임명되었지만 궁정 수학자라는 직위에 걸맞지 않게 급여는 몇 달씩 연체되기 일쑤였다. 적자인 궁정 재정에서 수학자의 월급은 우선순위에서 항상 밀려났다. 더구나 튀코의 사위와도 관측자료를 놓고 신경전을 벌여야 했고, 어느 정도까지는 공동작업 형태를 취해야 했다. 거기다 주기적으로 자신은 전혀 신뢰하지 않는 점성술로 황제의 마음도 어루만져야 했다. 바쁜 와중에도 케플러는 이 시기에 천문학에 대한 연구 외에도 빛의 굴절률에 대한 연구와 눈송이의 구조에 대한 연구뿐 아니라 신학적 연구도 함께 진행했다. 이 시기 집필된 케플러의 저서 『굴절광학』은 17세기 광학연구의 토대가 된 작품이기도 했다. 다양한 분야를

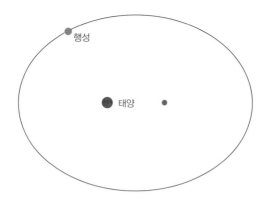

케플러 제1법칙
행성들은 태양을 한 초점으로 하는 타원궤도를 가진다.

아우르며 포괄적 관심을 갖는 르네상스적 전통은 케플러에 이르기까지 잘 이어지고 있었다.

그럼에도 행성 궤도 분석 작업은 쉼 없이 지속되었다. 그리고 1604년 거대한 절망과 기쁨이 함께한 발견이 찾아왔다. 화성의 공전궤도가 원형이 아니라 타원형임을 발견한 것이다. 이것이 케플러의 제1법칙 혹은 타원궤도의 법칙이다. 그 결과는 충격적 단순성을 가진 우주 구조로 표현되었다. 태양계의 모습은 이제 태양을 중심으로 하고 여섯 행성이 타원을 그리는 이미지로 단순화됐다. 프톨레마이오스 체계와 코페르니쿠스 체계에 모두 존재하던 수십 개의 주전원은 이제 모조리 사라졌다. 존재하지 않는 주전원을 없애는 데 인류는 2000년 가까운 시간을 소비했다. 케플러는 드디어 현대의 우리가 알고 있는 행성의 실제 궤도를 얻어낸 것이다.

그토록 오랫동안 수많은 천문학자들이 화성의 궤도를 연구했지만,

이 놀라운 결론에 도달한 것은 케플러가 처음이었다. 그렇다고 이전의 천문학자들의 역량에 문제가 있었던 것은 결코 아니었다. 실제 화성의 궤도는 원형에서 살짝 찌그러진 정도였기 때문이다. 튀코 이전시대 관측 오차는 10각분 정도였고, 천문학자들은 이 사실을 충분히 잘 알고 있었다. 화성궤도가 찌그러진 정도는 약간씩 발생하고 있는 오차 범위 이내였던 것이다. 하지만 튀코의 관찰 정확도는 2~3각분 이내로 3배 이상 정확했다. 오차문제로 돌리기에는 튀코의 자료가 너무 정확했다. 케플러는 신중히 반복 검증한 끝에 관측데이터의 정확도에 비추어 화성궤도가 원궤도가 아님을 파악할 수 있었다. 초기에 튀코가 케플러에게 화성의 궤도 분석을 맡겼던 것 자체가 또 다른 행운이었을지 모른다. 사실 여섯 행성의 궤도 중 화성이 가장 찌그러진 타원궤도를 가지고 있었던 것이다. 분명히 튀코의 관측자료로서만 도달할 수 있는 결과였다. 하지만 케플러가 아닌 다른 사람이었어도 동일한 결론을 얻어낼 만한 것은 결코 아니었다. 케플러처럼 지동설을 분명히 믿고 있고, 고도의 세심한 통찰력을 갖추었으며, 자신이 확신하고 있는 것을 의심할 수 있는 정신력의 소유자만이 얻어낼 만한 결론이었음도 분명하다.

천문학 역사상 최고의 가치를 가진 발견에 해당했지만 이 사실은 케플러에게 기쁨만을 준 것은 아니었다. 신이 만든 이 우주가 찌그러진 타원궤도로 창조되어 있다니! 거기다 행성의 운동속도는 제멋대로 변화하는 듯했다. 왜 아름다운 등속원운동이 아니라 부등속의 타원운동이란 말인가? 더구나 케플러는 아직 자신의 다면체 이론을 포기하지 않은 상황이었다. 타원궤도를 받아들인다면 튀코의 우주론도 붕괴되겠지만『우주의 신비』에서 자신이 제시한 다면체 이론도 붕괴될 것이었다. 신은 왜 불완전한 느낌의 타원으로 우주를 창조하셨는가? 이런 느낌을 가진 것은 케플러만이 아니었다. 동시대의 지성들인 갈릴레오와 데카르트조차도 결코 케플러의 타원궤도를 받아들일 수 없었다. 그만큼 타원궤도는 이질적인 것이었다. 그럼에도 케플러는 이전까지 자신의 확신이 틀렸음을 최종적으로는 분명히 받아들였다.

마침내 화성궤도가 원이 아니라는 결론이 내려짐으로써 아리스토텔레스의 근본교리 중 한 축이 또 부서져 나갔다. 이제 아름다운 등속원운동의 이상은 사라졌다. 하지만 이 혼란한 상황은 무언가가 더 필요했다. 신이 타원궤도로 우주를 창조했다면 그 이유가 있을 것이다. 보이지 않는 신의 수학적 조화가 있을 것이라는 케플러의 신념은 이 정도 난관에 좌절될 수 없었다. 그리고 케플러는 다행히 그것도 찾아냈다. 타원궤도를 도는 행성들의 속도는 계속해서 바뀌었다. 태양에 가까이 접근할수록 빨라졌고 멀어질수록 느려졌다. 분명 행성의 속도는 태양과의 거리에 반비례하고 있었다. 행성의 가속과 감속에 수학적 규칙성이 있을지 모른다! 케플러는 이 생각을 끝까지 진행시켰다. 그 결과 케플러는 놀라운 법칙 한 가지를 더 찾아낼 수 있었다. 행성과 태양을 연결시킨 직선은 동일 시간에 동일 면적을 휩쓸고 지나갔다! 이른바 우리가 '면적속도 일정의 법칙' 또는 '케플러 제2법칙'이라고 부르는 법칙의 발견이었다. 지구도, 화성도, 나아가 여섯 행성 모두가 이 가정을 철저히 따르고 있었다. 케플러는 안도했다. 비록 타원궤도였지만 역시 그 타원궤도는 철저히 수학적 규칙성을 머금은 채 움직이고 있었다. 신이 수학적으로 우주를 창조했음은 분명했다.

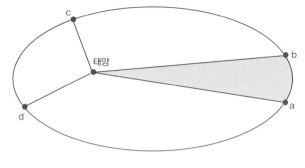

케플러 제2법칙

면적 속도 일정의 법칙. 그림에서 행성이 a에서 b로 이동하는 데 걸리는 시간과 c에서 d로 이동하는 데 걸리는 시간이 같다면 태양-a-b가 그리는 부채꼴 면적과 태양-c-d가 그리는 부채꼴 면적은 항상 같다.

케플러는 이 두 가지 법칙을『신천문학』(1609)에 실었다. 책 출판의 효과는 충분했다. 케플러는 일거에 튀코의 계승자로서 유럽 전역에서 주목받는 일급학자가 되었다. 하지만 케플러는 그만큼의 대가를 치렀다. 책의 출판까지 튀코 사후 8년이 걸렸다는 사실에서 우리는 케플러의 난관을 짐작해볼 수 있을 것이다. 케플러의 화성궤도 계산 기록은 작은 글씨로 수없는 종이를 빽빽하게 채웠다. 엄청나게 많은 계산이 필요한 작업이었다. 전자계산기도 없었고, 미적분학 같은 현대적 수학은 고안되기 전이었다.—적분학은 70년 이상 이후에 만들어진다. 타원부채꼴의 정확한 면적은 적분을 사용해야 구할 수 있다.—그는 타원부채꼴을 무수히 작은 삼각형으로 나누어 그 합을 계산하는 전통적 방법을 사용했다. 끔찍하게 지루하고 복잡한 방법이었다.『신천문학』내용 자체가 지루할 수밖에 없었고 케플러 스스로도 그 사실을 잘 알았다. 케플러는『신천문학』에 '이 지루한 과정이 신물 난다면, 그런 과정을 수없이 반복한 나를 가엾게 여겨달라.'고 써놓았다. 난해한 증

2부 혁명의 진행

명과정으로 인해 많은 이들은 여전히 갈릴레오와 데카르트처럼 이 내용을 무시했다. 좀 더 빨리 출간될 수도 있었을 책은 튀코의 사위에게 승인을 받는 과정이 필요했고, 아내는 프라하의 생활에 적응하지 못해 건강이 악화되고 우울증이 계속 심해졌다. 책 출간 후에도 케플러의 인생은 여전히 난관의 연속이었다. 케플러의 1, 2 법칙이 프라하에서 만들어졌다면 케플러 제3법칙은 린츠에서 새롭게 오랜 시간을 보낸 끝에 만들어졌다.

· 케플러 제3법칙, '조화의 법칙' ·

『신천문학』 출간 후 루돌프 황제는 케플러를 칭찬하며 엄청난 상금을 약속했지만 이 약속 역시 이루어지지 않았다. 루돌프 2세는 그로부터 얼마 안 가 실각했다. 수줍음이 많았고 심약했던 루돌프 2세는 합스부르크 가문 내에서 불안감을 조성했고, 급기야 정신력 면에서 군주로서 자격 미달로 판단되어 동생에게 권력을 넘겼다. 우유부단했지만 그래도 케플러를 지원해줬던 루돌프 2세는 1612년에 사망했다. 이 시기 케플러의 개인사도 비극의 연속이었다. 오래전 첫째와 둘째 자녀를 잃은 데 이어 1611년에 세 자녀가 천연두에 걸렸고 아끼던 넷째 아들은 결국 사망했다. 심지어 아내 역시 얼마 뒤 열병에 걸려 죽었다. 케플러는 절망 속에서 10여 년간 살아왔던 프라하를 떠나 어린 두 자식과 린츠에 자리 잡았다. 이제 마흔을 넘긴 나이였다. 이 시기 케플러는 칼뱅주의자도 그리스도의 형제라고 말했던 사실로 인해 고향 뷔르템베르크에서 자리를 얻지 못했다. 루터파 입장에서는 칼뱅파도 가톨릭과 마찬가지로 증오스러운 적이었다. 케플러 같은 평화주의자는 결코 인정받을 수 없었던 불신과 상호 적대의 시대였다.

린츠에 자리 잡고는 어린 두 아이를 위해 재혼해야 했고, 11명의 신부 후보자를 비교하며 1년을 보낸 재미있는 기록도 남겼다.—후보 여자들에게 번호를 붙여 자세히 장단점을 비교한 편지들을 썼고, 결국 24살 연하인 여자와 1613년 재혼했다. 이 시기 포도주 통의 부피 계산에 대한 연구를 해서 적분학의 기초를 만들었고, 책력도 제작하는 등 생계와 관련된 작업도 병행해서 진행해야 했다. 케플러의 인생은 언제나 바빴다.

어느 정도 자리를 잡을 무렵인 1615년, 이번에는 늙은 어머니 카타리나가 마법을 사용한 죄목으로 고소되었다. 그의 어머니는 간섭하는 성격에다 향료와 민간의학 지식을 활용하고 있어 17세기라면 마녀로 몰릴 가능성이 다분히 있었다. 이 재판은 지루하게 오랜 시간 이어졌다. 1617년에는 또다시 비극이 덮친다. 둘째 부인에게 얻은 첫째 아이가 두 살로 죽더니 1618년 2월에는 둘째 아기도 사망했다. 그 사이 기간에는 친자식은 아니었지만 케플러를 잘 따랐던 첫 부인의 딸이 죽었다. 케플러는 불과 반년 사이에 딸 셋을 또 잃은 것이다. 1618년의 케플러는 절망의 끝자락에 도달한 슬픔을 맛보았을 것이다. 사랑으로 충만한 신이 과연 존재하는 것일까? 그는 그 와중에도 자신의 책 『우주의 조화』를 계속 집필해 갔다. 어쩌면 확인받고 싶었을 것이다. 신의 사랑까지는 아니더라도 신의 지혜와 합리성만은 믿을 수 있는 것이어야 하지 않겠는가? 공전궤도, 속도, 태양과의 거리 등 그가 익숙했던 작업 속에서 천상의 음악 같은 수학의 조화는 분명히 존재해야

	주기[2]	장축[3]
수성	0.06	0.06
금성	0.37	0.37
지구	1.00	1.00
화성	3.53	3.51

조화의 법칙. 표는 지구와 태양의 거리(장축 반지름)를 1로 가정했을 때, 나머지 행성들의 상대적인 수치다. 장축 반지름 세제곱이 각 행성 주기의 제곱에 정확히 비례함을 확인할 수 있다.

만 했다.

그리고 곧 정말 기적 같은 발견이 이루어졌다. 1618년 5월 『우주의 조화』 마무리 단계였다. 간략히 요약하면 '태양과 행성 사이의 거리의 세제곱은 행성 주기의 제곱과 비례한다.'는 법칙의 발견이었다.[5] '조화의 법칙', 곧 후세 사람들이 케플러 제3법칙이라 부르게 될 또 하나의 위대한 발견이었다. 이제 행성까지의 거리만 알면 자동적으로 행성의 주기는 구해지게 됐다. 역시 태양계 모든 행성에 이 원칙은 정확히 적용되고 있었다.

1, 2법칙을 찾아내고도 10년이 지난 후였다. 이제 케플러는 50세를 바라보는 나이였다. 인생에 손꼽을 환희의 순간이었을 것이다. 케플

....

5 정확하게는 '행성의 타원궤도의 장축 반지름의 세제곱은 행성 주기의 제곱에 비례한다'이지만 쉬운 이해를 위해 단순화한 표현을 사용했다.

러는 자신만만하게 그때의 심리가 녹아 있는 기록을 남겼다.

"이 책이 현재를 위한 것이건 후세를 위한 것이든 중요하지 않다."

제곱과 제곱도 아니요, 세제곱과 세제곱도 아니었다. 세제곱과 제곱의 비례관계였고, 천체의 여러 가지 특징 중 거리와 주기의 관계성에 대한 것이었다. 결코 우연스럽게 찾아질 발견이 아니었다. 케플러는 방대한 관측 데이터의 수치 테이블 속에서 쉽게 찾아지지 않는 관계성을 모래 속에서 바늘을 찾듯 헤매었을 것이다. 케플러 제3법칙(조화의 법칙)은 행성 사이에 신이 만든 수학적 조화성이 있을 것이라는 강력한 신념이 전제되지 않고는 결코 찾아질 수 없는 것이다. 그 법칙 자체가 케플러가 어떤 노력 속에 인생을 살아왔는지 웅변해주고 있다.

· 케플러의 죽음, 고난 속에 핀 불멸의 업적 ·

책을 발간하고 영국 국왕 제임스 1세에게 책을 헌정하는 헌정사를 쓸 무렵 케플러를 포함한 보헤미아 지역에는 새로운 재난이 시작됐다. 30년 전쟁이 시작된 것이다. 거기다 어머니 카타리나의 재판도 점입가경이었다. 49가지나 되는 어머니의 기소내용에는 그녀가 사람들을 건드리지 않고도 고통을 일으켰고, 소녀를 마녀가 되게끔 유혹했으며, 송아지에 올라타 죽게 했다는 등 기괴하고 한심한 내용들이 가득했다. 케플러는 가족을 데리고 린츠를 떠나 어머니가 재판받는 슈투트가르트로 이동해야 했고 재판은 1621년까지 지루하게 계속됐다. 칠순의 노모는 사슬에 묶여 투옥 당하고 고문의 위협을 받기를 반복했다. 그녀는 1621년 9월에야 간신히 풀려날 수 있었지만 재판과정의 후유증으로 곧 세상을 떠났다. 케플러를 포함한 온 가족을 기진맥진하게 만들었던 재난이었다. 어머니의 재판이 끝나고 린츠로 돌아갔을 때 린츠는 신교군대가 패주하고 강력한 반종교개혁 정책을 펼치고 있던 새로운 신성로마제국 황제 페르디난트 2세의 통제 하에 있었다. 신교 지도자들은 잔인하게 사형당하고 있었고 신교도들은 개종이나 추방 중 선택을 해야 했다. 그럼에도 다행히 케플러는 궁정수학자의 지위를 유지할 수 있었다. 분명히 특혜였다. 천문학 전문가라면 루터파 신교도라도 필요한 존재라고 본 듯하다. 이렇게 지위는 간신히 보장받았지만 1623년에는 네 살 된 아들이 또 죽었다.

이런 고난 속에도 케플러는 1624년에 마침내 『루돌프 행성표』를 완성했다. 튀코가 정밀한 행성표 제작을 꿈꾼 지 60년, 루돌프 황제에게 케플러를 소개하며 튀코가 언급한 지 23년, 루돌프 황제가 죽은 지도 12년이 지나고 있었다. 약속은 지켜졌다. 케플러는 그렇잖아도 많았던 자기 인생의 짐들 중에서 중요한 하나를 덜어낸 느낌이었을 것이다. 그는 그렇게 수많은 사건과 감정의 격랑 속에서도 자신의 일을 묵묵히 쉼 없이 진행했다. 하지만 여전히 이 위대한 책의 출판경비를 얻는 일은 힘들었다. 황제의 구두 약속을 받았으니 지원을 얻으리라는 희망에 1년의 시간을 보내고서 결국 자비로 출판경비를 충당하기로 했다. 그러나 그마저도 쉽지 않았다. 1626년 농민봉기가 또 발생했고, 이번엔 페르디난트 황제의 가톨릭 군대가 패주했다. 농민군의 방화로 행성표 원고는 소실될 위기를 간신히 넘겼다. 이번에는 14년을 살았던 린츠를 결국 떠나기로 결정했다. 농민 반란이 진압된 후 황제의 허락을 얻어 레겐스부르크로 가서 행성표를 인쇄했다. 케플러는 주저자로 튀코의 이름을 넣는 것도 잊지 않았다. 1627년 출간된『루돌프 행성표』는 역대의 모든 행성표보다 정확했다. 우리는 케플러의 3법칙을 기억하지만 당대에는 이 행성표가 훨씬 엄청난 업적이었다.

페르디난트 2세 황제에게 책을 증정하자 연봉의 10배가 넘는 상금을 약속했다. 하지만 가톨릭으로 개종이 필요했고 케플러는 당연하게 거부했다. 그는 자신의 신앙을 돈으로 바꿀 리가 없는 사람이었다. 결국 사간(sagan) 지역에서 신교를 인정하므로 그곳으로 이사해서 신앙을 지키며 궁정수학자의 지위를 유지하기로 합의했다. 1628년에 57세의 나이로 그때까지 전혀 인연이 없었던 사간으로 가서 적응해야 했고, 본인은 출중한 천문학적 역량 때문에 강제개종은 면제받았지만 주변의 신교도들이 강제개종 당하거나 쫓겨나는 일을 계속해서 지켜봐야 했다. 1630년에 딸 하나를 시집보낸 것이 가정사에 있었던 그 나마의 기쁜 일이었을 것이다. 다섯 자녀를 잃었고 네 명을 성인으로 키워냈다. 17세기에는 드물지 않은 일이긴 했지만 참기 힘든 과정이었을 것이다. 이 시기 자신이 써왔던 수필을 단편소설로 개작해서『꿈』이란 책의 원고도 만들었다. 같은 해 케플러는 밀린 급여를 받으려고 다시 길을 떠났다. 하지만 이 신용이 부실한 제국에서 케플러는 이번에도 돈을 받지 못했다. 그리고 잡다한 일들을 연속적으로 처리해야 했고, 결국 가족들에게 돌아오지 못했다. 아마도 과로가 원인이 되어 케플러는 1630년 11월 15일에 레겐스부르크에서 객사했다.

만난을 뚫고 목적지를 향해 갔던 케플러는 자신의 인생을 어떻게 바라봤을까? 그는『우주의 조화』에 이런 기도문을 남긴 바 있다. "……당신은 내가 당신의 작품들을 즐기도록 유혹했으며, 나는 당신

TYCHO BRAHE
JOHANNES KEPLER

이 만든 작품들 속에서 기쁨을 맛보았습니다. 이제 나는 당신이 내게 준 모든 능력을 동원해 스스로 약속했던 작품을 완성했습니다······ 돼지 같은 탐욕 속에서 태어나고 자란 하찮은 벌레 같은 내가 당신의 생각들을 아무런 가치도 없게 만든 것이 있다면, 그것들을 바로 잡을 수 있도록 나에게 영감을 주십시오······" 돌이켜 볼 때 케플러의 세 가지 법칙은 놀라운 노력과 함께 우연과 행운의 조합이 함께한 결과였다. 서른 살이 될 때까지 케플러는 가끔 볼 수 있는 지동설 옹호자 중의 한 명일 뿐이었다. 하지만 고향을 떠난 튀코와 프라하에서 조우하고 그가 평생에 걸쳐 만들어낸 관측자료를 손에 넣은 후 케플러는 엄청난 인생의 대가를 요구할 역사적 사명의 길에 들어서 버렸다. 케플러의 신분과 경제력, 특히 낮은 시력으로 인해 케플러는 결코 튀코에 필적할 수 있는 관측 데이터를 생산할 역량이 없었다. 튀코의 관측 데이터 없이 우리가 아는 케플러의 업적은 결코 이루어질 수 없었고, 얄궂게도 그것은 튀코 브라헤가 바라지 않았을 결과물이었다.

더구나 케플러는 튀코의 정밀 관측 데이터를 손에 넣고도 20년을 투자하여 세 가지 법칙을 찾아냈다. 그렇게 두 사람의 인생을 오롯이 녹여 넣은 결과 천문학 사상 결정적인 발견이 이루어졌다. 1600년에 케플러는 튀코와의 운명을 실시간으로 인식한 기록을 일기에 남겼다. "신은 바꿀 수 없는 운명으로 튀코와 나를 묶어놓았고 가장 고통스러운 역경을 통해 내가 그를 떠날 수 없도록 만들었다." 그 말 그대로였다. 마치 운명처럼 두 사람은 1600~1601년 사이를 스쳐 지나가며 연결되었던 것이다. 전혀 어울릴 것 같지 않은 두 사람의 재능이 결합하자 놀라운 결과로 이어졌다. 모진 인생 속에서 아름다운 합성음이 만들어졌다. 케플러가 튀코의 자료를 바탕으로 찾아낸 법칙들은 신의 창조과정이 수학적이었음을 분명히 보여주는 증거였다. 케플러의 바람은 이루어졌다. 이제 우주가 수학에 기반해서 동작하고 있음이 만천하에 선언되었다. 잠깐 숨을 가다듬고 인간의 운명을 생각하게 하는 과학사 속 참으로 기이한 이야기 중 하나다.

05

피렌체의 전략가

· 1600년, 브루노의 처형 ·

1600년 2월 17일, 유럽 전역에서 로마로 몰려온 순례자들과 로마 시민들이 악명 높은 이단자의 화형식을 보려고 몰려들었다. 고문으로 초췌해진 50대의 철학자가 맨발로 사슬에 묶여 처형장으로 걸어가고 있었다. 수도승들은 그와 함께 걸어가며 마지막 참회를 종용했다. 병사들이 죄수복을 벗기고 쇠기둥에 그를 묶었다. 군중들은 침을 뱉고 야유를 보냈다. 로마 관리들이 그의 주장을 철회할 마지막 기회를 주었지만 그는 끝끝내 거부했다. 그는 8년 전에 체포당한 뒤 지속적으로 회유와 협박을—아마도 때에 따라서는 고문도—당했을 것이다. 이미 반죽음이 되어 있었을 사람이 종교재판소 심문관들에게 한 이별의 말은 여전히 당당했다. "나의 형을 선언하는 당신들이 형을 받는 나보다 더 큰 두려움에 떨고 있을 것이다." 조르다노 브루노(Giordano Bruno, 1548~1600)는 끝까지 자신의 신념을 지킨 채 그렇게 화형 당했다. 소크라테스가 독배를 마시고 죽은 지 2000년이 지난 1600년의 일이었다. 긴 시간의 차를 뛰어넘어 자기주장을 굽히지 않은 철학자의 순교라는 측면에서 두 사건은 매우 닮아 있다.

16세기 내내 로마에서 화형 당한 이단자는 단 25명뿐이다. 시대 기준으로 보아도 여간해서는 주어지지 않는 형벌이었다. 왜 종교재판소는 브루노에게 화형이라는 최고의 극형까지 내리려고 했을까? 브루노는 자신의 말과 글 이외의 방식으로 사람들에게 영향을 미친 적이 없었던 사람이다. 그는 단지 자신의 이단적 견해들 때문에 화형에 처해졌다.

24살에 도미니크 수도회의 사제로 임명되었던 그는 다혈질의 열렬한 독서가였다. 그 과정에서 그는 삼위일체 교리를 부정한 4세기의 이단자 아리우스를 옹호하고, 인본주의자 에라스무스의 금서들을 탐독했다. 이런 상황들이 발각되자 그는 1578년 이탈리아를 도망쳐서 프랑스, 영국, 독일, 스위스를 떠돌며 14년을 보냈다. 솔직담백한 성격의 그는 곳곳에서 충돌했다. 영국과 프랑스에서 다른 학자들의 주장을 조롱했고, 스위스 제네바에서는 칼뱅 사상의 오류를 지적하다가 재판에 회부되기도 했다. 로마 가톨릭과 신교 교회 모두 그를 파문했다. 하지만 그의 탁월한 재능과 글은 많은 추종자들을 낳았다. 프랑스 왕 앙리 3세에게는 기억술을 가르쳤고, 영국 여왕 엘리자베스 1세 주위의 문인들과 교류했다. 곳곳을 방랑하다가 1591년 베네치아 귀족의 초청을 받자, 위험하게도 이탈리아로 돌아갔다. 하지만 결국 그 귀족에게 배신 당해 이단자로 체포되었고 1593년 로마로 옮겨진 뒤 7년 뒤 처형당했다.

브루노 동상

풍운아로 살다 철학의 순교자로 죽은 브루노는 어떤 생각을 가지고 있었을까?

브루노는 이성을 토대로 한 종교를 주장했다. 자연 그 자체가 신이며, 우주의 물질은 극소 단위인 '단자'로 구성되어 있다. 모든 물체는 이합집산 하지만 단자 그 자체는 불멸이다. 내세의 천국을 바라보며 금욕하고 선행하라는 기독교의 가르침은 도덕적 위선에 불과하다. 궁극적인 선은 우주적 생명과의 신비적 합일에 있다. 인간의 영혼은 죽은 후에 새 몸으로 지상에 되돌아올 수 있으며 지상 세계 말고도 무한한 수의 세계로 가서 살 수 있다는 우주적 규모의 환생론을 믿었다. 세계의 무한성을 믿었고, 이것을 코페르니쿠스 지동설의 아이디어와 결합시켜서 '무한 우주' 속에 무한히 많은 세계들—즉 각각의 '태양'계들—이 분포되어 있고, 그것들은 끝없이 생성과 소멸을 반복한다고 보았다. 다른 태양계의 행성들에는 또 다른 생명들이 충만해 있을 것이다. "우리들이 살고 자라고 있는 이곳과 같은 지구들이 수없이 많이 있다"는 표현들은 400년 뒤에나 나올 것 같은 말이었다. 모든 면에서 그는 시대를 너무 앞질러 갔던 사상가였다. 그랬기에 19세기 유럽의 많은 지식인들은 그를 과학과 사상의 자유를 위해 몸 바친 순교자로 존경했다. 이에 대해 가톨릭교회는 브루노가 화형에 처해진 이유는 그가 무한우주론을 주장하거나 코페르니쿠스의 견해를 옹호했기 때문은 전혀 아니며, 그의 신학적 견해의 오류와 마술적 믿음 때문이었다고 항변했다. 브루노 화형의 구체적 이유가 무엇이든 간에, 16세기 말 교회의 입장에서 볼 때 그는 자신들의 권위를 위협하는 너무나 위험한 사상가였음은 분명했다. 브루노의 말처럼 1600년의 재판에서 두려움에 전율한 쪽은 오히려 교회였을 것이다. 더구나 브루노의 죽음에 대한 초연함, 당당함, 자기 확신 때문에 이후 그의 생애는 전설에 가까운 것이 되었다.

여러 면에서 19세기 이후에야 일반화되는 주장들을 브루노는 300년 이상 앞서서 주장했다. 우주에 대한 그의 생각들은 16세기나 17세기가 아니라 20세기적 특징을 지니고 있다고 느껴질 수도 있을 정도다. 하지만 지동설에 가까운 견해를 가지고 있었다고 해서 그가 현대적인 우주론을 전개했다고 볼 수는 없다. 다른 태양계의 생명의 존재에 대해 그가 논증하는 과정도 오늘날 외계생명체에 대한 추론과는 또 다른 것이다. 그는 과학자는 아니었다. 실제 브루노의 우주론은 지구가 우주의 중심이 아니라는 점에서만 코페르니쿠스 이론과 일치할 뿐 코페르니쿠스의 우주론과는 전혀 다른 모습이다. 그가 보았을 때는 태양도 우주의 중심은 아니었고 지구는 무한히 많은 세계들 중에 하나에 불과했다. 브루노의 이 무한우주론은 천문학이나 과학적 자료가 아니라 신비주의와 철학에 기반한 결론이었다.

하지만 어찌 되었건 이제 교회는 코페르니쿠스 가설이 이단자에 의해 어떻게 쓰여질 수 있는지에 대한 한 가지 사례를 확보하게 되었다. 비슷하다고 느껴질 수 있는 사례가 발생한다면 학습효과에 의해 과

민반응하게 될 확률이 높아졌다. 또 그를 심문하고 처형시켰던 추기경 중 한 명인 로베르트 벨라르미노 추기경은 1616년에 갈릴레오도 심문하게 될 것이다. 이후 수십 년간에 걸친 지동설에 대한 가톨릭교회의 반응을 생각해보면 과학의 역사에도 분명히 어느 정도의 영향을 미친 사건임은 분명하다. 그리고 갈릴레오 개인에게는 더 큰 영향을 미쳤을 수 있다. 브루노가 처형되던 해에 30대 중반이던 갈릴레오는 이 이탈리아를 떠들썩하게 했던 사건에 대한 이야기를 분명히 들었을 것이다. 30여 년의 세월이 지나고, 브루노를 처형시켰던 그 로마의 종교 재판소에 자기 자신이 끌려가게 됐을 때, 이 기억은 끔찍한 공포가 되어 갈릴레오에게 되돌아 왔을 것이다. 재판정에 섰을 때 이 두 사람의 대응 방식은 많이 달랐다.

· 1564~1591년, 피사와 피렌체, 유년기와 청년기 ·

갈릴레오가 태어나고 성장하던 16세기 말, 이탈리아에서는 오페라가 나왔고 프랑스 왕실에서는 발레가 생겨나고 있었다. 유럽의 부는 계속 증대되고 있었으며 문화조류는 계속해서 새로운 물살을 타고 있었다. 종교적으로는 1555년 아우크스부르크 종교협약 후 간신히 유지되던 신구교간 대립이 다시 격심해지던 시기였다. 양 세력은 세력 확장에 적극적으로 나서기 시작했고, 곧 그 이상의 충돌로 옮겨갈 조짐을 보였다. 이 갈등은 17세기가 되면 30년 전쟁의 참화로 이어지게 된다.

특히 갈릴레오가 성장한 이탈리아는 유럽 어느 지역보다도 부와 인구가 집중되어 있었고, 문화수준도 높았으며, 반면 그만큼 갈등도 많

17세기 이탈리아 반도 지도

앉다. 높은 경제력에도 불구하고 국토가 잡다한 군소 국가들로 분할되어 있어 프랑스나 영국 같은 거대강국의 반열에는 들어갈 수 없었다. 이탈리아 북쪽에서는 밀라노, 모데나, 파르마, 만토바 공국과 베네치아와 제노바 공화국이 유력했다. 중부지역에는 피렌체 대공국과 교황령이 있었고, 남부에는 나폴리 왕국과 시칠리아 왕국이 자리 잡고 있었다. 예수회는 종교개혁으로 잃어버린 가톨릭교회의 권위를 다시세우기 위해 열심히 활동 중이었다. 해외 선교도 열심이었지만, 이탈리아 반도 같은 가톨릭 지역에서는 주로 종교재판과 서적 검열에 집중했다. 유력한 도시국가들은 군사적 대치상태와 함께 학자와 예술가들을 후원하며 모든 면에서 경쟁 중이었다. 여러 면에서 중국의 춘추전국시대와 유사한 분위기였다.

그중 이탈리아 중부의 비옥한 토스카나 지방을 통치하는 피렌체의 메디치 가문(Medici family)은 막 절정기를 지날 무렵에 있었다. 은행업으로 시작했던 메디치 가문은 막강한 자금력으로 피렌체의 지배가문이 되었고, 곧 유럽의 유력한 지배가문이 되었다. 메디치 가문이 역사에 드러난 때는 15세기 초부터이며 이때부터 1748년까지 약 350년간지속되었다. 두 명의 교황과 프랑스 왕비를 배출하는 등, 유럽에서 손꼽히는 부를 바탕으로 국제정치에 개입했다. 프랑스 왕은 메디치 가에서 돈을 빌려 전쟁을 할 정도였다. 그리고 많은 학자와 예술가들을후원함으로써 '메디치 효과(Medici effect)'라는 고유명사를 낳았고, 피렌체를 유럽 문화와 예술의 중심도시로 만들었다. 갈릴레오가 태어난피사는 그런 피렌체의 느슨한 지배하에 있는 도시였다.

갈릴레오 갈릴레이(Galileo Galilei, 1564~1642)는 1564년 2월에 이탈

리아 반도의 도시 피사에서 출생했다. 같은 해에 미켈란젤로가 죽었고 세익스피어가 태어났다. 그의 아버지 빈센초 갈릴레이는 음악가였고, 특히 수학자적 성향의 음악이론가로서 지적권위에 대한 저항정신이 강했던 인물로 알려져 있다. 갈릴레오의 평생에 계속해서 발견될 전통학문에 대한 반항적 태도는 아버지로부터 어느 정도 영향 받았을 듯하다. 음악가의 아들답게 갈릴레오는 류트와 오르간 연주도 뛰어났고, 평생 악기 연주를 위안 삼았다. 그리고 가문의 성을 그대로 이름으로 물려받았다는 사실에서 알 수 있듯이, 갈릴레오는 장남이었다. 7남매의 장남으로서 집안을 책임져야 했던 그는 평생에 걸쳐 경제적 이해관계에 민감하고 권력지향적인 성향을 보이게 된다.

10대 초 갈릴레오 가족은 피렌체로 옮겨갔다. 반골정신이 강하던 부친이 나름의 큰 결단을 내려서 메디치 가문의 궁정 음악가 자리를 받아들인 것이다. 아버지로서는 가족을 부양해야 한다는 책임감이 작용했을 듯한데, 이로 인해 갈릴레이 집안은 메디치 가문과 느슨한 연계를 맺었다. 10대의 갈릴레오는 자연스럽게 당대 문화의 중심지에서 성장할 수 있었고, 메디치 가문과 가까운 인연을 맺을 가능성이 높아졌다.

1581년 17세의 갈릴레오는 부친의 권유로 피사 대학 의대에 입학했다. 대학 재학시절 갈릴레오는 오만하고 무례하며 공격적이었다는 주변의 평가를 받았다. 이런 평가는 갈릴레오의 반대자들의 입을 통해 평생 그를 따라다닌다. 대부분의 논쟁에서 갈릴레오의 주장은 옳았지만 안타깝게도 그는 상대를 쉽게 무시하는 어법을 즐겨 썼다. 피사 대학 재학 중 자신을 가슴 뛰게 하는 것이 무엇인지도 명확히 발견

갈릴레오

했다. 갈릴레오는 해부학 실습보다는 유클리드와 아르키메데스의 저서에 탐닉했다. 그는 젊은 시절부터 여러 표현들을 통해서 아리스토텔레스 이론의 오류를 비판했고, 반면 아르키메데스 업적의 참신성을 극찬했다. 진심으로 아르키메데스를 존경한 것도 사실이겠지만, 압도적 권위의 거인을 공격하기 위해 또 다른 고대 거인의 주장을 차용하는 전략적 대응이기도 했을 것이다. 대학 재학 기간 기하학, 원근법, 천문학, 기계학 전반에 심취했다. 그럼에도 상당히 조예가 깊어 전문적 화가들도 인정할 정도였다. 화가가 되지는 않았지만 이 재능은 후일 자신의 책에 그려진 실감나는 천체 스케치를 만드는 데 큰 도움이 되었다. 갈릴레오는 4학년 때인 1585년 학업을 마치지 않고 피렌체로 귀환했는데 아마도 경제적 이유로 추정된다. 이 시기 아버지는 아들을 졸업시켜보기 위해 메디치 가문의 장학금을 신청하는 노력도 기울였다. 하지만 피사 의대 교수들 중 갈릴레오를 추천해준 사람이 아무도 없어서 실패했다. 일정 부분 자업자득이었다.

이후 4년간은 갈릴레오 인생에서 방황기였지만, 정식 출간되지는 않은 여러 수학적 소논문으로 몇몇 학자들의 존경과 지지를 받기 시작했다. 이 시기 갈릴레오의 성향을 잘 보여주는 일화가 있다. 피렌체 아카데미에서 갈릴레오가 강연할 기회가 주어졌을 때, 그는 단테의 『신곡』 속에 있는 문장들을 분석해서 루시퍼의 키는 1800m 정도고, 지옥은 지구 부피의 1/12 정도의 원뿔형 공간이라고 설명해냈다. 강연은 큰 찬사를 받았다. 오늘날에는 우스꽝스러울 수 있지만 16세기에 단테의 저작은 사실로 받아들여졌고, 16세기 지식인들에게 지옥이나 악마의 형태나 크기에 관한 문제는 매우 중요했다. 그는 청중이 원하는 내용과 어법을 잘 알았다.

여러 경력들이 쌓인 끝에 1589년 피사대학의 수학교수직 제안을 받았고 3년 계약으로 모교로 돌아갔다. 하지만 보수는 의대교수 1/10에도 미치지 못하는 수준이었다. 학위 없이 떠난 대학에 교수로 돌아오기는 했지만 경제적으로는 여전히 궁핍했다. 이 기간 피사의 사탑 실험이라는 신화가 등장했다. 기울어진 피사의 사탑에서 공을 떨어뜨리는 낙하실험을 했고, 물체의 무게와 상관없이 낙하가속도는 일정함을 극적으로 보여주었다는 유명한 일화다. 수많은 갈릴레오 전기에 등장하는 인상적인 일화지만 아르키메데스의 유레카, 뉴턴의 사과 이야기와 함께 신빙성은 매우 의심스러운 이야기다. 이 일화는 그가 죽은 지 몇 십 년이 지난 후 출판된 제자 비비아니의 전기에서 처음 발견된다. 아마도 피사대학에서 가장 유명한 것이 기울어진 사탑이다 보니 비비아니는 자신의 스승을 미화하는 과정에서 둘을 연결시켰을 확률이 높다. 하지만 극적인 이 일화의 사실 유무에 상관없이 피사의 사탑 실험 이야기는 갈릴레오의 낙하법칙에 대한 업적을 잘 상징하고 있다.

여러 정황을 통해볼 때 이 당시 갈릴레오는 어느 정도 코페르니쿠스 주의자였을 것으로 보인다. 하지만 그는 이후 20여 년 정도는 지동설을 맹렬하게 주장하지는 않았다. 갈릴레오가 적극적인 지동설 전도자가 되는 것은 40대에 이르러서였다. 젊은 시절 갈릴레오는 주로 역

피사의 사탑

이 사탑에서 행한 갈릴레오의 유명한 낙하실험 일화는 신빙성이 의심되는 이야기이다.

학연구와 발명에 집중했다. 의대를 다니고 수학교수 생활을 하며 맥박계, 정밀저울, 물 펌프, 온도계, 군사용 컴퍼스 등을 차례로 발명했다. 이런 그의 재능은 이후 망원경을 제작해서 천체를 관찰하게 되는 중년이 되면 최고도로 발휘된다. 피사와 피렌체 시기의 청년기에 갈릴레오는 이미 진자의 주기는 길이와 상관있고 진폭과는 상관없다는 것을 정확히 인지했고, 낙하속도는 물체의 무게에 비례한다는 아리스토텔레스의 설명은 분명히 틀렸으며, 등가속 낙하법칙이 올바른 설명이라는 관점을 확립했다. 하지만 세련된 형태로 완성된 것은 노년이 되어서였다.

물론 이 청년기의 업적이 갈릴레오의 천재성만으로 설명되어서는 안 될 것이다. 실제 아리스토텔레스의 설명은 이미 이 시대의 많은 현실적 관찰과 모순을 일으켰다. 아리스토텔레스는 투사체는 직선으로 날아가다가 그 힘이 소진되면 수직으로 낙하운동을 한다고 주장하며 모든 운동을 직선운동으로 설명했었다. 사실 돌맹이만 던져봐도 이 설명이 틀렸다는 것은 쉽게 알 수 있다. 당시 대포 기술자들에게도 발사체는 곡선궤도를 그린다는 것은 상식이었다. 현실적으로 틀린 이론이고, 진보적 지식인이라면 당연히 다른 설명이 필요함을 알 수 있었을 것이다. 하지만 갈릴레오는 수학과 실험을 조합하여 실제로 합리적 설명을 해냈다는 점에서 특별하다. 갈릴레오가 보기에 실험을 조심스럽게 관찰하면 보편적 수학 모형을 제시할 수 있고, 그 결과 많은 현상이 예측가능 해진다. 과학의 핵심적 방법론이 나타난 것이다. 수학적 모형과 실험을 병행해서 문제를 해결하는 갈릴레오의 방법론은 이후 뉴턴에 이르러 만개하게 된다.

2부 혁명의 진행

· 1592~1610년, 파도바와 베네치아, 학문적 성장기 ·

1591년 부친이 사망하자 갈릴레오는 가문의 가장이 된다. 그리고 1592년에는 파도바 대학 수학교수로 임용되어 3년간 강의한 피사를 떠났다. 파도바는 또 하나의 유력한 도시국가 베네치아 공화국의 지배하에 있었다. 갈릴레오는 이후 인생의 분기점이 된 1610년까지 18년 동안 베네치아 공화국의 자유로운 환경 안에서 안정적인 환경에 안착했다. 노년의 갈릴레오는 이 파도바와 베네치아 시절—28세에서 46세까지—을 가장 행복했던 시기로 술회하곤 했다. 이 시기 기하학, 천문학, 군사학을 가르치고 운동법칙에 관한 연구를 지속했다. 기계학, 축성술, 기하학 논문을 출판했고 학자로서 명성을 착실히 쌓아갔다. 베네치아 아세날 조선소 장인들에게는 기술적 조언도 해주었고, 유력한 후원자들이 늘어났으며, 강연자로서의 명성도 빠르게 퍼져나갔다.

하지만 평생을 따라다닌 병마도 이 시기 함께 시작했다. 갈릴레오가 어느 날 교외의 친구 집을 방문했을 때였다. 인근 산의 폭포 바람을 실어다 주는 통풍장치로 천연냉방을 갖춘 방에서 여름더위를 피해 두 명의 친구와 낮잠을 잤다. 이때 우연찮게 쾌적한 산기운이 아니라 어떤 유해한 공기가 유입된 듯이 보인다. 두 시간 후 세 명은 경련, 오한, 두통, 청력 상실, 근육 마비 등의 질환을 보였고, 한 친구는 며칠 만에 사망했다. 두 번째 친구 역시 조금 후 사망했다. 갈릴레오는 가까스로 회복했으나 평생 동안 극심한 통증은 주기적으로 재발했고, 한 번 고통이 재발하면 몇 주 씩을 침대에 누워 지내야 했다.[6]

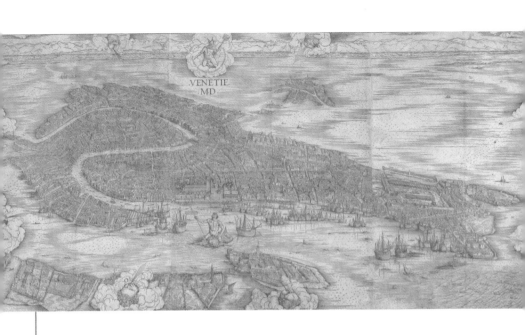

16세기 베네치아 그림

또 수입은 파도바 대학 시절 많이 늘어났으나 그에 비례해서 가장으로서 책임도 늘어났다. 철없고 낭비벽 강한 동생 미켈란젤로는 계속 형에게 돈을 타갔고, 여동생 리비아를 시집보내기 위해 엄청난 지참금을 지불해야 했다. 부수입을 부지런히 챙기지 않으면 제대로 역할을 해낼 수 없었기 때문에, 축성술을 지도하거나 군사용 컴퍼스 개발 등으로 돈을 벌었다. 경제적 여유에 대한 집착은 어쩌면 당연했다.

그리고 이 시기 갈릴레오는 마리나 감바(Marina Gamba, 1579~1619)라는 여성을 만났다. 둘은 12년간 은밀히 만나며 세 아이를 낳았다. 한 집에서 동거하지는 않았으며 주말이면 배를 타고 베네치아에 사는 마리나를 만나러 가서 밀회를 즐긴 듯하다.―파도바와 베네치아는 30km 정도 거리다. 갈릴레오 36세, 마리나 22세 때 첫딸을 낳았다. 첫딸의 출생기록은 '비르지니아, 베네치아 출신 마리나의 딸. 1600년 8월 13일 사통으로 태어남'이라고 기록되어 있다. 1601년에는 두 번째 딸 리비아 안토니아가 태어났고, 1606년 아들 빈센초(Vincenzo Galilei, 1606~1647)가 태어났다. 아들의 출생기록도 여전히 '마리나 부인과 누군지 모를 아버지의 아들'로 기록되어 있다. 갈릴레오는 세 명의 자녀를 낳으면서도 결혼하지 않음으로써 자식들을 사생아 신분으로 만들었다. 물론 아들의 이름에 조부의 이름을 지어주는 부성 정도는 보

....

6 뛰어난 학자가 건강을 잃은 것은 큰 손실이었지만, 한편 갈릴레오 같은 유형의 사람이라면 이런 식으로 잃어버린 시간에 대한 억울함은 건강한 시기 시간을 아껴 더 적극적인 연구에 매진하도록 동기를 부여하기도 했을 듯하다. 후일 찰스 다윈도 젊은 시절 알 수 없는 병 때문에 주기적으로 앓았고, 결국 사교적 활동에는 최소한의 시간만 할애한 채 수십 년에 걸친 규칙적인 연구활동이 '강제'되었다. 그 결과는 진화론의 등장으로 귀결되었으니, 이 경우도 갈릴레오에게는 불행이지만 과학발전에도 악재인지는 불분명한 셈이다.

마리아 첼레스테 수녀
효성이 지극했던 이 갈릴레오의 장녀
는 30대의 젊은 나이에 죽는다.

였다. 이런 오랜 만남에도 불구하고 갈릴레
오가 결혼을 하지 않은 것은 두 가지 정도의
이유가 추정된다. 마리나는 상당히 지위가
낮은 여성이었을 것으로 추정된다. 비록 몰
락하기는 했지만 피렌체 시 정부 문서에 귀
족집안으로 기록되어 있는 갈릴레이 가문에
는 걸맞지 않는 여성으로 보였을 것이다. 또
한 당시 학자들은 독신으로 사는 것이 전통
적인 경향이기도 했다. 갈릴레오와 마리나
와의 관계는 갈릴레오가 파도바 대학을 떠나 피렌체로 돌아갈 때 자
연스럽게 정리되었고, 사생아 신분이라 좋은 곳에 혼인시킬 수 없는
두 딸은 결국 수녀원에 보내졌다. 이 중 첫 딸 비르지니아는 마리아
첼레스테(Maria Celeste, 1600~1634) 수녀가 되어 아버지에 대한 지극
한 효심이 표현된 많은 편지들을 남겼다.[7] 하지만 둘째 딸은 우울증 속
에 일찍 죽었고, 아들 빈센초는 갈릴레오의 말년에 장님이 된 아버지
의 구술을 받아 적으며 부친의 연구를 도왔다.

이 와중에도 갈릴레오는 용의주도하게 메디치가에 줄을 대고 있었
다. 학기를 파도바에서 보내고 여름방학이면 피렌체로 돌아가곤 하
던 갈릴레오는 1605년 여름 휴가기간에 장래 토스카나 대공이 될 10
대 소년 돈 코시모를 가르치기 시작했다. 이후 출간한 소책자는 물론

....

7 데이바 소벨의 『갈릴레오의 딸』은 이 부녀의 관계에 집중해서 쓴 갈릴레오 전기이다. 마리아
첼레스테 수녀가 아버지 갈릴레오에게 보낸 편지는 120여 통이 남아 있다.

코시모에게 헌정했다. 1608년 코시모 메디치의 결혼식에 갈릴레오는 자석 목걸이를 선물했다. 당시 자석은 신비한 현상이었다. 갈릴레오는 동봉한 편지에 이렇게 적고 있다. "철 조각들이 자철광에 의해 들어 올려져 붙잡히는 것을 보면,……왕자님의 경건하고 예의 바른 애정—자철광이 나타내는—이 신민들을 억누르기보다는 오히려 들어 올려 그들—철 조각들이 나타내는—로 하여금 왕자님을 (자연스럽게) 사랑하고 따르도록 하는 것입니다." 자석의 자력을 왕자의 신민에 대한 애정으로 비유하며 갈릴레오는 노골적인 아부의 수사법을 사용했다. 이런 식으로 메디치 가문에 자신의 존재감을 높여가던 그는 1610년이 되면 더 놀라운 수사법의 절정을 보여주게 된다. 1609년 1월 페르디난도 대공이 중병에 걸리자 대공비 크리스티나는 갈릴레오에게 별점을 봐달라고 부탁했다. 스스로는 점성술을 믿지 않았음이 거의 분명했음에도 갈릴레오는 대공이 오래도록 행복하게 살 것이라고 예언해주었다. 하지만 대공은 3주일 후 죽었다. 19세의 제자 돈 코시모가 대공좌를 물려받아 코시모 2세가 되었다. 갈릴레오는 20세의 제자 알렉산더가 왕이 되자 아테네로 돌아가 리케이온을 만들었던 아리스토텔레스를 떠올렸을지도 모를 일이다. 갈릴레오는 이제 궁정으로 가는 길에 한 발 가까워졌다.

· 1609~1611년, 망원경과 지동설 ·

1609년 갈릴레오는 인생의 분기점이 되는 발명을 하게 된다. 망원경을 '발명'한 것이다. 하지만 갈릴레오가 초기에 주장한 이 내용은 사실

이 아니었다. 망원경의 최초 발명자는 네덜란드 사람으로 알려져 있다. 갈릴레오는 실물을 보지 않은 상태에서 망원경의 기본원리만 전해들은 뒤 자신의 망원경을 만들었다. 어쨌든 당시 렌즈기술 발전과 관련된 분위기로는 누가 발명하든 거의 시간문제였던 것으로 보인다.[8] 그리고 갈릴레오 망원경의 성능이 매우 좋았던 것은 분명하고, 소문만으로 망원경의 기본구조를 추측해서 자신의 망원경을 만든 것도 분명 탁월한 재능이었다. 망원경의 발명(?)은 갈릴레오의 삶을 전혀 다른 형태로 바꾸어놓았고, 1609~1611년 사이 갈릴레오를 유럽 최고 학자의 반열에 오르게 했다.

갈릴레오는 1609년 7월 베네치아에서 망원경에 대한 소문을 들었고 8월에 파도바로 돌아오자 자신의 망원경을 만들었다. 그리고 망원경을 만든 지 한 달도 되지 않은 8월 말에는 발 빠르게 특유의 행동을 보여준다. 갈릴레오는 베네치아 원로원에 일종의 비밀무기로 망원경을 소개했고, 기증할 의사를 밝히자 종신 교수직 보장과 두 배 연봉인상이라는 답례가 뒤따랐다. 당시 베네치아 원로원은 망원경에 감동했지만 다른 국가들이 이미 망원경을 활용중인 것을 알지 못했다. 이 사실을 알았을 때 무언가 속았다는 느낌을 받은 원로원은 이후 영구적으로 갈릴레오의 봉급을 동결했다. 이후 파도바 대학을 떠나겠다는 갈릴레오의 선택에는 이 부분도 영향을 미쳤을 것으로 보인다. 자신

....

8 비공식적으로는 이미 많은 간단한 망원경들이 팔리고 있었다는 기록들도 있다. 망원경 발명자로 언급되는 네덜란드인 한스 리페시는 그 당시 단지 일종의 특허를 신청했을 뿐이다. 더구나 그 특허는 이미 존재하는 물건이라고 거절당했다.

2부 혁명의 진행

이 망원경을 최초로 발명한 사람이 아니라는 증거가 여기저기서 나타나자, 갈릴레오는 "어떤 얼간이라도 우연히 망원경을 발명할 수 있지만, 논리적 사고를 통해 그것을 발견할 수 있는 사람은 나뿐이다"라며 응수했다. 따라서 망원경의 '진정한' 발명자는 자신이라고 끝까지 태연하게 우겼다. 갈릴레오의 이런 성향은 평생에 걸쳐 강박증처럼 이어졌다. 아마도 그는 강력한 자기 확신 속에 '사과'를 '패배'와 동의어로 받아들인 듯하다. 그 결과 많은 사람에게 상처를 주었고, 스스로의 말

갈릴레오 망원경

년에도 좋지 못한 결과를 안겨주었다. 이후 갈릴레오는 자신의 망원경 배율을 계속해서 높여 나갔다. 그리고, 30배율 이상의 망원경을 만들자 놀라운 천문학적 발견들을 두 해 동안 쏟아내게 된다. 갈릴레오가 새로운 도구 망원경으로 지동설에 기여한 일은 크게 네 가지를 언급할 수 있다.

1609년 몇 달간에 걸친 관찰결과 달 표면이 불규칙적으로 울퉁불퉁하며 많은 산들이 있고 분화구도 존재한다는 사실을 공표했다. 어떤 곳은 바다처럼 보였다.—그래서 지금까지도 황량한 달의 여러 지명들에는 갈릴레오의 '바다'라는 표현을 그대로 써주고 있다. 달은 육안으로 관찰되듯이 매끈한 형태가 아니었다. 무언가 지구와 비슷한

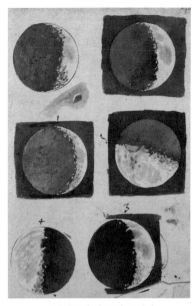

갈릴레오의 달 표면 스케치
갈릴레오는 그림 솜씨도 뛰어났다.

지형이며 그렇다면 지구와 유사한 물질로 구성되어 있을 개연성이 높았다. 무엇보다 아리스토텔레스의 주장처럼 천상의 고귀한 원소로 구성된 것처럼 보이지는 않았다. 1610년에는 목성에 네 개의 위성이 있음을 발견했다. 오늘날 우리가 갈릴레이 위성—이오, 가니메데, 에우로파, 칼리스토—이라고 부르는 위성들이다. 이로써 지동설의 중요한 약점 중 하나가 해결되었다. 코페르니쿠스 지동설의 약점 중 지구만 달을 가진다는 특수성은 이제 목성의 위성을 발견함으로 해결된 것이다. 이후 금성의 위상변화 과정을 관찰했다. 망원경으로 바라본 금성은 보름달 모양과 초승달 모양을 오가며 변화했다. 그냥 별처럼 보이던 금성이 태양의 빛을 달처럼 반사하고 있었다. 더구나 보름달 모양일 때보다는 초승달 모양일 때 언제나 더 밝았다. 이 현상은 금성이 태양 주위를 공전하고 있어서 보름달 모양일 때 더 멀리 있기 때문이라는 설명에 의해 합리화될 수 있었다. 역시 지동설에 무게를 실어주는 관찰이었다. 1611년에는 태양흑점을 관찰했다. 태양의 흑점은 아주 많았고 모양이 변화했으며 이리저리 옮겨 다녔다. 가장 완벽해 보이는 천체였던 태양조차도 분명한 불완전성을 보이고 있었다. 이제 아리스토텔레스가 주장한 우주의 영원불변성과 고귀함은 설득력이 없다는 것이 분명해 보였다.

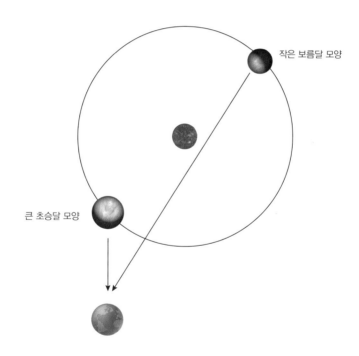

작은 보름달 모양

큰 초승달 모양

금성의 위상 변화

금성은 초승달 모양일 때 더 크고 밝으며, 보름달 모양일 때 작고 어둡다. 이 현상은 지동설에서는 쉽게
설명된다. 위쪽의 사진은 갈릴레오의 책에 그려져 있는 금성의 크기와 형태의 변화과정이다.

이처럼 갈릴레오가 망원경으로 관찰한 내용들은 모두 지동설에 유리한 정황증거들로 해석될 수 있었다. 이 관찰들을 통해 갈릴레오는 그간 심증으로만 가지고 있던 생각, 즉 코페르니쿠스 가설을 결정적으로 옹호할 수 있다고 생각했다. 아직 연주시차 문제와 낙하운동에 대한 설명 문제가 남아 있었지만, 아리스토텔레스의 우주론을 뒤엎기엔 이 정도면 충분하다고 본 셈이다.

1610년 급조한 출판물 『별의 전령(sidereus noncius)』에서 갈릴레오는 달에도 산맥과 바다가 있고, 목성에는 목성을 중심으로 회전하는 위성이 있으며, 은하수는 엄청난 수의 별들로 이루어져 있다는 결론을 내렸다. 세상은 감탄과 찬사를 보냈다. 1609년에 케플러가 자신의 1, 2법칙을 제시한 후 또 하나의 지동설 옹호론이 연이어 제시된 것이다. 더구나 케플러의 책은 어려운 라틴어로 된 전문학술서였지만 갈릴레오의 책은 쉬운 이탈리아어 운문으로 되어 있었다. 최종적으로 이 책은 550판까지 출간되었고, 1615년에는 중국에도 소개된 책이라는 점―당시로 봐서는 사실상의 실시간 번역인 셈이다―에서 그 인기를 가늠해볼 수 있다. 갈릴레오의 망원경은 '세상에서 가장 비싼 보석보다 더 가치 있는 한 조각의 유리를 만들어낸 것'이라고 칭송되었다. 갈릴레오는 갑작스런 유명세를 탔다.

이때 상황은 이미 튀코의 우주론 가설이 제시된 이후였고, 대부분의 대학이 코페르니쿠스 모형을 무시하기 시작한 뒤였다. 아리스토텔레스 물리학에 훨씬 잘 부합되는 튀코의 대체 이론이 있는 상황에서 신교 쪽에서는 지동설이 성서와 모순된다고 공공연히 비난 중이었다. 지동설은 기껏해야 수학적 허구라는 분위기가 더 지배적이 되었을 때

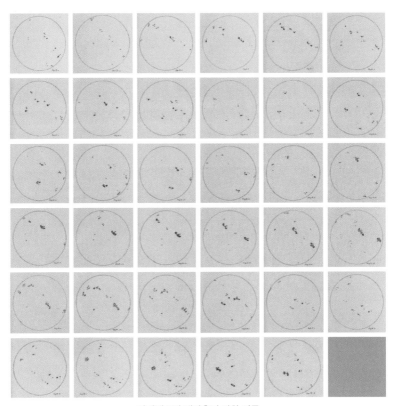

갈릴레오의 태양흑점 관찰 기록

였고, 케플러 같은 소수의 지동설 옹호론자가 활동하는 정도인 상황에서, 갈릴레오는 영향력 있는 결정타를 날린 셈이었다.

갈릴레오는 이 시기 케플러에게 편지를 보냈는데 그가 오래전부터 지동설을 염두에 두었음이 잘 나타나 있다. "나는 몇 년 동안 코페르니쿠스 이론의 추종자였습니다……지금까지 감히 그것들을 공개하지는 못했습니다." 주의 깊게 침묵을 지켜온 이유에는 1600년 브루노의 사형도 어느 정도 영향을 미쳤을 것이다. 『별의 전령』에서도 명백하게 지동설을 옹호하지는 않았다.

· 1610년, '메디치의 별' ·

순수한 과학적 내용에서는 이 정도로 정리할 수 있는 사건들이지만 실제 이 발견들은 갈릴레오 인생에서도 중요한 전환점을 만들어냈다. 『별의 전령』에서 갈릴레오는 특히 목성의 위성을 강조했다. 이유가 있었다. 『별의 전령』은 코시모 2세에게 헌정되었고, 네 개의 위성은 '메디치의 별'로 명명된 것이다. 인생의 궤도를 바꾸기 위한 최고의 한 수였다. 이로 인해 갈릴레오는 일개 대학의 수학 교수에서 메디치 가문의 '대공의 궁정 수학자 겸 철학자'가 되었다. 이 과정에는 갈릴레오의 집요한 노력이 개입되어 있었다.

1610년, 목성의 위성에 '메디치의 별'이라는 이름을 붙인 뒤 갈릴레오는 메디치 가문과 줄기차게 연락했다. "이 조우의 위대성을 크게 손상시키는 요소가 딱 한 가지 있다면, 그것은 중재자의 비천한 신분과 낮은 지위입니다." 편지에는 노골적인 청탁 문장들이 발견된다. 갈릴레오는 마땅히 만나야 할 존재들을 만나게 해주었을 뿐이라는 의미를 강조하기 위해, '발견'이 아니라 '조우'라는 표현을 사용했다. 자신의 지위 향상이 이루어져야만 이 조우가 위대한 것이 될 수 있다는 분명한 표현과 함께. 갈릴레오다운 수사법이었다. 그리고 드디어 궁정 철학자가 되어 소원을 이뤘다. 전 유럽의 메디치 가문 외교관들이 알아서 목성의 위성을 홍보해주었다. 갈릴레오의 연봉은 순식간에 8배 상승했다. 갈릴레오의 발견 후 메디치 가문은 목성의 위성이 표현된 메달을 주조했고, 메디치 가문의 궁정 공연에서는 이 발견을 많은 손님들 앞에서 두고두고 칭송했다. "구름 사이 아래로부터 주피터를 둘러싼 네 개의 별들이 나타났다. 이 별들은 대공전하의 수학자인 피렌체 출신의 갈릴레오 갈릴레오가 경이로운 망원경으로 발견한 것이다. 그는 하늘에 위대한 영웅들의 이름을 붙였던 고대인들처럼 이 별들을 발견한 후 메디치라는 이름을 붙였고, 첫 번째 별을 대공 전하께, 두 번째 별을 돈 프란체스코 왕자께, 세 번째

메디치의 별

메디치가는 갈릴레오의 발견을 즉시 가문의 문장으로 환영했다.

별을 돈 카를로 왕자께, 네 번째 별을 돈 로렌초 왕자께 바쳤다." 이 대사처럼 갈릴레오는 마침(?) 네 명이던 메디치 가문의 형제에게 차례로 목성의 위성을 하나씩 선물했다. 그 결과 부와 명예, 영향력을 함께 얻었다.

뿐만 아니라 이 작업은 든든한 보험도 되어주었다. 네 개의 별을 공격하는 것은 감히 메디치 가를 공격하는 것과 같았다. 더구나 당시 프랑스 루이 13세의 어머니 마리 드 메디시스는 메디치 가문 출신이었고, 어린 루이 13세를 대신해 섭정 중이었다. 유럽 최고의 군사력과 자금력이 메디치의 통제 하에 있을 때였다. 메디치 가의 상징에 시비를 걸 용기를 가진 학자나 성직자는 당연히 없었다. 후일 갈릴레오의 이론들에 대해 다양한 공격이 진행될 때에도 목성의 위성만큼은 아무도 건드리지 않았다.

18년간 재직했던 파도바 대학을 떠나 메디치 가문의 궁정 철학자 지위를 얻음으로써 갈릴레오는 강의 부담으로부터 자유, 사회적 지

위 향상, 고액 연봉이라는 목적을 모두 이루었다. 더구나 엄청난 권력을 후원세력으로 두게 됨으로써 반대자들의 공격을 어느 정도 무마시키며, 편하고 효율적으로 자신의 업적을 출판할 수 있다는 이점까지 얻었다. 국제적으로도, 대중적으로도 더욱더 유명해졌다. 하지만 갈릴레오가 악착같이 궁정 철학자가 되고자 한 이유는 한 가지가 더 있었다. 그는 파도바에서 수학교수였다. 당시 수학자들은 철학자들과 달리 자연현상에 대해 물리적 해석을 내놓을 수 있는 자격이 없었다. 수학은 양적 측면만을 다루는 것이고, 철학은 자연현상의 원인을 다루는 분야라는 생각이 일반적인 시기였다. 한마디로 수학의 위상이 낮은 시대에 수학교수라는 신분으로서는 자기주장을 펼치기에 한계가 분명했던 것이다. 그는 '철학자', 특히 '궁정 철학자'라는 명예가 반드시 필요했다. 하지만 이 선택에는 약점이 있었다. 갈릴레오가 피렌체로 돌아갈 때 절친한 친구였던 사그레도(Gianfrancesco Sagredo, 1573~1620)는 예언과 같은 말을 했다. "나는 당신이 예수회 친구들이 큰 존경을 받고 있는 곳으로 가시려 하니 크게 걱정이 됩니다." 그의 지인들은 언젠가 그가 교회와 충돌할 것이라는 것을 어느 정도 인지하고 있었다. 이탈리아에서 교황의 권위에 도전할 힘과 성향을 함께 가진 곳은 베네치아 공화국뿐이었고, 갈릴레오는 사실 적절한 곳에 자리를 잡은 셈이었다. 그러나 갈릴레오는 고향에 가고 싶은 향수병과 사회적 영향력 상승이라는 유혹을 떨치지 못했다.

· 1610년대, 역풍과 처세 ·

유명해진 갈릴레오는 가는 곳마다 최고의 대접을 받았다. 1611년 로마에 갔을 때 교황 바오로 5세는 자신에게 '무릎 꿇지 않을 권리'까지 주는 호의를 베풀었다. 하지만 1609~1611년에 걸친 갈릴레오의 성공은 결코 쉽게 진행된 것은 아니었다. 갈릴레오의 천문학적 발견과 관련한 업적에는 다양한 난관이 있었다. 처음에는 망원경 관찰 이전에 망원경 자체에 대한 반발이 발생했다. 달과 태양의 불완전한 모습이 망원경 자체의 불완전함으로부터 기인된 것일 수 있지 않는가? 망원경이야말로 불완전한 지상의 원소로 만들어져 있지 않은가? 오늘날에는 우스꽝스런 반론일지 모르지만 어쨌든 달과 태양에 '직접' 가서 망원경 관찰이 사실인지 확인하는 것은 불가능했다. 그래서 이런 식의 노골적 반론이 꼬리를 물었고 몇몇 학자들은 아예 망원경으로 관찰하는 자체를 거부했다. 이처럼 망원경 관찰 내용을 '사실'로 받아들이는 것조차 용이하지 않았다. 이것은 전혀 이상한 것이 아니며 시대적 무지의 반영도 아니다. 새로운 관측도구가 도입되면 그것이 신뢰할 만한 것인가는 지금도 언제나 논쟁의 대상이 된다. 그리고 도구를 사용하면 당연히 도구의존적인 관찰이 된다. 어느 정도의 시간 동안 반복적인 경험의 축적이 있어야만 사회적 합의가 가능하다. 당시 망원경은 그 신뢰성의 경계선에 있었다.

또 갈릴레오의 망원경을 통한 결정적 발견의 시기에는 많은 우선권 논쟁이 발생했다. 망원경이 만들어지고 3~5년 사이에는 수많은 동시 발견들이 속출했다. 당연하게도 망원경이라는 새로운 관측도구가 만들어진 뒤 수많은 학자들이 망원경 관찰을 시작했다. 새로운 발견이 꼬리를 물었으며 몇 달간 지속되는 천문관찰의 특성상 당연하게도 누가 먼저 무엇을 발견했느냐를 따지기는 쉽지 않았다. 갈릴레오는 수많은 학자들과 쉽지 않은 우선권 논쟁을 치렀으며 그때마다 대부분 승리했다. 승리의 이유는 그의 관찰이 실제로 빨랐다기보다는 그가 메디치 가문의 궁정철학자였다는 점이 주효했다. 특히 1612년에는 성직자였던 크리스토퍼 샤이너(Christopher Scheiner)와 태양흑점 논쟁은 크게 발생했다. 사실 흑점은 이미 로마시대에도 관찰 기록이 있다. 재발견이었지만 둘 다 그 사실은 몰랐던 듯하다. 우선권 논쟁과 함께 샤이너는 흑점이 태양에 근접해서 공전하는 행성이라고 주장했고, 갈릴레오는 태양 표면에서 발생하는 현상이라고 올바르게 추측했다. 신랄한 비판을 주고받던 논쟁은 마지막에 압력을 받은 샤이너의 사과로 마무리되었다. 갈릴레오는 우선권 논쟁 전반에 있어 강박증적인 모습을 보여주었다. 몇 달간의 관찰과 확인이 필요한 작업에서 모든 발견을 한 사람이 이루어냈다는 식의 주장은 형평에 맞지 않는다. 물론 이 모든 관찰들을 지동설의 관점에서 일목요연하게 설명해낸 사람은 갈릴레오임에 분명하다. 발견의 업적을 남들과 나누고, 해석의 업적을 자신이 가졌어도 충분한 명예를 누릴 수 있었을 것임에도 그는 모든 것이 자신의 업적이어야 했다. 갈릴레오는 이런 식으로 무자비하게 모든 공로를 자신을 향해 집중시켰다. 그리고 반대자들에게 언제나 모욕적이거나 냉소적인 대응을 반복해 분노를 유발했다. 이들은 패배한 후 침묵할 수밖에 없었지만 마음 속 깊이 원한을 쌓아두고 있었다. 그리고 적당한 기회가 오면 단결해서 갈릴레오에 대한 공격을 재개할

2부 혁명의 진행

세력이 되어갔다. 거듭되는 승리 속에 수많은 잠재적 적대자들을 양산하고 있음을 그때의 갈릴레오는 잘 몰랐을 것이다. 그는 자신의 재능에 강한 자기 확신이 있었고, 누군가 자신을 앞설 수도 있다는 것을 결코 믿지 않았으며, 참고 넘어가지도 못했다. 그리고 그 성격으로 인해 결국 비싼 값을 치르게 된다.

또 한 가지 생각해봐야 할 것은 모든 업적과 관찰 사실 자체를 긍정한다 해도 분명히 갈릴레오의 발견들은 지동설 옹호 자체에 한계가 있었다는 점이다. 목성의 위성이나, 태양과 달의 불완전성이 지동설을 직접적으로 증명하지는 않는다. 금성의 위상 변화는 튀코의 우주론에서도 충분히 설명되는 것이었다. 현대의 관점으로 보아 갈릴레오의 발견들은 케플러의 법칙들보다 지동설에 대한 설득력이 약한 편이다. 그리고 여전히 지동설의 다양한 약점들이 남아 있었다. 무엇보다 아직 지동설은 스스로를 지탱할 수 있는 역학 체계를 갖추지 못했다. 갈릴레오가 줄기차게 주장한 것은 천동설과 아리스토텔레스 역학이 틀렸을 것으로 추정되는 사실들뿐이었다. 그의 지동설 옹호 주장이 설득력을 가졌다면 그 이유는 특유의 언변에 기인한 바가 컸다.

1611~1612년 사이 갈릴레오는『떠 있는 물체에 대한 논쟁』을 출판했다. 천문학의 영역을 넘어 물리학을 다룬 책으로 비판이 많았다. 하지만 수사학적 문체는 이제 일정한 경지에 도달했다. 그리고 언제나 이탈리아어로 써서 대중을 염두에 뒀다. 물론 이런 행동도 보수학자들의 눈에는 인기에 영합하는 학자로 비춰졌을 것이다.

1613년 12월 14일에는 갈릴레오 진영인 카스텔리(Benedetto Castelli, 1578~1643)가 편지를 보내와서 대공의 어머니인 크리스티나 대공부인(Grand Duchess Christina de' Medici, 1565~1637)과의 일을 전했다. 여러 명이 논쟁 중에 대공 부인이 성서 내용에 기반해 갈릴레오의 지동설 주장에 반대했던 것이다.—대공부인의 반대 근거도 여호수아기의 내용이었다. 카스텔리가 갈릴레오 편에 서서 논쟁했음에도 완전하게 대공 부인을 설득시키지 못했다는 소식을 들은 갈릴레오는 1614년에 『크리스티나 대공 부인에게 보내는 편지』를 썼다. 이 편지는 과학과 종교의 관계성에 대한 갈릴레오의 생각이 솔직하게 집적된 역사적 중요성을 가지는 편지다. 코페르니쿠스 이론이 성경의 특정 구절에 모순이고 이단이라는 주장에 대해 갈릴레오는 단호하게 코페르니쿠스 가설의 진실성을 주장했다. 그리고 성서가 종종 비유적으로 표현되어 있어서 진실된 의미를 알아내기 위해서는 해석이 필요하다고 했다. 성서는 영적인 글이기에 물리적 현상을 이해하는 데 의존해야 하는 문서가 아니며, 여러 가지 물리적 증거가 지동설을 뒷받침하고 있다면 성서가 재해석되어야 한다고 표현했다. 성서 해석은 힘든 작업이지만, 물리적 증거가 있음에도 이를 고치지 않는 것은 무책임한 행동이라는 언급도 있다. 성직자들 입장에서는 충분히 건방진 행동이었다. "자연은 냉정하며 변하지 않습니다. 자연은 자신에게 주어진 법칙을 결코 위반하지 않으며, 자신의 존재를 인간이 이해할 수 있는지에 대해 아랑곳하지 않습니다. 이런 이유로, 경험으로 얻어진 증거나 이성적으로 이해된 설명들이 의심 받아서는 안 되며, 성서적 견해에 따라 비난 받아서도 안 되는 것입니다." "성서는 하늘에 이르는 방법을 알려주는 것이지, 하늘의 원리를 말해주지는 않습니다." 사실 이 편지는 이후의 저작들보다 훨씬 명료하게 갈릴레오의 입장을 대변한다.

이 편지가 여러 경로로 공개되면서 또다시 많은 반대가 발생했다. 사실 이 편지만으로도 교회는 그의 의도를 명확히 알 수 있었을 것이다. 편지글이기에 갈릴레오 특유의 우회적 수사법이 아니라 직접적인 정공법으로 서술되어 주장이 명백하다. 그리고 지적 오만으로 읽힐 수 있을 정도로 자기 확신에 차 있고 권위적이다. 아리스토텔레스주의자들을 저속한 저자들로 폄하하며 "성서는 신의 말씀이므로 오류가 없지만, 성서의 해석은 인간이 하는 것이므로 잘못을 범할 수 있다."는 결론으로 요약된다. 결국 이 편지의 의미는 성직자들이 해석한 성경이 틀릴 수 있으므로 때에 따라 받아들이지 않을 수 있다는 의미가 된다. 갈릴레오는 너무 많이 나간 셈이고 오히려 이후 교회의 반응이야말로 예상외로 미적지근한 편이었다.

『떠 있는 물체에 대한 논쟁』

1611년 9월, 피렌체 궁정의 만찬장에서 갈릴레오는 반대자 중 한 사람인 콜롬베(Ludovico della Colombe)와 얼음이 물에 뜨는 이유에 대한 논쟁을 벌였다. 콜롬베는 얼음이 얇고 납작하여 그 생김새 때문에 물에 뜬다는 아리스토텔레스의 견해를 지지했다. 반면 갈릴레오는 물에 뜨는 모든 물체들은 물보다 가볍기 때문에 뜬다고 주장했다. 그리고 갈릴레오는 얇게 자른 상아조각을 물에 가라앉는 모습을 보여주며 콜롬베의 주장을 가볍게 반증했다. 청중은 환호했고 콜롬베는 치욕감을 느꼈다.

청중들이 감동을 받을 만한 사건이었는데, 그중에는 코시모 대공 부부와 함께 두 명의 추기경도 있었다. 그중 한 명인 마페오 바르베리니(Maffeo Barberini) 추기경은 갈릴레오에게 깊은 인상을 받았고, 이후 지속적으로 든든한 갈릴레오의 우군이 되어주었다. 하지만 그는 교황 우르바누스 8세(Pope Urban VIII, 1568~1644)가 되고, 결국 둘의 관계는 악연이 되어버렸다.

이 과정을 재미있게 경청하던 코시모 대공은 감동받은 나머지 갈릴레오에게 논쟁 내용을 책으로 출판하라고 했다. 그래서 『떠 있는 물체에 대한 논쟁』은 1612년 5월에 출판되었다. 이 책에서 갈릴레오는 체계적으로 비판자들의 예상되는 논거를 나열하며 실험 결과를 제시하며 하나씩 철저하게 비판했다. 과학저술에 하나의 모범을 만들었고, 당시 경이로운 저서로 받아들여졌다.

06

역사적 재판

· 1616년, 재판의 씨앗 ·

1610년대부터 갈릴레오는 이단혐의로 여러 차례 경고 받고 있었으나 지속적으로 후원세력의 도움을 받았다. 갈릴레오는 상황진행에 점차 자신감을 얻었던 것으로 보이며 『크리스티나 대공 부인에게 보내는 편지』는 그런 자신감에서 나왔을 것이다. 1615년 카치니(Tommaso Caccini, 1574~1648)라는 도미니크회 수사가 갈릴레오를 정면으로 공격했다. 이 외곬수의 노련한 수사는 여호수아기의 기적에 대한 격렬한 설교를 했다. 그리고 "갈릴리 사람들아, 왜 너희들은 여기 서서 하늘만 쳐다보고 있느냐"(사도행전 1:10~11) 라는 성경 문장을 희극적 비유로 사용했다. 어리석은 '갈릴리(Galilee) 사람들'은 유사발음의 '갈릴레이(Galilei)의 사람들'의 의미로 비유된 것이다. 맹렬한 비난 끝에 갈릴레오는 '교회와 국가의 적'으로 정식 고발되기에 이른다. 결국 이로 인해 1616년 갈릴레오는 자신을 방어하기 위해 로마로 가야 했고 여러 문헌들에서 이 정황들을 '첫 재판'이나 '약식재판'이라고 표현하기도 한다. 갈릴레오가 이단으로 제소되어 로마에서 재판을 받고 있다는 소문은 실제로 당시 많이 퍼져 있었다. 하지만 이때 갈릴레오는 피고로서 소환된 적도 없었고, 심지어 재판사실이 본인에게 통보된 것도 아니었다. 고발내용은 증거 수집 단계에서 끝났고, 논쟁의 핵심은 지동설이었다. 갈릴레오에게는 혐의 자체가 부과된 적이 없었다. 즉 이때 재판 받은 것은 '지동설'이었지 '갈릴레오'가 아니었다. 따라서 이때의 일은 '갈릴레오 재판'은 아니다. 단지 갈릴레오로서는 간접적으로 이 소식을 들었고, 방어적 행동이 필요하다고 느낄 정도의 상황으로 인식했을 뿐이다.

1616년 로마로 갔을 때, 아직까지 갈릴레오는 충분히 유리한 고지를 점하고 있었다. 자신의 제자가 수장으로 있는 메디치 가문의 후원은 튼튼했고, 로마에는 갈릴레오 측 인사들이 충분히 포진하고 있었던 것이다. 특히 로마의 핵심적 지원 세력은 몬티첼리(Monticelli) 공작 페데리코 체시(Federico Cesi, 1585~1630)와 그가 설립한 린체이 아카데미(Academia dei Lincei)였다. 체시는 로마의 실력자로서 1603년 18세에 로마의 린체이 아카데미를 만들었고, 1611년 갈릴레오를 주요 회원으로 받아들였다. 이후 갈릴레오는 20여 년간 이 학회의 주요회원이었고 체시는 든든한 갈릴레오의 후원자가 되었다. 이후 갈릴레오는 피렌체에서는 대공의 직접 지원을 받고, 로마에서는 체시의 간접 엄호를 받으며 자신의 명성을 지켜나갔다. 하지만 이 시기 갈릴레오가 경솔하게 행동하고 있음은 로마에 파견된 피렌체 대사가 느낄 정도였다. "갈릴레오는 자신의 의견을 주장하기 위해 불타 있으며,……충분한 강도와 신중함이 없습니다……그는 올가미에 걸릴 것이고 후원한 다른 사람들과 자신을 함께 위험에 빠트릴 것입니다……그리고 중요한 사실은 이 사람이 우리의 보호와 책임 아래 있다는 사실입니다." 대사는 피렌체 대공에게 보내는 편지에서 갈릴레오의 행동들을 이렇게 지적했다. 정치가들의 눈에 그의 행동은 순진한 어린아이 같아 보였다.

갈릴레오가 로마에 도착하고 2개월 뒤 종교재판소는 신중하게 심사숙고한 결론을 내렸다. 성직자들 사이에서 지동설의 위험성은 거의 분명해졌다. 하지만 결론적으로 갈릴레오는 무죄였다. 하지만 분위기는 예전과 달랐다. 갈릴레오의 발견을 부정하거나 폄하하지는 않았지만, 갈릴레오의 지적 지위는 뚜렷이 하락했다. 몇 년 전까지 예수회에서 갈릴레오를 지지했던 성직자들은 지지를 철회했고 개인적으로 갈릴레오를 만나기를 모두 꺼렸다. 교황청은 코페르니쿠스 가설을 포용할 생각이 없어졌음이 명백해졌다. 하지만 신중하게 코페르니쿠스와 갈릴레오에 대해서 어떤 공식적 비판을 하지는 않았고 대신에 회유적인 조치만 취했다. 브루노의 처형 재판을 맡았던 성직자 중 하나인 벨라르미노 추기경(Robert Bellarmine, 1542~1621)은 1615년 4월에 『대공부인에게 보낸 편지』에 대해 강한 반발을 보였다. 그리고 벨라르미노 추기경은 갈릴레오를 불러 코페르니쿠스 이론은 성서에 위배됨을 정중하지만 분명하게 경고했다. "코페르니쿠스의 주장을 가설로 이야기하는 것은 훌륭한 양식이고, 전혀 위험한 행동이 아닙니다……..만약 실제로 그것이 증명된다면, 우리는 성경을 다시 해석해야 하겠지만, 아직까지 그것을 증명한 사람은 없었습니다." 이런 전제하에 갈릴레오는 '증명하지 못하는 한' 코페르니쿠스 체계를 옹호하는 것이 금지되었다. 이것은 물론 표면적으로는 명령이라기보다는 권고의 형태였다. 1616년 5월 갈릴레오는 이 시기를 지내면서 발 빠르게 벨라르미노 추기경의 편지를 요청해서 받아두었고 소중히 보관했다. 자신이 재판받고 고백을 강요받았다는 소문에 대한 해명을 위해서였다. "…… 어떠한 고백성사도 그에게 강요하지 않았다. 오직……. 포고문이 통지되었다……. (포고문은) 지구가 태양 주위를 움직이고 태양은 세계의 중심에 정지해 있으며, 동에서 서로 움직이지 않는다는 생각이 성서와 모순되므로 옹호되거나 받아들여져서는 안 된다고 설명하고 있다……." 엄밀히 볼 때 이후 1633년의 갈릴레오 재판은 1616년 '명령'에 대한 갈릴레오의 약속불이행으로 비롯되었다고 볼 수 있다. 하지만 상호간 약속의 형태 자체가 모호한 것이 사실이다. 같은 문서를 보는 방법은 언제나 관점에 따라 바뀌게 마련이다. 갈릴레오는 이 시기 자신이 어떠한 고백도 강요받지 않았다는 것을 중요하게 생각했고, 후일 교회는 갈릴레오가 분명한 교회의 포고문을 숙지했음에도 지키지 않았음이 중요했다.

· 1616~1632년, 『대화』의 출간까지, 집요한 학자 ·

1616년 52세의 갈릴레오는 옹호 받은 것은 아니었지만 그렇다고 무시당하지도 않았다. 하지만 1633년 69세 노령의 갈릴레오는 모욕적인 재판을 치른 끝에 유죄판결을 받았다. 두 사건 사이의 차이는 무엇일까? 1616년까지 그토록 신중했던 교회가 왜 1633년에는 극단적 선택을 한 것일까? 도대체 어떤 상황이 한 개인의 인생에 이런 극적인 추락을 만들었을까? 과연 1632년 출판된 한 권의 책 때문이었을까? 아직도 많은 것이 의문으로 남아 있지만 몇 가지 추정을 해보는 것은 가능하다. 돌이켜보면 1616년과 1632년의 갈릴레오는 입장이 크게 바뀌지 않았다. 바뀐 것은 세상이었다.

1616년 칙령과 벨라르미노 추기경의 경고를 충실히 받아들여 이후 갈릴레오는 지동설을 공공연히 언급하는 것을 자제했다. 하지만 지구 운동에 대한 논거를 만드는 작업은 계속했다. 갈릴레오가 지동설의 결정적 증거라고 확신한 것은 조수운동이었다. 지구가 자전하면서 태양을 공전하고 있기 때문에 이것이 바닷물의 운동, 즉 밀물과 썰물을 일으킨다는 것이다. 쉽게 표현하면 밀물과 썰물은 지구가 빙글빙글 돌고 있으니 바닷물이 출렁거리는 현상이라는 것이다. 현대인에게는 우스개처럼 들리지만 갈릴레오에게는 지동설 논증의 열쇠를 쥔 중요한 카드였다. 갈릴레오는 이 논증을 정밀하게 완성한다면 교회당국의 부정적 입장을 재고하도록 만들 수 있다고 보았다. 오늘날 우리는 밀물과 썰물이 달의 인력에 의해 발생한다는 것을 알고 있다. 재미있게도 갈릴레오는 분명히 틀린 추정에 기반해 지동설을 확신한 셈이다. 더구나 몇몇 증거가 더 쌓아진다면 교회를 설득시킬 수 있을 것이라 볼 정도로 순진했다.

1618년에는 혜성 세 개가 가을 하늘에 수주일 동안 등장했다. 케플러 등의 유럽 천문학자들은 이 현상을 열심히 관찰했다. 1618년 혜성은 분명한 타원형 궤도를 보여주어 학자들은 케플러의 타원궤도 개념을 재고해볼 좋은 기회였다. 재미있게도 천동설 옹호진영에서는 원궤도를 옹호한 코페르니쿠스 지동설이 틀렸다는 강력한 증거로 이 사례를 제시했을 정도다. 또 튀코 브라헤는 이미 30년 전 측정으로 혜성이 우주적 현상임을 밝혔었고, 이번 혜성 관찰을 통해 튀코가 옳았다는 시각은 강화되었다. 이 상황으로 튀코의 우주론은 교황청 내에서 더 설득력을 가지게 된다. 그러자 갈릴레오로서는 튀코의 관점들이 다음 책에서 더 적극적으로 공격해야 할 대상이 되었다. 불운하게도 갈릴레오는 때마침 간간이 찾아오던 지병이 도져서 몇 주를 앓아누웠고 혜성 관찰의 결정적인 기회를 놓쳤다. 갈릴레오로서는 튀코와 케플러의 주장을 검증해볼 소중한 기회였다. 이후 갈릴레오는 혜성이 대기 현상이라는 아리스토텔레스적 관점을 고수했고, 천체들이 원운동을 한다는 견해 역시 유지했다. 결국 갈릴레오는 튀코의 우주론을 격파하는 데 집중한 나머지 튀코의 올바른 관찰들을 부정했고, 등속원운동의 수학적 아름다움을 고수하며 케플러의 업적도 폄하하고 말았다. 결과를 바꿨을지는 알 수 없지만 1618년 갈릴레오의 발병은 상당히 아쉬운 부분이다. 이처럼 피아는 복잡하게 얽혀서 상황은 복잡해져 갔다.

1623년, 7년 동안 은인자중하던 갈릴레오에게 새로운 상황이 전개되었다. 피렌체 출신인 마페오 바르베리니 추기경이 새 교황 우르바누스 8세로 선출되었다. 그는 10여 년 전에는 직접 갈릴레오와 함께 논쟁해주었으며, 심지어는 갈릴레오를 찬미하는 시를 짓기도 했었다. 갈릴레오의 최고 후원자 중 하나였던 사람이 교황이 된 것이다. 거기다 분명히 새 교황은 코페르니쿠스의 가설을 이단으로 보지 않는 진보적 성직자였다. 심지어 1616년에 코페르니쿠스 책이 '금서로 지정되지 않도록' 전임 교황과 싸웠던 핵심인물이기도 했다. 하지만 지동설이 신중하게 다뤄야 할 위험한 이론임은 분명히 간파할 현실성 또한 갖춘 사람이었다. 처음 교황에 대한 판단은 갈릴레오가 맞았을 것이다. 하지만 권력의 중심에서 수년의 시간을 보낸 사람이 어떻게 바뀔지는 아무도 몰랐다.

　1624년 갈릴레오는 로마로 가서 새 교황을 알현했다. 물론 새로 만든 현미경을 증정하는 것도 잊지 않았다. 로마 성직자들은 특히 확대된 곤충들의 모습에 놀라며 즐거워했다. 두 달간 교황은 따뜻한 환대를 보여주었다. 갈릴레오의 물질이론에 관한 책『시금자(Il Saggiatore)』는 새 교황에게 헌정되었고 교황은 즐겁게 그 책을 읽었다. 이단논쟁에도 불구하고『시금자』는 검열을 당연히 통과했다. 그리고 천동설과 지동설을 '공평하게 다루는' 책을 쓰겠다고 하자 교황은 자신이 얼마나 진보적이고 너그러운 인물인지를 과시하듯 흔쾌히 허락했다. 갈릴레오는 메달, 그림, 아들의 장학금까지 받아 돌아갔다. 더구나 뒤를 이어 자신의 제자 두 명이 중요 성직에 임명되었다. 니콜로 리카르디(Niccolo Riccardi)는 책 출판의 인허가를 결정하는 책임을 맡았고, 카스텔리는 교황의 수학자로 임명되었다. 거기다 갈릴레오의 적극적인 추종자인 시암폴리(Giovanni Ciampoli, 1589~1643)는 교황의 비서였다. 무엇이 두려울 것인가. 시기는 무르익었다. 갈릴레오가 이제 상황이 완전히 바뀌었다고 생각한 것은 무리가 아니었다.

　그래서 갈릴레오는 그 사이 자신에게 불리한 상황들 또한 추가되어

『시금자』

갈릴레오의 물질이론을 다루고 있다. 지동설만큼이나 논쟁적인 내용이었다.

졌다는 사실을 전혀 인지하지 못했을 것이다. 우선 피렌체에서는 자신의 제자였던 코시모 대공이 1621년에 불과 서른 살의 나이로 사망했고, 열 살의 아들 페르디난도 2세(Ferdinando II)가 대공좌를 물려받았다. 효성스러운 대공은 어머니 크리스티나 대공부인의 말을 잘 들었고, 대공부인은 독실한 가톨릭 교인으로서 '교황의 말을 잘 들을' 사람이었다. 코시모 2세가 살아 있었다면 정치적 부담을 무릅쓰고라도 스승 갈릴레오를 후일 로마의 재판에 내주지 않았을지도 몰랐다. 또 로마의 벨라르미노 추기경도 1621년에 사망했다. 갈릴레오와 교회의 암묵적 거래 내용을 잘 알고 있던 교황청의 지식인이 사망한 결과, 1633년의 갈릴레오는 자신의 기억들만 동원해서 여기저기서 '튀어나오는' 문서들에 대해 변명해야 했다. 하지만 아직까지는 잠재된 위험일 뿐이었다.

1624년 피렌체로 돌아온 갈릴레오는 책 집필을 시작했다. 그러나 조수운동에 대한 이론적 약점에 직면한데다 지병 때문에 자주 아파서 열정을 잃었고, 1626~1629년 사이에는 이 일을 제쳐두었던 것으로 보인다. 1629년 말 다시 돌파구를 찾고 책을 집필했다. 1630년 5월에는 제자이자 수석검열관인 리카르디에게 출판허가를 받기 위해 로마로 일부 원고를 가져갔다. 하지만 12000명이 죽어나간 피렌체의 역병으로 출판은 계속 지체됐다. 책은 우여곡절 끝에 1632년에야 출간될 수 있었다.

중요한 책의 출간을 앞두고 갈릴레오 인생에 불행한 사건이 또 하나 추가되었다. 1630년 페데리코 체시 공작이 45세의 젊은 나이로 사망했다. 갈릴레오는 중요한 후원자를 또 잃었다. 그의 갑작스런 사망으로 린체이 아카데미는 사실상 붕괴했고, 체시가 출간비용을 지원하고 로마에서 책을 출간하려던 예정이 함께 무산되었다. 어쩔 수 없이 갈릴레오는 메디치 가문의 후원을 받아 책을 피렌체에서 출간할 수밖에 없게 되었다. 이 또 하나의 변화는 갈릴레오 재판의 시작에 결정적 영향을 미쳤다. 만약 책이 로마에서 출판절차에 들어갔다면 출간 전에 문제가 될 내용들이 적절히 검열되었을 것이다. 하지만 피렌체에는 갈릴레오의 책에 대해 교황청이 문제 삼을 만한 내용을 자세히 알고 있을 검열관이 없었다. 검열관이 시시콜콜 문제를 제기하기에는 갈릴레오의 위상도 너무 높았다. 그래서 책은 갈릴레오가 쓰고 싶은 대로 즉, '문제가 될 수밖에 없는 상태'로 출간되었다. 그리고 막상 책이 문제가 되었을 때, 로마에서는 갈릴레오 편에서 싸워줄 권력자가 아무도 없었다.

과학의 역사에서 전설적인 사건을 일으킨 『두 가지 주요 우주체계에 대한 대화(Dialogo sopra i due massimi sistemi del mondo)』—앞으로 줄여서 『대화』로 표기한다—는 이런 우여곡절 속에 세상에 나왔다.

· 1632년, 『두 가지 주요 우주체계에 대한 대화』 ·

『대화』는 세 사람의 주인공이 등장해서 4일 동안 대화를 나누는 형식으로 구성되어 있다. 대화체 형식의 글은 대중이 이해하기 쉽고, 책의 주장에 대해 문제가 발생하면 작중 화자의 입장이지 저자의 입장이 아니라고 변명하기가 용이하다. 책의 서문에서는 "천동설과 지동설 중 어느 것이 맞는지는 신만이 아시며 나는 이 두 이론을 공평하게 다루겠다."고 분명하게 언급했다. 갈릴레오는 교황과의 약속을 지키고 모든 문제를 교묘히 잘 피해 갔다고 보았을 것이다. 하지만 세련된 문체로 만들어진 책의 내용은 서문과 거리가 멀었다.

『대화』의 등장인물 세 사람은 다음과 같다. 자신의 친구 이름을 사용한 등장인물 사그레도(Sagredo)는 합리적인 보통사람을 대표한다. 전체 대화의 사회자 역할을 맡고 있다. 살비아티(Salviati)는 실제로는 갈릴레오 이론의 대변자로서 지동설을 옹호한다. 그리고 심플리치오(Simplicio)는 아리스토텔레스 이론의 지지자인데 시종일관 어리석은 인물로 그려져 있다. 더구나 심플리치오라는 이름은 어감 그 자체로 바보나 얼간이라는 느낌을 준다.

『대화』의 본문의 1일차 대화에서는 지상과 천상의 영역이 근본적 차이가 있고 천상은 불변성을 가진다는 아리스토텔레스의 주장을 공격한다. 2일차에서는 지구의 움직임에 관한 기존의 반론들을 논리적으로 재반박한다. 2일차에 나오는 탁월한 비유에서 갈릴레오는 움직이는 배를 예로 들었다. 간단히 표현한다면 '우리가 움직이는 배의 선실 속에서 뛰어오르거나, 물건을 떨어뜨릴 때 배가 정지한 상태 때와는 다른 현상을 관찰하게 될 것인가?'라는 질문이었다. 당연히 아니다. 물건은 아래로 자유 낙하하는 듯이 보일 것이며, 우리가 뛰어올랐을 때도 배의 속도에 상관없이 제자리에 착지할 것이다. 오늘날 우리는 움직이는 지하철이나 버스 안에서 자연스럽게 겪는 현상들이다. 하지만 당시는 바로 이 '관성'의 개념을 떠올리기 힘들었다. 그래서 지구가 움직인다면 우리가 뛰어올랐을 때 멀리 날아가서 착지할 것이라는 생각들이 진지한 지동설의 반론으로 대두될 수 있었던 것이다. 절

DIALOGO
DI
GALILEO GALILEI LINCEO
MATEMATICO SOPRAORDINARIO
DELLO STVDIO DI PISA.

E Filosofo, e Matematico primario del
SERENISSIMO
GR. DVCA DI TOSCANA.

Doue ne i congressi di quattro giornate si discorre
sopra i due
MASSIMI SISTEMI DEL MONDO
TOLEMAICO, E COPERNICANO;

Proponendo indeterminatamente le ragioni Filosofiche, e Naturali
tanto per l'vna, quanto per l'altra parte.

CON PRI   VILEGI.

IN FIORENZA, Per Gio:Batista Landini MDCXXXII.
CON LICENZA DE' SVPERIORI.

『두 가지 주요 우주체계에 대한 대화』 표지
왼쪽부터 차례로 아리스토텔레스, 프롤레마이오스, 코페르니쿠스가 그려져 있다. 자세히 보면 프롤레마이오스와
코페르니쿠스는 자신의 우주론 모형을 들고 있다.

대 다수의 사람들이 걸어 다니던 시절의 생각들을 우리가 상상하기는
힘들다. 아마도 갈릴레오가 배의 예를 든 것은 당시 배가 가장 빠른
탈 것이었기 때문일 것이다. 이 탁월한 설명으로 낭만적 수학에 불과
해 보이던 지동설은 상당한 현실적 가능성을 획득했다. 이 사례는 최
초로 서술된 근대적 관성에 대한 설득력 있는 논리로서, 지동설의 취
약했던 역학적 설명 부분을 보완해 주었다.

그러나 첨언하자면 갈릴레오의 관성은 '현대적'이진 않다. '움직이
는 모든 물체는 하던 운동을 계속하려는 경향을 가진다.'라는 측면에
서는 우리의 관성 개념과 일치하지만, 갈릴레오는 그 관성이 원을 그

릴 것이라고 보았다. 모든 물체는 던져두면 방해 받지 않는 한 돌게 되어 있다는 것이다. 즉 갈릴레오의 관성은 '원관성'이다. 이후 관성을 현대적인 의미의 '직선관성'으로 바꾼 사람은 데카르트다. 이 이야기는 뒤에서 살펴볼 것이다. 어쨌든 이 설명으로 갈릴레오는 달이 지구와 동일한 원소로 구성되어 있더라도 지구를 돌게 되어 있음을 설명할 수 있었다. 갈릴레오의 설명대로라면 돌맹이라도 충분히 강하게 던져두기만 하면 지구 주위를 돌 것이기 때문이다. 오늘날의 관점에서는 틀린 것이지만 갈릴레오는 어느 정도 역학적 설명이 이루어진 지동설을 주장한 셈이다. 코페르니쿠스도 케플러도 현상에 대한 수학적 해석자였지만 그럴 듯한 역학적 설명은 내놓지 못했었다. 그런 점에서 지동설은 갈릴레오의 시대에 와서야 과학적이고 현실적인 논쟁의 대상이 된 셈이다.

그리고 3일차 대화로 오면 코페르니쿠스 체계가 프톨레마이오스 체계보다 우월함을 보이기 위한 다양한 시도를 한다. 하지만 갈릴레오가 정성을 들였을 이 부분은 여러 부분에서 틀렸다. 갈릴레오는 살비아티의 입을 빌어 열심히 지동설 체계를 칭송하지만 그 설명은 코페르니쿠스 체계와는 차이가 있었다. 내용으로 미루어 갈릴레오는 『천구의 회전에 대하여』를 읽지 않거나 내용을 이해하지 못한 것으로 보인다. 아이러니하게도 자신이 옹호하고자 하는 사람의 이론을 면밀히 파악하지도 않은 것이다. 그리고 케플러가 타원궤도 운동을 제시한 지 23년이 지났지만 여전히 원운동에 집착하고 있다. 원운동에 대한 집착은 데카르트조차도 마찬가지였으니 갈릴레오의 무지라고까지는 볼 수 없을 것이다. 단지 당시 지식인들에게 원운동이 얼마나 소중한 것이었는지의 반증으로 보아야 할 것이다. 그리고 갈릴레오는 경쟁자 튀코에 대한 비판도 잊지 않았다. 갈릴레오는 이 부분에서 혜성 역시 대기효과로 설명하며 튀코를 비난했다. 그는 튀코의 우주론만 비난하지 않고 튀코의 관측까지 공격한 것이다. 틀린 것은 물론 갈릴레오였다.

마지막인 4일차에서는 저자가 가장 자신 있는 내용을 배치하기 마련일텐데 4일차의 핵심내용은 밀물과 썰물이 지구 자전 때문에 일어난다는 것이다. 더구나 케플러는 이미 7년 전 조수가 달의 영향력에 의해 일어난다고 올바르게 설명했었으나 갈릴레오는 이 설명까지 다시 언급하며 비웃었다. 1616년 이후 갈릴레오의 지동설 예찬에 추가된 논증은 사실상 이 내용이 유일하다. 그만큼 조수운동은 갈릴레오에게 지구가 움직인다고 주장할 결정적인 카드였고, 책의 끝에 주도면밀하게 구성된 설명으로 지동설 예찬의 마지막을 장식했다. 결론적으로, 갈릴레오는 지동설이 옳다는 신념을 가지고 있었지만, 수년간의 노력에도 불구하고 이를 최종적으로 검증해내지는 못했다. 그런데 그는 이 불완전한 단계의 이론을 설득력 있는 문체의 책으로 만들었다. 아이러니하게도 그 결과, 우리가 올바르다고 믿는 지동설은 우리가 틀린 것을 잘 알고 있는 논증들에 의해 세련되게 옹호되었다.

· 1632년, 재판 전야 ·

갈릴레오 재판은 갈릴레오 이야기에서 빠질 수 없는 사건이다. 과학의 역사에서도, 동시에 중세와 근대의 분기점으로서도 중요한 역사적 이정표다. 그리고 신화적 조작과 극단적 단순화로 가장 많은 오해를 양산한 이야기이기도 하다. 오늘날 과학의 순교자 갈릴레오의 이미지는 초중고 학생들의 교과서에 단골메뉴가 되었다. 교황 요한 바오로 2세의 재판에 대한 '가해자'로서의 사과까지 더해져 이런 이미지는 오늘날 정설이 되어버렸다. 시대를 앞서간 과학자가 보수적 교회에 맞서 탄압당한 사례로 대중화된 이 이야기는 과학과 종교, 개인 대 권력의 대립을 넘어서는 복잡한 갈등구조가 이면에 감춰져 있다. 더구나 갈릴레오 재판에는 복잡한 문제들이 얽혀 있어 재판이 시작되는 과정은 여전히 오리무중인 부분이 많다. 당시 상황을 정확히 재구성하기는 쉽지 않아서 재판의 동기와 과정은 지금까지도 수많은 논쟁을 낳았다. 거의 분명한 몇 가지 상황을 정리해보면 다음과 같다.

『대화』의 출간 때까지 체시, 시암폴리, 카스텔리, 리카르디 등 갈릴레오 편의 인물들 중 내용을 읽어보며 파급효과를 예견해볼 수 있었던 사람은 아무도 없었다. 그리고 갈릴레오는 1616년 자신은 아니지만 코페르니쿠스 설이 정죄되었고, 벨라르미노 추기경에게 지동설을 옹호하지 말라는 경고를 받았던 사실도 내색하지 않았다. 갈릴레오 편의 인물들에게는 상황이 '어느 날 갑자기' 발생했던 셈이다. 로마의 리카르디는 특히 피렌체 검열관에게 편지를 보내며 '머리말 부분의 논리가 결론에서도 똑같이 제시되어야 한다'고 덧붙였다. 최종 심사자가 머리말밖에 읽어보지 못한 것이다. 피렌체의 검열관이 이 문장에 주목했다면 상황은 바뀔 수 있었다. 『대화』의 머리말은 '두 이론 중 어느 것이 맞는지는 신만이 아신다'는 표현으로 시작했지만, 결론은 천동설 지지자들을 바보로 만들고 지동설에 대한 예찬으로 끝맺는 책이었다. 예나 지금이나, 검열관들은 책을 처음부터 끝까지 읽지 않는다는 미덕을 가지고 있기 때문에, 검열관은 이 결론을 파악하지 못했다.

『대화』의 초판은 1632년 2월 갈릴레오에게 주어졌고, 피렌체 대공에게도 증정되었다. 역병 검역으로 책이 로마에 도착한 것은 1632년 6월이 되어서였다. 처음에는 모든 것이 순조로웠지만 곧 로마 쪽에서 부정적인 분위기가 감지되었다. 1632년 8월『대화』의 유통을 금지하라는 명령 내려졌다. 조사위원회 보고는 1632년 9월에 나왔는데, 1616년 명령을 기만했다는 결론을 내렸으나 아직까지는 문제를 제거하기 위해 책을 개정해야 한다는 정도의 온건한 해법을 제시했다. 하지만 보고서에 기초해 교황은 사건을 검사성성으로 넘겼고 갈릴레오는 소환 명령을 받았다.

이 과정이 교황의 개인적 정략이자 분노 때문이었다는 설을 지지하는 근거는 대략 다음과 같다. 당시 교황은 신교에는 관대한 정책을 취하면서, 독일의 가톨릭 제후들을 배신하고 있다고 스페인으로부터 비판받고 있었다. 스페인을 비롯한 엄청난 영토를 소유한 합스부르크 가문에 대한 견제를 위해 교황은 독일에서의 30년 전쟁에 대해 미지근한 대응으로 일관해왔다. 1632년 3월 스페인 국왕의 조카인 보르지아 추기경은 교황이 이단을 보호한다며 공개적으로 공격했다. 곤경에 빠진 교황은 가톨릭의 수호자로서 단호한 입장을 보여주는 이벤트가 필요한 상황이었다. 교황청의 교도권이 신성불가침함을 명시적으로 보여줄 수 있으면서도 정치적 위험은 작은 사건이 필요했다. 갈릴레오 재판은 이 상황에 적당한 규모의 사건이었다. 이것은 분명 갈릴레오 재판을 시작시킨 이유 중 하나일 수 있다.

그리고 갈릴레오를 둘러싼 여러 논쟁들에 대해 교황이 선의로 조언해주었던 내용 중에는 '어떤 모형도 진실을 정확히 표현할 수 없다'는 부분이 있었다. 그런데 이와 똑같은 내용이 『대화』 4일차 내용에서 궁지에 몰린 심플리치오의 입을 통해 바보 같은 변명처럼 표현되어 있다. 갈릴레오 반대파들은 심플리치오가 교황을 풍자한 인물이라는 풍문에 힘을 실어주었다. 이 또한 분명 교황의 격노를 유발했을 것이다. 심플리치오는 작품 전체에서 사실상 희롱거리에 불과한데 교황 자신이 바로 그 모델이라는 심증은 컸다. 우르바누스 8세가 보기에 이것은 갈릴레오가 거듭된 호의를 배신으로 갚은 것이다. 교황은 『대화』를 읽고 격노했고, 수석검열관 리카르디는 교황에게 소환당해 출판허가에 대해 호된 질책을 들었다. 그러자 리카르디는 황급히 교황 비서 시암폴리가 허가했다고 변명했고, 시암폴리는 다시 교황 자신이 어느 날인가의 대화에서 책의 출판에 동의했었다고 말했다. 교황이 가벼운 일이어서 기억을 못한 것인지, 시암폴리가 거짓말을 한 것인지는 알 수 없다. 하지만 교황으로서는 모두 갈릴레오와 한 통속인 자들이 자신에 대한 모욕을 담고 있는 책을 출판되도록 방기한 것으로 보였을 것이다. 더구나 교황은 곧 비서 시암폴리가 자신의 정적인 보르지아 추기경과 비밀리에 협력했다는 사실까지 알아냈고 그를 한직으로 추방시켰다. 갈릴레오의 책 출판은 바로 이 배신자 시암폴리가 적극 추진하던 일이었기에 더욱 곱게 보일 수가 없었다. 이 설대로라면 교황은 상당한 정치적 부담을 가질 수 있는 문제에 자신의 이해관계로 인해 경솔하게 손을 댄 셈이다. 하지만 이후에도 데카르트, 가상디 등 새로운 학자들의 작품을 금지하려는 교황청의 지속적인 시도가 있었다는 점에서는 교황의 개인적 원한과 정치적 대응이라는 가설은 힘이 약해진다. 분명히 교황청 내부의 성직자 집단은 오랜 기간 지동설의 내용 자체가 진정으로 문제가 있다고 믿었다.

또 하나의 설명은 교황청과 예수회 내부에서 최근의 광범위한 신학적 위협에 대한 공포와 울분이 분출된 것이 갈릴레오 재판이라는 관점이다. 30년 전쟁이 발발한 지 10여 년이 지나고 있었고, 신교 측은 군사적 물리력과 신학적 논리에서 맹공을 퍼붓고 있었다. 1632년은 스웨덴의 구스타프 아돌푸스의 군대에게 뮌헨까지 점령당한 상황이었다. 이런 상황에서 성서 해석과 인식론적 철학의 영역까지 침해한 갈릴레오의 행위는 이미 벽에 몰려 있는 심정의 성직자들에게는 매우 불편한 상황이 되었다는 것이다. 한때 갈릴레오 옹호자였던 예수회 인사들이 분명히 등을 돌렸다는 것은 분명하다. 그리고 여러 대화 내용으로 볼 때 교황도 지동설 대 천동설 문제에 큰 관심을 가진 것이 아니라, 진리와 실재성에 대한 갈릴레오의 기계론적 관점에 훨씬 큰 관심을 가지고 있었다. 즉 진리에 대한 해석 권한의 문제가 가장 중요한 관심거리였다. 후일 갈릴레오는 "나의 책이 루터나 칼뱅보다도 교회에 더 해롭고 저주스러운 것이라고 예수회 신부가 넌지시 말했다."라고 적었다. 예수회 안에서는 갈릴레오의 기계론적 설명이 가톨릭 교리에 심각한 장애요인이 될 것으로 내다보았다. 이후 데카르트의 기계론이 현대사회에 미친 영향과 지속적으로 축소된 종교의 영향력을 놓고 볼 때 이것은 사실상 정확한 판단이었다. 갈릴레오 스스로도 그랬고, 데카르트도 후일 갈릴레오 재판에 예수회의 조력과 음모가 있었다고 보았다.

어찌되었건 이런 여러 설명에도 불구하고 책의 내용 자체가 재판의 가장 직접적인 원인임은 자명하다. 『대화』는 물리적 실재성에 대한 치밀하고 설득력 있는 묘사를 통해 코페르니쿠스 가설의 우월성을 강력하게 지지하고 있었다. 벨라르미노 추기경이 1616년에 개인적으로 내렸던 명령─'수용하지도, 옹호하지도 말라.'─에 대한 명백한 위반인 것은 분명했다. 재판의 핵심은 이 부분을 두고 진행되게 된다. 즉 갈릴레오의 약속불이행이 표면적인 핵심 죄목인 것이다.

피렌체 대사는 갈릴레오를 옹호하기 위해 교황을 알현한 뒤 주군에게 보고했다. '극도로 사악한' 등의 극단적 용어들을 교황이 사용했다는 점에서 어쨌든 교황의 분노는 분명해 보였다. 이후 교황청의 갈릴레오 소환 명령에 대해 꽤 익숙한 수순이 메디치 가문에 의해 진행되었다. 처음에는 갈릴레오가 피렌체에서 편지로 질문 목록을 받아야 한다고 주장했다. 서면 질문 건의가 받아들여지지 않자 다음으로 재판이 피렌체에서 열려야 된다고 재판관할권을 주장했다. 그것도 여의치 않자 피렌체 의사 세 명의 진단서를 첨부해서 68세의 갈릴레오가 고령이라 로마까지 여행을 버틸 수 없다는 건강상 이유를 제시했다. 모든 시도들이 차례로 교황청에서 거부당했다. 갈릴레오 스스로도 로마의 여러 지인들에게 편지했고, 친구들은 베네치아나 폴란드로 도망치라고도 제안했다. 하지만, 고령에다가 큰딸이 수녀인 점을 감안했을 때 이 제안을 진지하게 생각해보지는 않았을 것이다. 1632년 12월 말, 종교 재판소는 최후통첩을 했고, 협상 여지가 사라지자 피렌체 대공은 소환에 응하라고 충고했다. 대공은 로마로 가는 갈릴레오에게 왕실 가마와 수행원을 내주며 로마 대사에게는 갈릴레오를 엄호할 것을 명령했다. 대공으로서는 마지막 배려였다. 이처럼 갈릴레오는 상당한 외교전이 진행된 후에야 로마로 소환되었다. 메디치 가문은 갈릴레오를 옹호하기 위해 최선을 다한 셈이며, 그는 정치적 이유로 교황청에 쉽게 넘겨진 것은 결코 아니다. 아주 외로운 상황은 아니었고, 교황청도 이런 눈치 정도는 살펴야 했다.

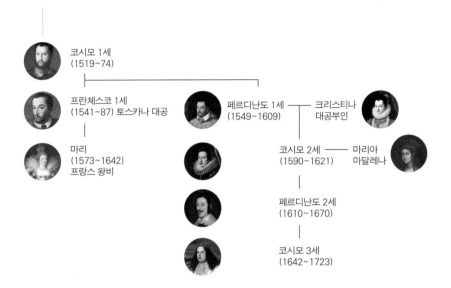

코시모 1세
(1519~74)

프란체스코 1세
(1541~87) 토스카나 대공

마리
(1573~1642)
프랑스 왕비

페르디난도 1세 ─── 크리스티나
(1549~1609)   대공부인

코시모 2세 ─── 마리아
(1590~1621)   마달레나

페르디난도 2세
(1610~1670)

코시모 3세
(1642~1723)

메디치 가계

메디치(Medici) 가문은 두 명의 교황을 배출했다. 레오 10세(Leo X)가 된 조반니 메디치는 1513~1521년 사이 재위했고, 마르틴 루터 시기 교회의 분열을 맞았다. 클레멘스 7세가 된 줄리오 메디치는 1523~1534년 사이 재위했고, 헨리 8세와 갈등으로 영국 국교회가 성립했다. 클레멘스 7세는 독일 카를 5세와 상호협력으로 피렌체의 메디치 가를 재건한 공이 있다. 그 결과 1537년 코시모 1세(Cosimo I)가 토스카나 대공이 되었다. 그리고 프란체스코 1세(Francesco I, 1541~1587)가 토스카나 제2대 대공이 되어 1574~1587년 사이 재위했으며 후사 없이 46세에 사망했다. 그러자 추기경이 되었던 동생 페르디난도 1세(Ferdinando I, 1550~1610)가 프란체스코 1세 사망으로 대공좌를 물려받았다. 그는 13세에 추기경이 되고, 16세에 교황을 선출하는 콘클라베에 참가했었다. 1587년 환속하여 38세로 대공이 되었다. 갈릴레오는 페르디난도 1세 시기부터 메디치 가문과 연계된다.

🗣 크리스티나 대공부인(Grand Duchess Christina de' Medici, 1565~

1637): 로렌의 크리스티나로도 불린다. 페르디난도 1세의 부인이자 코시모 2세의 어머니다. 1615년 갈릴레오의 걸작 『크리스티나 대공부인에게 보내는 편지』의 수신인이다. 여름마다 아들의 개인교습을 갈릴레오에게 맡겼다. 독실한 가톨릭 교인으로 토스카나 공국과 교황청의 이해관계가 상충할 때조차 교황 편을 들었다.

🔹 **코시모 2세(Cosimo II, 1591~1621)**: 갈릴레오의 제자. 목성의 네 위성(Medician stars)을 헌정 받은 인물. 20세에 대공이 되어 갈릴레오에게 가장 큰 힘이 되어준 인물이었지만 알렉산더보다도 더 젊은 나이에 죽었다는 것이 문제였다. 서른 살의 나이인 1621년에 갑자기 사망하자 10세의 아들이 대공이 되고 대공부인과 대공비가 섭정을 했다.

🔹 **대공비 마리아 마달레나**: 코시모 2세의 부인. 역시 시어머니처럼 교황 편이었다.

🔹 **페르디난도 2세(Ferdinando II)**: 코시모 2세의 아들. 1621년 10세로 대공이 되고 13세부터 친정했다. 갈릴레오에게 호의적이었으나 교황청 압력에 1633년 갈릴레오를 로마로 보냈다. 노련한 교황을 상대하기에는 아직 어린 20대 초반이었다. 하지만 재판기간 내내 갈릴레오를 도와주었다.

로마의 갈릴레오파

🔹 **페데리코 체시(Federico Cesi, 1685~1630) 공작**: 린체이 아카데미 창시자이자 갈릴레오의 핵심 후원자. 1613년 『태양흑점에 관한 편지』와 1623년 『시금자』를 체시가 발간했다. 『대화』도 출간해줄 예정이었으나 갈릴레오의 대화가 출간되기 직전 파산상태에서 사망했다. 체시의 죽음은 갈릴레오가 책을 피렌체에서 출간하게 된 결정적 이유였다.

🔹 **린체이 아카데미(Academia dei Lincei, 1601~1630)**: 체시가 만든 학회. 린체이는 시라소니를 의미한다. 1611년 갈릴레오가 입회했고, 체시가 죽을 때까지 32명이 입회했다. 학계에서 갈릴레오의 중요한 지지기반이었으나 후원자 체시가 죽자 활동이 정지되었다.

🔹 **조반니 시암폴리(Giovanni Ciampoli)**: 우르바누스 8세 교황의 비서. 확실한 친 갈릴레오적 성향을 가졌던 인물. 갈릴레오에게 우호적 분위기가 만들어질

수 있도록 계속 노력한 인물이었으나 갈릴레오의 책이 출간되는 결정적인 시기에 스페인과의 내통 사실이 드러나 실각함으로써 갈릴레오의 위기는 오히려 점증되었다. 1633년에는 시암폴리가 항상 칭송하던 사람이었다는 것은 재판에 좋게 작용할 수 없었다.

🌑 **니콜로 리카르디(Niccolo Riccardi):** 『시금자』를 열렬히 찬양했던 인물. 1629년 성궁장에 임명되어 『대화』 출간 시 책 출간과 관련된 최종적 검열 책임자였다. 피렌체에서 갈릴레오의 책이 출간되어야 하는 상황으로 바뀌자 원활한 검열작업을 할 수 없어 불만이었다. 시암폴리의 압력 등으로 결국 책의 전체 내용을 확인하지 못한 채 갈릴레오의 책이 출간될 수 있도록 허가했다. 리카르디는 책이 문제가 되자 갈릴레오가 지시를 잘 따르지 않고 억지로 밀어붙였다고 주장했다.

🌑 **베네데토 카스텔리(Benedetto Castelli):** 갈릴레오의 제자. 갈릴레오의 대표적 추종자지만 상황을 조율할 권력을 가지고 있지는 못했다. 1613년에 갈릴레오는 카스텔리가 피사대학에 자리를 얻도록 도와주었다. 크리스티나 대공 부인이 지동설에 의구심을 가졌다는 사실을 갈릴레오에게 알려줌으로써 『크리스티나 대공 부인에게 보내는 편지』가 씌어졌다. 1626년에 로마대학 교수가 되어 로마의 주요한 갈릴레이 인맥이 되었다. 갈릴레오에 대한 성실성은 충분한 인물이지만 재판 시기에는 정보에 어두워 상황파악이 힘든 대학교수에 불과했다.

가톨릭교회 측 주요 관련자

✝ **교황청(Roman Curia):** 크게는 교황의 의도를 대변한다고 할 수 있지만 역시 다양한 이해관계의 복합체였다고 봐야 한다.

✝ **검사성성(holy office):** 흔히 알고 있는 로마 종교재판소. 갈릴레오가 재판받은 곳. 1542년 설립되었다.

✝ **금서성성(Congregation of the Index):** 검사성성이 사람을 조사한다면 금서성성은 책과 문서를 조사한다. 금서목록을 계속 만들어냈다. 1572년 상설기관이 되었다. 결국 금사성성과 금서성성 모두 16세기에 공식화한 기관으로 당시까지 역사가 길진 않았다. 코페르니쿠스는 '들어보지 못했을' 기관들이지만, 갈릴레오의 운명에는 강하게 개입하는 기관이 되었다.

🌑 **교황 바오로 5세(Paulus V, 1552~1621):** 1606~1621년 재위. 1611년

과 1616년에 갈릴레오가 알현했던 교황. 성 베드로 대성당을 완공시켰다.

🌀 **그레고리오 15세(Gregorius XV)**: 1621~1623년 재위. 짧은 재위였지만 갈릴레오 편인 시암폴리를 비서실장에 임명했다.

🌀 **교황 우르바누스 8세(Urbanus VIII)**: 교황이 되기 전 마페오 바르베리니 (Maffeo Barberini) 추기경. 갈릴레오 재판의 핵심인물. 여러 다양한 선택지가 있었음에도 그의 강력한 의지에 의해 갈릴레오 재판은 열렸다고 볼 수 있다. 추기경 시절 금서성성에 몸담고 있었다. 그래서 1615년 갈릴레오가 검사성성에 고발당했고 지동설을 옹호하지 말라는 명령을 받았다는 사실 자체를 알지 못했다. 1623년에 교황으로 선출되었고, 이 시기까지는 갈릴레오를 칭송하는 글까지 썼다. 한 때 갈릴레오의 친구였으나 아이러니하게도 둘은 역사적 대척점에 서버렸다.

🌀 **벨라르미노 추기경(Robertus Ballarminus, 1542~1621)**: 삼촌은 교황 마르첼로 2세. 1560년 예수회에 가입했고 1592년 로마대학 학장이 되었다. 1595년 추기경이 되어 교리상의 혼란을 잠재우고 신학체계를 명료화하는 일에 매진했다. 1615~1616년의 대응과정을 통해 볼 때 그는 지동설의 핵심문제를 명확히 알고 있던 지식인이다. 지동설은 가설로서만 신중하게 다루어져야 한다는 정도의 유연한 입장이었다. 즉 코페르니쿠스주의가 천문학적 체계로 합당할 수 있으나, 반드시 실제로도 진실이라고 단정할 수 없다는 정도로 요약되는 입장이다. 드러나듯이 아주 조심스럽게 문제가 되지 않을 표현만 하는 인물이다. 갈릴레오에게 지동설을 옹호하지 말라는 권고명령을 내린 인물. 갈릴레오가 코페르니쿠스주의의 진실성을 증명한다면 교회가 성경주석을 새롭게 시도해야 한다고 볼 만큼 충분히 논리적인 인물이기도 했다. 문제는 갈릴레오가 한 번도 지동설의 증거를 가진 적은 없었다는 점이다. 갈릴레오가 죽을 때까지 알아낸 모든 사실은 튀코의 우주론과도 잘 부합했다.

살펴본 것처럼 1621년에 코시모 2세와 벨라르미노 추기경, 바오로 5세가 모두 죽는다. 1610년대의 전개상황과 갈릴레오와 관계된 사건을 알고 있었던 사람들이 모두 사라진 것이다. 1632년 책이 출간될 때까지 갈릴레오는 벨라르미노의 권고 사실을 지인들에게 언급하지 않았기 때문에, 검사성성 문서고에서 이 문서가 발견되자 갈릴레오는 교회를 조롱한 파렴치한이 되어버렸다. 이 사실을 들었을 때 피렌체 대공과 신하들은 충격을 받았다. 그런 문서가 있는 줄 알았다면 이런 책의 출간을 그렇게 쉽게 지원해줬겠는가? 주도면밀한 갈릴레오의 성격으로 미루어 갈릴레오가 이 권고를 그냥 잊어버렸다고 보기는 힘들다. 그럼에도 착한 대공은 갈릴레오에 대한 호의를 버리지 않았다.

· 1633년, 갈릴레오 재판 ·

갈릴레오 재판은 소환만큼이나 천천히 진행되었다. 갈릴레오는 1633년 1월 20일에 출발했는데 열병으로 치료와 격리를 거친 후 2월 13일 로마에 도착했다. 로마 도착 후에도 바로 체포되거나 하지 않았고 메디치 가문 소유의 저택에서 머물렀다. 재판기록이 수백 쪽 이상의 문서로 남아 있는 갈릴레오의 재판은 네 번에 걸쳐 이루어졌다. 그러나 네 번의 재판기록 사이에 있었을 일들은 재판기록을 통해 추정해볼 수밖에 없다. 고문은 없었지만 고문 위협이 있었을 수 있고, 종교재판소는 재판결과를 놓고 피고와 흥정을 벌였을 여지도 얼마든지 있다. 사실 관계의 최종적 확인은 현재로서는 불가능하다.

1633년 4월 12일의 1차 심문은 1616년의 정확한 명령이 무엇이었는가로 모아졌다. 갈릴레오는 소중히 간직해온 벨라르미노 추기경의 편지 사본을 제시하며, "지동설을 옹호하거나 수용하는 것을 금한다."는 명령이었다고 주장했다. 재판관은 갈릴레오가 기억하지 못하는 또 다른 회의록을 제시하면서 "지동설을 말로든, 글로든, 혹은 어떤 방법으로도 수용하거나 가르치거나 옹호하지 말라."고 명령되어 있음을 지적했다. 책에서 지동설을 언급한 것 자체, 즉 '가르친 것'이 명령위반이 될 수 있는지의 문제였고 서로의 주장은 달랐다. 이 문서에는 갈릴레오의 서명이 없어서 문서의 위조 가능성이 계속해서 역사가들로부터 언급되었다. 진실은 지금도 알 수 없다.

그리고 갈릴레오는 재판 내내 자신은 지동설을 가설로서만 제시했지 옹호하지는 않았다는 논리로 일관했다. "나는 책에서 지구가 움직이고 태양은 정지해 있다는 의견을 유지하지도 옹호하지도 않았고, 오히려 코페르니쿠스의 의견과 반대되는 것을 설명함으로써 코페르니쿠스의 주장이 취약하며 확정적인 것이 못 된다는 것을 보여주었습니다." 하지만 이런 내용들 대부분은 『대화』에서 심플리치오의 입을 통해 우스꽝스럽게 제시된 내용들이었다. 기만의 정도가 너무 유치해서 재판관의 수준을 피고가 얕잡아 보고 있다고 비쳐질 정도다. 더구나 피고는 기소내용 자체에 도전한 셈인데 종교재판에서 보기 힘든 충격적인 장면이다. 위기에 몰린 상태로 로마에 소환되었는데도, 갈릴레오는 아직까지 상황 파악을 제대로 못한 듯이 보인다. 유죄는 이미 결정되어 있었다. 심사위원단은 이미 『대화』는 코페르니쿠스 주의를 옹호하는 내용이라고 전원일치 결론을 내린 내용이었고 그랬기 때문에 재판은 시작되었다. 갈릴레오는 심사위원단 전원이 바보라고 얘기한 것이나 다름없었다. 더구나 실제 심사위원단의 해석은 정확히 사실이기도 했다.

이제 종교재판소는 피고의 유죄고백부터 먼저 끌어내야 하는 난감한 상황이 됐다. 더구나 상대는 고령의 저명한 학자다. 규정상으로도 갈릴레오 같은 고령은 고문이 금지되었고 갈릴레오도 이 사실을 알았을 것이다. 말만의 위협도 두렵긴 마찬가지겠지만, 어쨌든 심문은 형식적인 위협 아래 진행되어 재판관들로서는 카드가 별로 없어 보였다. 검사성성은 어쩔 수 없이 규정대로 심사위원단을 새로 꾸려서 재조사 과정을 거쳤고 일주일 만에 나온 판정은 다시 만장일치로 유죄였다. 심사위원단 중 한 사람인 멜치오르 인코페르(Melchior Inchofer)는 상황을 정확히 파악한 표현을 남겼다. "만약 저자가 코페르니쿠스적 입장을 수용하지 않았다면 결코 크리스티나 대공 부인에게 편지를 보내지 않았을 것이며, 기존 견해(천동설)를 유지하는 사람들을 귀머거리 바보인 듯이 조롱하지 않았을 것이고, 그들을 인류라고 부를 가치가 없는 것처럼 묘사하지도 않았을 것이다……그가 모든 사람에 대해 전쟁을 선언하고 피타고라스주의자나 코페르니쿠스주의자가 아닌 사람들을 정신적인 난장이로 간주하였기 때문에, 그가 마음속에 가지고 있었던 것은 충분히 명확하다."

이상한 것은 그 뒤의 상황부터다. 인코페르는 첫 심문 후 갈릴레오와 독대했다. 그리고 이렇게 말했다. "저는 어제 오후 갈릴레오와 논쟁에 들어가…… 신의 은총으로 목적을 달성할 수 있었습니다…… 그는 자신이 실수를 했으며 그의 책에서 너무 지나쳤음을 분명히 알게 되었습니다……(그는) 가장 적절하게 고백할 수 있는 방법을 생각할 약간의 시간을 요청하였습니다." 시청률이 떨어져 조기 종영하는 텔레비전 드라마에서나 볼 수 있을 법한 주인공의 회심이다. 신의 은총과 인코페르의 뛰어난 언변만으로 갈릴레오의 입장이 바뀌었을는지는 의문이다. 무슨 일이 있었던 것일까? 협박과 회유를 추정할 수 있지만 교회도 갈릴레오도 이 부분은 입을 다물었다. 이 불연속적 상황 변화에 대해 우리가 더 이상 알 수 있는 것은 없다. 남은 것은 재판기

갈릴레오 재판

실제 재판은 이 그림처럼 '멋진' 장면은 아니었을 것이다. 보통 세 재판관 앞에서 피고인은 홀로 자신을 변호해야 했다.

록뿐이다.

　4월 30일의 2차 재판에서 갈릴레오는 자신의 책을 다시 읽었으며, 그 결과 "자부심이 과한 열망과 순수한 무지, 그리고 부주의로 인해 명령을 위반했다는 것을 알게 되었다."고 대답했다. 심지어는 자신의 책에 코페르니쿠스가 틀렸다는 내용을 담은 『대화』 5일째 내용을 추가하겠다고 제안했지만 책을 살려보려는 이 마지막 제안은 무시되었다. 어쨌든 그는 납작 엎드렸다. 그리고 로마의 메디치 저택으로 귀환했는데 대사는 갈릴레오가 돌아왔을 때 "거의 죽은 사람 같았다."고 보고했다.

　5월 10일 3차 재판에서 갈릴레오는 고령을 감안해 선처를 부탁하면서 "실수지 고의가 아니며, 책의 내용을 바꿀 의사가 있다."는 것을 명확히 했다. 그리고 6월 16일 4차 재판에서 최종선고가 있었다. 자신의 이전 주장을 저주하고 참회한다는 갈릴레오의 고백이 있었고 종신형이 선고되었다. 앞으로 지동설에 대해 어떠한 방법으로도 다루지 않을 것을 명령받았고, 책은 수정되는 것이 아니라 금지될 것이라고 공표되었다. 물론 교황은 피렌체 대사에게 그가 실제로 정확한 명령의 의미를 알지 못한 것을 감안해서 감형할 것이라는 언질을 함께 주었다.

　그 뒤는 요식행위였다. 6월 21일 갈릴레오는 공개적인 참회의 고백을 했다. "저의 모든 불확신은 사라졌고, 저는 진실하고 명백한 프톨레마이오스의 의견……을 수용하였고 지금도 수용하고 있습니다." 『대화』를 쓴 이유는 "나는 각각의 입장으로 나아갈 수 있는 물리적·천문학적 이유를 설명한 것뿐입니다. 저는 논의의 어떤 것도 결정적인 설명력을 보여주지 않는다는 것을 보여주려 했습니다." 갈릴레오는 마지막까지 악착같았다. 자신은 나쁜 의도는 없었으며, 단지 표현상 실수했을 뿐이라는 요지를 반복했다. 어느 정도 상호 조율한 것이겠지만 분명한 거짓맹세였고, 재판관들도 그 사실을 잘 알았을 것이다. 야합에 의한 재판이 마무리되었고 갈릴레오는 교회의 자비 속에 가택연금으로 감형되는 것으로 한 편의 쇼는 끝났다.

재판기록은 관례대로 모두 비밀에 붙여질 것이니, 당시의 대중은 갈릴레오의 진술을 알 수 없었을 것이다. 갈릴레오의 영특함은 그것까지 계산한 것일까? 하지만 우리는 이 기록들을 볼 수 있는 세대다. 그는 재판 내내 '일관되게 거짓'을 말했다. 그는 분명히 지동설이 옳다는 확신에 차서 책을 썼고, 자신이 성경해석에 의해 바뀌거나 간섭받을 수 없는 진리를 알고 있다고 믿었다. 그의 말과 글 속에서 이 점은 명확히 드러난다. 그러나 가장 중요한 시점, 가장 불리한 상황에 처했을 때, 그의 입은 이것을 송두리째 부정했다.

· 1634~1642년, 거울 앞에 선 갈릴레오 ·

갈릴레오는 재판 후 고질적인 관절염과 탈장 증상이 심해진 가운데 1634년 해가 바뀌고서야 어렵게 피렌체로 돌아왔다. 가택연금의 와중에 그에게는 또 다른 비극이 겹쳤다. 딸 마리아 첼레스테 수녀가 30대의 젊은 나이로 죽은 것이다. 첼레스테 수녀의 죽음에 갈릴레오의 재판이 개입되어 있을 가능성은 크다. 수녀의 입장에서 존경하는 아버지가 교황청의 재판에 회부되어 있는 상황을 어떻게 받아들여야 했을까? 수녀원 특유의 빈약한 식사에 정신적 고민과 과로, 스트레스가

2부 혁명의 진행

그녀의 건강악화의 원인이었을 듯하다. 아버지가 피렌체로 돌아온 몇 달 후 첼레스테 수녀는 사망했다. 갈릴레오는 아버지로서 딸의 죽음에 대해 미안함과 비통함, 무력감을 함께 느껴야 했을 것이다. 갈릴레오는 이로부터 8년을 더 살았다. 하지만 갈릴레오 인생에서 놀라운 부분은 오히려 이 시기이다. 모든 것을 포기한 채 절망의 나락에서 살아가는 노인을 떠올릴 수밖에 없는 상황인데도 갈릴레오는 그렇지 않았다.

가택연금으로 방문은 제한되었지만 갈릴레오의 조언을 구하는 수많은 편지 질문들은 여전히 쏟아졌다. 갈릴레오는 자신이 아직 세상에 필요함을 느끼며 힘을 얻었고, 새로운 연구를 시작했다. 지동설에 관련된 언급이 금지 당하자 갈릴레오는 청년기의 연구들을 발전시켜서 역학발전의 중요한 이정표를 세웠다. 이 업적은 『두 새로운 과학에 대한 논의와 수학적 논증』이라는 또 다른 역작에 정리되었다. 이탈리아 안에서 갈릴레오의 책 출판은 어려운 상황이라 이 책은 네덜란드에서 출판되었다. 이 책은 뉴턴 시기까지 역학 분야의 핵심적 참고문헌이 되었다. 그리고 『대화』는 교황청의 금서목록에 오르자 전 유럽에 퍼져 나갔다. 갈릴레오 재판은 역설적이게도 갈릴레오와 지동설의 유명세를 높여주었을 뿐이다. 교황청은 막을 수 없는 흐름을 방해하려고 힘을 낭비했을 뿐이고 갈릴레오에게 고통은 주었을지언정 그의 열정적 연구를 방해하지도 못했다.

갈릴레오는 노환과 시력감퇴에도 연구와 집필을 계속했지만 1637년에는 완전히 눈이 보이지 않게 되었다. 몇 달간에 걸쳐서 한쪽 눈이 먼저 시력을 잃었고 나머지 한 쪽도 보이지 않게 된 것으로 보아 감염성 질환으로 보인다. 한쪽을 실명한 이후에도 나머지 한눈의 시력을 잃기 직전까지 망원경을 달에 맞추며 연구를 계속했다고 한다. 그리고 '달은 조정자이자 감독자이다'라는 메모를 남겨 놓았다. 그렇게 부정했던 케플러의 주장, 즉 밀물과 썰물이 바다의 운동과 연관 있음을 초연히 인정한 듯하다. 만난을 겪은 끝에 그의 인격은 더 고위한 단계로 진화해간 것 같다. 죽을 때까지 제자 비비아니(Vincenzio Viviani, 1622~1703)와 토리첼리(Evangelista Torricelli, 1608~1647)를 지도했고, 아들 빈센초는 아버지의 구술을 받아 적으며 함께 진자시계를 연구했다. 장님이 되고 사망하기까지 완전한 암흑 속의 5년간도 그는 연구를 멈추지 않았다. 1642년 1월 8일 갈릴레오는 열병과 신장병으로 사망했다. 종교재판소는 갈릴레오 사망 후 매장지까지 간섭했다. 그래서 허름한 교회의 뒤뜰에 묻혀야 했고 갈릴레오 유해 이장은 사망 후 95년만인 1737년에야 이루어졌다. 제자 토리첼리는 젊어서 사망했지만 기압실험으로 유명한 과학자가 되었다. 또 다른 제자 비비아니는 살아생전 스승의 묘를 이장시키기 위해 계속 노력했지만 결국 비비아니가 죽은 후에야 갈릴레오는 이장되었다. 비비아니는 갈릴레오 옆에 묻히고 싶다는 소원은 이루었다. 현재 갈릴레오 묘지의 조각상은 일반적인 경우처럼 셋이 아니라 두 개인데 천문학과 역학을 상징하는 조각상만 남기고 철학적 정신을 상징하는 조각상은 가톨릭교회의 요구로 제거되었다는 것이 유력한 설이다. 이 정도면 교회도 참으로 집요했다. 갈릴레오 묘 이장에 얽힌 또 하나의 일화는 그의 묘를 파냈을 때 놀랍게도 두 개의 관이 나왔다는 것이다. 관을 열어보니 모두 유골이 있었고 혼란 속에 의사가 불려 확인하니 의사는 한 시신은 젊은 여성의 것이고 한 시신은 남성 노인의 것이라고 판단했다. 군중은 오래된 이야기를 떠올리며 상황을 다음과 같이 이해했다. 스승을 위해 아무것도 할 수 없었던 비비아니는 갈릴레오의 딸 마리아 첼레스테 수녀를 함께 묻어준 것이었다. 스승에 대해 그가 표할 수 있었던 최선의 배려였을 것이다. 갈릴레오가 묻힌 피렌체의 산타크로체 교회에는 여전히 두 관이 함께 묻혀 있다고 한다.

· '그래도 지구는 돈다' ·

갈릴레오는 대중적 인지도가 높은 사람이다. 아마도 뉴턴, 아인슈타인, 다윈에 이어 현대에 가장 많이 회자되는 과학자일 것이다. 대중이 받아들이는 전형적인 갈릴레오의 이미지는 지동설을 주장했고, 이로 인해 교회에 의해 재판을 받았으며, 그 결과 억울하게 유죄 판결을 받은 과학자로 압축해볼 수 있다. 하지만 갈릴레오의 이런 이미지들은 틀렸다고까지는 할 수 없을지라도 심하게 유형화되어 너무나 많은 이야깃거리를 감춰버리게 된다. 실제 갈릴레오만큼 극적인 인생을 살다 간 과학자를 찾기도 쉽지 않다.

갈릴레오는 케플러보다 여섯 살 연상이었고 케플러보다 12년을 더 살았다. 두 사람은 완전한 동시대인이다. 그러나 둘의 사고법은 많이 달랐다. 케플러에게서 고결한 중세적 신비주의자의 모습이 보인다면, 갈릴레오에게서는 약삭빠른 현대인에 훨씬 가까운 모습이 느껴진다.

갈릴레오는 개인사적 고난도 많았다. 수시로 경제적 도움을 요청하는 철없는 남동생과 여동생의 결혼지참금 문제까지 해결해야 했던 그는 가문의 장남으로서 너무나 많은 일상의 문제들에 노출되어 있었다. 거기다 젊은 시절의 사고로 평생 자주 앓아야 했고 결코 완전히 회복된 듯이 보이진 않는다. 너무나 유명해진 재판은 그를 나락으로 떨어뜨렸고, 죽기 전 5년은 완전한 장님으로 보냈음까지 고려해본다면 안정적인 인생을 살면서 뛰어난 학문적 업적을 이뤄낸 경우가 아닌 것은 확실하다.

또 하나 아이러니한 것은 당시에도 지금도 그의 천문학적 관찰을 통한 지동설 논증은 상당히 취약한 기반 위에 서 있다는 점이다. 사실 갈릴레오의 연구내용을 볼 때 더 탁월한 것은 역학적 업적이며 굳이 현대적으로 분류하자면 그는 천문학자보다는 물리학자에 가깝다. 그럼에도 그는 재판으로 인해 천문학자의 이미지로 더 많이 각인되어 있다. 이 글에서는 지동설 혁명의 궤적을 따라 갈릴레오의 천문관찰을 주로 언급했지만 그의 실제 업적은 수학과 물리학에서 훨씬 탁월했다. 그의 시기는 방정식이나 소수를 쓰지 않았다. 데카르트, 뉴턴, 라이프니츠를 기다려야 하는 좌표계, 극한, 미적분의 개념은 당연히 없었다. 그런데도 갈릴레오는 현대과학으로 가는 수많은 돌파구를 만들었다. 투사체가 그리는 포물선을 연구하고, 진자운동에 대한 탁월한 실험들을 수행했다. 가속도와 관성 개념의 정립에 기여했고, 심지어 벡터 개념에 접근했다. 사실상 문장과 고대적 기하학만 사용해서 이룬 업적들이었다.

갈릴레오의 인생을 살펴보다 보면 재기발랄하면서도 냉소적이고, 건방지지만 순수하며, 마냥 칭찬할 순 없지만 결코 미워할 수도 없는, 팽팽한 기운으로 충전된 반항기 어린 10대 남학생의 이미지가 겹쳐 보인다. 이 매력적인 인물을 이해해 보기 위해서는 '망원경', '메디치',

'재판'이라는 키워드를 따라 16~17세기의 이탈리아 상황에 감정이입 해볼 때 훨씬 흥미진진할 수 있다.

갈릴레오가 지동설이 틀렸다고 고백한 뒤 재판정을 나오면서 남몰래 '그래도 지구는 돈다.'는 말을 남겼다는 이야기는 유명하다. 하지만 이 신화가 사실일 확률은 그리 높지 않다. 재판받고 나온 사람이 한 혼잣말이 기록될 이유는 없다. 재판 결과에 반하는 말을 남에게 들릴 만큼 중얼거릴 갈릴레오도 아니며, 그런 이야기를 놓칠 교회도 아니다. 하지만 그의 성격과 신념을 놓고 볼 때 그의 마음속에는 그 말이 수천 번 울렸을 수는 있다. 갈릴레오의 성향을 알려주는 일정 수준의 진실이 첨가된 일화겠지만 구체적 사실로 받아들일 필요까지는 없을 것이다.

갈릴레오 사후 그의 명예회복과 관련한 다른 상황들은 조금씩 바뀌어갔지만 놀랍도록 느렸다. 피렌체에서 『대화』나 『크리스티나 대공 부인에게 보내는 편지』가 재발행된 것은 뉴턴역학이 승리하고도 한참이 지난 1715년이었고, 재판 자체에 대한 비판은 20세기까지도 허락되지 않았다. 『대화』가 교황청 금서목록에서 풀린 것은 1835년으로 나폴레옹 시대도 끝난 다음이었으며, 교황청이 갈릴레오의 명예를 회복시켜 준 것은 1992년이 되어서였다. 하지만 갈릴레오의 지동설에 대한 신념이 받아들여지는 것은 그보다 훨씬 빨랐다. 갈릴레오가 죽던 해에 영국에서는 아이작 뉴턴이 태어났다. 뉴턴은 자신의 생애 내에 지동설의 최종적 승리를 확정한다. 이 모든 변화의 흐름 속에서 갈릴레오에게 가장 기쁘고 중요한 사건은 아마도 뉴턴이 자신의 작업을 완성해준 것이었으리라.

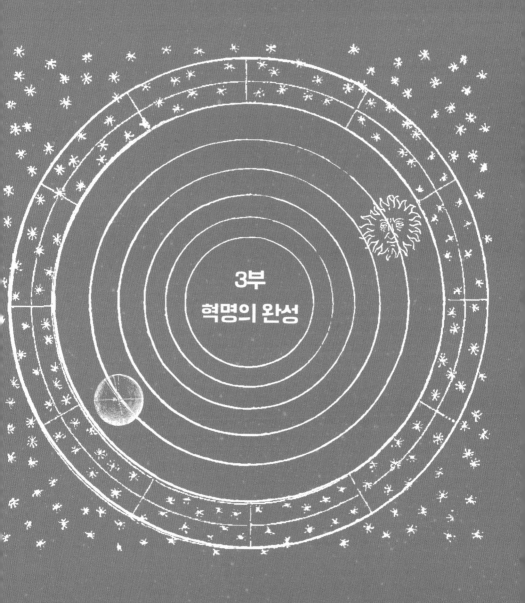

3부
혁명의 완성

07

뉴턴을 만든 세계

두 세기에 걸쳐 살았던 인물이지만 갈릴레오는 여러 면에서 16세기
적 인물이었다. 하지만 그가 죽던 해 태어난 뉴턴의 인생은 새로운 17
세기형 인물의 특징을 잘 보여준다. 이탈리아의 갈릴레오와 영국의
뉴턴의 차이를 이해하기 위해서는 그 사이 발생한 시대상의 변화를
살펴볼 필요가 있다. 17세기에 접어들면서 유럽은 새로운 변화의 물
결이 시작되었다. 먼저 과학의 중심이 르네상스 문화의 중심지였던
이탈리아에서 지리상 발견으로 부를 축적하기 시작한 프랑스, 영국,
네덜란드 등의 대서양 연안국가로 옮겨가기 시작했다. 이런 변화에
따라 과학활동 종사자의 유형도 변해갔다. 케플러나 갈릴레오는 귀족
의 도움을 받아 연구하는 학자들이었지만, 새로운 과학 중심지인 대

서양 연안 국가에서 활약한 베이컨, 데카르트, 하위헌스와 같은 과학자들은 대부분 유복한 가문 출신의 비전문적 학자들이었다. 이들은 생계의 위협에 내몰릴 일이 없었고, 후원세력의 이해관계에 의해 자신의 소신을 포기할 필요도 없었다. 큰 방해 없이 평생 자신이 목표한 길을 걸어 나갈 수 있었다는 점에서 그들의 출신은 분명히 큰 장점이었다.

사상사적 측면에서도 17세기는 거대한 변화를 동반했다. 중세 말인 15세기까지 학자와 장인은 뚜렷이 구분되는 집단이었다. 기술과 학문은 분명하게 분리되어 있었다. 따라서 학자들에게 도구를 만지작거리는 행동은 일견 유치한 것으로 인식되었다. 하지만 15~16세기 르네상스 기간을 거치면서 그간 아무런 상호교류 없이 독자적으로 발전해 왔던 장인적 전통과 학자적 전통의 장벽은 서서히 붕괴되었다. 예술가들의 사회적 지위와 명성이 높아지면서 진보적 학자들은 장인집단의 방법론을 자신의 학문활동에 적극적으로 활용하기 시작했다. 우리는 이미 망원경을 제작하던 갈릴레오의 모습에서 그 전형을 살펴볼 수 있었다. 이런 분위기는 17세기에 접어들자 점차 새로운 연구방법론을 제시하며 통합 발전시키려는 구체적 움직임으로 연결되게 된다. 많은 학자들은 중세 학문이 올바른 방법론을 결여하고 있었기 때문에 쓸모없는 공리공론으로 끝났다는 인식에 동의했다. 그리고 지난 세기까지의 발전에 근거해서 새로운 지식이 사회진보에 기여할 수 있는 무한한 가능성을 가지고 있다는 낙관론을 피력하기 시작했다. 하지만 개별 학자들은 새로운 학문의 방법론이 가져야 할 특징에 대해서는 제각기 다른 설명을 제시했는데, 특히 이런 변화와 밀접한 관련을 가지고 있는 두 철학자를 든다면 프랜시스 베이컨(Francis Bacon, 1561~1626)과 르네 데카르트(René Descartes, 1596~1650)를 언급할 수 있다. 흔히 베이컨은 영국 경험론(empiricism)의 기초를 닦은 인물로, 데카르트는 대륙의 합리론(rationalism)적 전통에 입각해 기계적 철학 (mechanical philosophy)을 제시한 인물로 알려져 있다. 이들은 근대 과학의 방법론적인 토대를 마련한 철학자로 보편적으로 인정된다. 베이컨은 중세 철학자들이 학문을 하는 데 경험의 중요성을 충분히 인식하지 못했다고 보았고 신학문은 실험과 관찰에 토대를 두려는 태도를 갖춰야 함을 강조했던 인물이다. 반면 데카르트는 중세의 학자들이 인간의 이성을 잘못 사용함으로써 비과학적인 논의를 양산했다고 보았고, 경험은 자연에 대한 지식을 얻는 데 장애가 될 뿐이며 자연은 오직 이성에 대해서만 자신을 투명하게 내보이게 된다고 주장했다. 그 결과 데카르트는 엄밀한 수학과 이성적 연역이 학문의 주요한 수단이라고 보았다. 두 사람의 강조점은 달랐지만 과학이 아직 자연철학으로 불리던, 과학이란 단어가 아직 존재하지 않던 시기에 베이컨과 데카르트는 과학적 방법론을 맹렬하게 옹호했고 일정한 지지층을 만들어내는 데 성공했다. 대조적으로 보이는 이 두 학자의 시각은 뉴턴의 시대를 거치며 오늘날 우리가 과학이라고 부르는 학문체계의 핵심을 이루게 된다.

· 베이컨의 생애 ·

생몰연도에서 알 수 있듯이 프랜시스 베이컨은 갈릴레오보다 세 살쯤

많은 동년배의 인물이다. 베이컨이 태어난 엘리자베스 시대는 영국이 유럽의 변방에서 장차 강력한 근대국가로 성장할 기틀을 다진 시기였다. 신대륙이 발견된 지 반세기가 지났고 해상무역의 중심은 이제 지중해에서 대서양으로 옮겨졌다. 스페인, 프랑스, 네덜란드, 영국의 부가 증가하며 이탈리아가 장악하고 있던 유럽경제의 주도권을 서서히 빼앗고 있었다. 아직은 갈릴레오가 살아갈 이탈리아 반도가 더 부유했지만 피렌체, 로마, 베네치아, 밀라노의 르네상스는 마드리드, 파리, 암스테르담, 런던으로 착실히 옮겨오고 있었다. 16세기 말 영국의 약진은 그중에서도 돋보였다. 1588년 스페인 무적함대를 격파한 영국은 세계의 대양 전체로 상업망을 뻗어나가기 시작했다. 동시에 문화적 자긍심도 커져갔다. 스펜서의 시와 셰익스피어의 희곡들이 바로 이 시기에 나왔다. 야심 있는 젊은이들은 재능만 있으면 성공할 수 있을 것이라는 확신을 가질 만한 시기였다.

베이컨은 바로 이런 시대의 영국 런던에서 태어났다. 부친은 엘리자베스 여왕의 궁내대신으로 20년간 봉직한 니콜라스 베이컨 경이었다. 대대로 유력한 인물을 배출한 가문에서 자라난 베이컨은 뚜렷한 귀족적 사명감을 가진 인물로 성장했다. 13세에 케임브리지 트리니티 칼리지에 입학했지만 3년 동안의 학교생활에서 교육내용, 교수법, 아리스토텔레스 철학 전반에 혐오감을 느꼈다. 그리고 인류의 행복을 증진시키겠다는 결심을 품고 16세 때 학교를 그만뒀다. 그리고 그는 현실정치에 뛰어들었다. 베이컨은 외교관 업무를 전전하다가 1583년 22세의 나이에 의회에 진출했다. 세 차례 국회의원으로 선출되었던 그는 의회에서 생동감 넘치는 웅변가였다고 알려져 있다.

프랜시스 베이컨

베이컨은 『자연의 해석』 서문에서 정치에 뛰어든 이유를 이렇게 밝히고 있다. "나는 인류에 봉사하기 위해 태어났다고 믿었다…… 나는 무엇이 인류에게 가장 유익하며 자연은 무슨 목적을 위해 나를 탄생시켰는지 자문했다. 숙고 끝에 나는 인간 생활을 문명화하는 기술을 발명해내고 발전시키는 것이 가장 보람 있는 일이라는 결론에 도달했다…… 나는 나의 본성에 진리 관조의 뛰어난 능력이 있다는 사실을 알았다. 나에게는…… 매우 날카로운 정신이 있고,…… 탐구의 정열, 끈기 있게 판단을 유보하는 힘, 즐겁게 명상하는 힘,…… 세심한 노력으로 생각을 정리하는 힘이 있다는 것을 알았다. 나는 신기한 것을 뒤쫓거나 옛것을 맹목적으로 찬양한 적이 없다. 나는 모든 형태의 기만을 몹시 싫어했다…… 그러나 나의 가문이나 성장과정이나 교육은, 철학이 아니라 정치를 지향하게 했다…… 나는 국가의 현직에 오르면, 운명이 정해준 나의 일을 달성하는 데 많은 원조와 지지를 받을 수 있을 것이라는 기대를 갖고 있었다. 이런 동기로 나는 정치에 투신하게 되었다."

베이컨의 글은 그가 자신의 가치에 대해 의문을 제기할 필요가 없는 환경에서 성장했음을 염두에 두고 읽을 필요가 있다. 오만해 보이는 이 서문은 17세기 철학자들의 선언서와도 같다. 16세기 학자들은 고대인들의 지혜를 흠모했고, 자신의 주장이 고대인들의 주장과 유사하다고 조심스럽게 주장했었다. 하지만 이제 유럽의 진보적 학자들은 자신들이 고대인을 넘어섰다고 뚜렷하게 주장하기 시작했다. 『학문의 진보』에서 베이컨은 '원래 다른 무엇보다도 학문에 적합하지만 운명으로 말미암아 천재적 경향과 어긋나는 활동적 생활을 하게 된 인간'이라고 스스로를 표현했다. 이제 겸손은 미덕이 아니었고 그만큼 17세기는 새로운 지적 자신감으로 충만한 시기였다. 베이컨은 그 대표이자 시작점이라 할 만한 인물이다.

베이컨은 언제나 바빴고 과시욕이 심했다. 1년 수입에 해당하는 정도의 빚을 항상 지고 있었고, 45세에 결혼했을 때 부인의 엄청난 지참금은 결혼식만으로 거의 바닥이 났다고 한다. 베이컨의 개인적 기질을 보여주는 일화로는 에식스 백작과 관련된 이야기를 살펴볼 만하다. 베이컨은 유력한 귀족 에식스 백작의 친구였다. 에식스는 자신의 절친한 친구에게 제대로 된 정치적 지위를 얻어주지 못한 것을 미안하게 여기며 큰 영지를 베이컨에게 선물했다. 사람들은 이 일로 베이컨이 평생 에식스의 영향권 안에 들어가리라고 생각했다. 하지만 베이컨은 그런 유형의 인물이 아니었다. 에식스 백작은 엘리자베스 여왕 말기의 총애 받는 신하였지만 결국 엘리자베스 여왕과의 정치적 조율에 실패하고 미움을 받게 됐다. 성급한 에식스가 반역을 꿈꾸자 베이컨은 에식스에게 여러 번 편지를 보내 경고했다. 항명으로 에식스가 위기에 몰리자 이번에 베이컨은 여왕의 분노를 무릅쓰고 계속해서 에식스를 변호했다. 화가 난 엘리자베스 여왕은 '다른 이야기를 하라'고 명령했다. 이후 간신히 가석방되었던 에식스는 다시 병력을 모아 혁명을 시도했고, 이번에도 베이컨은 에식스의 반대편에 섰다. 결국 에식스는 잡혀서 사형 당했다. 파란만장한 일생을 살았던 노령의 엘리자베스 여왕도 에식스를 처형시킨 2년 뒤에 죽었다. 베이컨에 대한 호불호에 따라 역사가들은 여러 표현을 사용했지만 이 과정에 나타난 베이컨의 심리를 따라가기는 쉽지 않다. 사사로움을 넘어 국왕에 대한 충성을 우선하는 단호함인지, 출세를 위해 은인을 배신한 것인지, 아니면 모진 세파에 살아남기 위한 애처로운 몸부림이었는지는 보는 관점에 따라 달라질 수 있을 것이다. 하지만 만만치 않은 정치적 격변기 속에서 베이컨은 자신의 이성이 옳다고 생각하는 길을 선택했다. 그의 오만함은 특유의 솔직함과 담대함의 양면인 듯하다.

다사다난한 과정 속에서도 제임스 1세 치하 영국에서 정치적 지위는 계속해서 상승했다. 박식함과 다재다능함으로 인해 모든 의회 주요 위원회의 핵심인물이 됐고, 1606년 법무차관, 1613년 법무대신, 1618년 대법관에 이르며 요직을 두루 거쳤다. 그럼에도 이 시기 베이컨이 정치적 활동과 함께 이루어낸 광범위한 저술들은 믿기 힘들 정도로 많다. 출세가도를 달리는 와중에도 그는 짬짬이 철학의 부활에 대해 고민했다. 『학문에 대하여』에서 베이컨은 "학문에 너무 많은 시간을 소비하는 것은 태만과 같다……. 교활한 자는 학문을 경멸하고, 단순한 자는 학문을 찬양하고, 현명한 자는 학문을 이용한다. 학문은 학문의 용도를 가르쳐주지 않는다."고도 했다. 그는 학문 자체를 목적으로 하는 것은 허영심에 불과한 것이라고 생각했으며 학문은 실용적 응용을 목표로 해야 한다고 보았다. 철학자 겸 정치가가 되는 것이 그에게는 이상적 삶이었던 것 같다.

1621년 왕의 총애 속에 바쁘게 살아온 그의 인생은 갑자기 벽에 부딪쳤다. 당시 재판관들은 피고들로부터 뇌물을 받는 것이 일상사였고, 베이컨은 이 부패한 시대성 자체를 뛰어넘을 만한 성향을 가지지

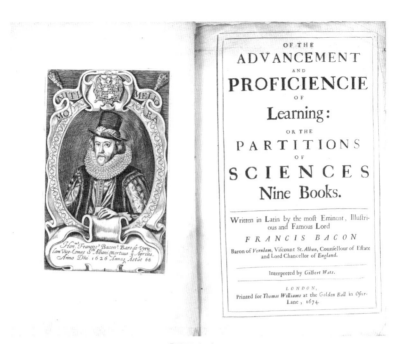

『학문의 진보』

베이컨은 이 책에서 진보에 대한 강력한 낙관 속에서 기술을 사용한 인류의 자연정복이라는 이상을 피력했다.

는 못했다. 수입을 미리 탕진하던 베이컨의 버릇으로 인해 받은 뇌물의 규모는 컸고, 그의 변론에 피해를 입었던 정적들 또한 많았다. 선물을 제공했음에도 재판에서 진 의뢰인이 베이컨을 고소하자 정적들은 이 사건을 확대시켰다. 베이컨은 자택에서 사태를 관망하다 결국 사직서를 왕에게 제출했다. 왕은 의회의 압력에 못 이겨 자신이 총애하던 베이컨을 런던탑에 가뒀지만 이틀 만에 방면했고 엄청난 벌금을 면제시켜주었다. 하지만 베이컨의 정치인으로서 인생은 그렇게 끝나버렸다. 낙향한 베이컨은 남은 5년의 인생을 저술에 힘썼다. 이 마지막 기간 그는 순수한 철학자로서 살았고 이 시기 그는 좀 더 일찍 정치를 단념하지 않은 것을 후회했다고 전한다.

베이컨의 죽음은 그의 인생만큼이나 특이했다. 1626년 3월, 마차를 타고 가던 베이컨은 고기를 눈 속에 넣어두면 얼마 동안 보존할 수 있을지 궁금해졌던 모양이다. 베이컨답게도 그는 바로 실험에 들어갔다. 농가에서 닭을 사서 직접 닭의 뱃속에 눈을 채워 넣던 중 베이컨은 오한을 느꼈다. 그렇게 폐렴에 걸린 베이컨은 그 다음 달에 사망했다. 실험의 옹호자답게 실험의 순교자가 된 셈이다.

베이컨의 자세는 『학문의 진보』에 써놓은 다음 한 마디로 요약될 수 있을 것이다. "고대인이 '더 이상 가지 말라'고 한 곳에서 지금은 당당하게 '더 멀리'라고 말할 수 있다." 베이컨은 근면에 기초한 지적 호기심과 오만에 가까운 자신만만함을 함께 표출하는 근대 지식인의 전형이었다. 베이컨은 특유의 성향이 잘 드러난 유언장을 남겼다. "……내 육신을 아무도 모르게 묻고, 내 이름을 후세와 세계에 전하라." 유언은 잘 지켜졌다.

· 베이컨의 작품들 ·

베이컨은 학문적 주장의 내용과 함께 문체의 정갈함도 많은 찬사를 받는다. 베이컨은 언어의 낭비를 경멸해서 현학적 장문을 싫어했기 때문에 그의 수필들은 2~3쪽으로 세련되게 완성되었다. 윌 듀란트(Will Durant)는 운문에서는 셰익스피어가 최고이고, 산문에서는 베이컨이 최고라는 표현까지 남기며, 비유의 남용만이 베이컨 문체의 유일한 결함이라고 보았다.

"보잘것없는 철학은 인간정신을 무신론으로 기울어지게 하지만, 심오한 철학은 인간정신을 신앙으로 이끌어 간다." (『무신론에 대하여』)

"악의 본성을 사전에 알지 못하면 뱀의 지혜와 비둘기의 순결은 결합이 불가능하다. 악의 본성에 대한 예비적 지식이 없으면 덕은 방비없이 위험에 직면한다." (『학문의 진보』)

"마음속에 많은 생각을 품은 사람은 다른 사람과의 서신교환과 토론에 의해 뚜렷한 사려분별이 생기게 된다. 말로 표현해 봄으로써, 자신의 사상을 더 쉽게 전개하고, 더 질서정연하게 하고, 어떤 사상인가를 알게 된다……하루의 명상보다 한 시간의 토론이 더 가치 있다." (『추종자와 벗에 대하여』)

베이컨의 글 속의 많은 짤막한 문장들 속에는 인생에서 깨달은 철학이 잘 녹아 있고 그가 다룬 주제들은 폭이 매우 넓다.

『학문의 진보』에서 베이컨은 자신의 과제를 이렇게 설정했다. "여러 학문에 자기 자리를 잡아주고, …… 지식을 순시해서 황폐한 채…… 제대로 경작되지 못한 부분을 알아보고, 버려진 땅을 지도에 정확히 표시…… 하려는 것이 나의 의도이다." 42세에 모든 학문의 비판자이자 조정자가 되겠다고 제시한 거만하고 대담한 계획이다. 그의 연구 대상은 '모든 학문'이었다. 그리고 실제 세밀한 부분까지 제시된 그의 훈수들은 분명 곱씹을 만했다. 과학의 역사와 관련한 그의 대표작은 크게 세 작품을 꼽아볼 수 있다.

그는 총 6부로 구성된 『위대한 부흥(Great Instauration)』을 저술해서 학문의 개혁을 도모하려 했으나 완성하지는 못했다. 하지만 1, 2부에 해당하는 『학문의 진보』(Advancement of Learning, 1605), 『신논리학』(Novum Organum, 1620) 등을 저술하면서, 아리스토텔레스의 학문체계에 반대하며 새로운 학문 방법론으로서 귀납법(Induction)을 강조했다. 그리고 유고작인 『뉴 아틀란티스』(The New Atlantis, 1627)는 과학활동에 기반한 이상향을 제시한 소설이었다.

『학문의 진보』는 기술진보에의 낙관과 인간의 자연정복에 대한 확신이 녹아 있는 선언서다. "나는 기술과 자연의 경주에서, 기술이 승리하리라는 것을 믿어 의심치 않는다." "인간이 지금까지 해온 일은 장차 이룩해야 할 일의 준비단계에 지나지 않는다." 『학문의 진보』에서 이렇게 인류의 나아갈 방향을 제시했던 베이컨은 후속작인 『신논리학』을 통해 그 진보의 구체적이고 체계적인 방법론을 제시했다.

『신논리학』의 백미는 네 가지 우상에 대한 설명이다. 철학의 깨끗한 새 출발을 위해서는 우리의 선입관과 편견을 씻어내는 정화작업이 선행되어야 한다. 그래서 베이컨은 무엇보다 먼저 우리 정신 속에 존재하는 우상을 부숴버려야 한다고 주장했다. 자연에 대한 올바른 인식을 저해하는 일체의 편견적 요소가 '우상'(偶像, idola, false form)으로서 자연의 올바른 이해를 위해서는 반드시 없애야 할 부정적인 요소이다. 베이컨은 종족(種族)의 우상, 동굴(洞窟)의 우상, 시장(市場)의 우상, 극장(劇場)의 우상이라는 네 가지 우상을 오류의 원인으로 제시했다.

첫째, 종족의 우상은 종족 전체에 공통된 폐단을 의미한다. 즉 우리가 인간이기에 가지는 우상들이다. 이 우상은 감각의 불완전성과 이성의 한계, 인간으로서 감정과 욕망의 영향 등에 의해 발생하게 된다. "인간은……사물의 질서나 규칙성을 사실 이상으로 과장하기 쉽다. 천체는 완전한 원을 그리며 돈다고 가상하는 것은 그 예이다." "인간은 먼저 자신의 의지에 따라 문제를 결정하고, 그 다음에야 경험에 호소한다. 그리고 경험을 자기 이론에 맞도록 왜곡한 다음 개선행렬 속의 포로처럼 이리저리 끌고 다닌다." 이런 인간 종족의 우상을 극복하기 위해서는 감각에 얽매이지 말고 이성을 사용하고 감각의 불완전성을 보충하기 위해 기구를 사용할 것을 조언했다.

둘째, 동굴의 우상은 개인의 주관과 선입견의 폐단을 의미하는 것으로 특정 개인에게 나타나는 오류다. 동굴의 우상은 천성, 심신의 조건, 교육방법과 환경에 의해 발생한다. "각자는 자연의 빛을 굴절시키고 변색시키는 나름의 동굴 혹은 밀실을 가지고 있다." 이런 동굴의 우상을 극복하는 방법은 여러 사람들의 협동과 상호비판이다. "많은 사람들이 각각 한 가지씩 분담해서 일을 맡을 때, 비로소 인간은 그들의 힘을 깨닫게 될 것이다." 이렇게 베이컨은 과학연구조직의 활성화를 주장했고, 그 조직이 국가단위를 넘어 국제적이기를 꿈꿨다.

셋째, 시장의 우상이 있다. 개개의 인간이 올바른 연구를 했다 하더라도 정보의 전달과정에서 문제가 발생할 수 있다. 이처럼 인간이 사용하는 부호, 특히 언어로부터 나오는 폐단이 시장의 우상이다. 베이컨은 인간의 상호 거래와 교류로부터 생기는 시장의 우상을 극복하기 위해서는 말이 아니라 실험을 할 것을 제안했다.

넷째, 극장의 우상은 학문체계나 학파로부터 생기는 폐단을 상징한다. "'철학자의 여러 독단과 잘못된 논증법칙으로 인간의 정신에 이식된 우상"으로서 "기성의 모든 철학체계는 비현실적인 극적 수법으로 스스로 만든 세계를 묘사하는 연극에 지나지 않는다." 자연현상을 그대로 보지 않고 학문이나 학파 설명에 억지로 끼워 맞추려는 이런 현상을 막기 위해서는 체계나 학파에 얽매이지 말고 철저히 귀납적 방법을 사용해야 한다.

이처럼 베이컨은 네 가지 우상을 열거하고 그 폐단을 하나하나 지적하며, 우상을 타파할 수 있는 해결책까지 제시했다. 그 해결책은 실험과 귀납적 방법론에 의한 학문연구인데 한 마디로 표현하면 바로 오늘날 우리가 과학적 방법론이라고 부르고 있는 것들이다.

베이컨은 연금술과 마술은 동굴의 우상에, 원자론은 극장의 우상에 물들어 있고, 아리스토텔레스 학문은 네 가지 모두에 물들어 있다고 보았다. 그는 아리스토텔레스를 비롯한 고대지식과 기존학문들을 철저하게 비판했다. 아리스토텔레스 철학은 실제와 거리가 큰 말뿐인 이론이었고, 플라톤주의는 허황되고 이단적인 종교에 불과했다. 원자론은 순전히 가설일 뿐 실제적 증거가 전혀 없고, 수학은 지식을 얻기 위한 수단일 뿐 진리 자체가 아니며 더구나 수학을 위한 수학이 되어 버려 사실과 거리가 멀어졌다고 비판했다. 연금술의 경우도—아랍학자들이 상당한 성과를 내었음에도 불구하고—모호한 방법론과 신비주의로 흘러서 교육이 힘들어져 아무런 발전을 하지 못했다고 비꼬았다. 지나치게 현학적이고 권위적인 기존 학문체계는 무지, 오만, 신비주의, 선입견, 편견 투성이기 때문에 올바른 진리 파악을 저해하고 있다고 보았다. 이렇게 강력한 독설로 기존 학문 전체를 공격한 베이컨은 올바른 방법의 학문을 추구할 경우에만 진리를 얻을 수 있음을 강조했다. 그 올바른 방법은 학문적 전통과 장인적 전통을 결합해야 했다. 이 새로운 학문에서 적용될 방법을 정의하고 그 응용법을 보이는 일을 자신의 학문적인 평생 과제로 삼았다. 하지만 전자에 대해서는 어느 정도 성과를 만들었지만 후자에서는 그리 성공적이지 못했다.

『뉴 아틀란티스』는 베이컨이 죽기 2년 전 쓴 마지막 저서로 미완성의 유고작이 되었다. 이 책에는 베이컨이 꿈꿨던 새로운 이상향이 풍부한 상상력으로 제시되어 있다. 베이컨은 플라톤이 언급한 아틀란티스가 실제로는 침몰하지 않았다고 보았다. 콜럼버스의 신대륙이 바로 고대의 아틀란티스로, 이 거대한 대륙은 침몰한 것이 아니었고 대양을 향해하던 인간의 용기가 침몰했던 것뿐이라고 했다. 그래서 옛 아틀란티스는 이제 발견되었으니 베이컨은 새로운 유토피아로서 신 아틀란티스를 상상했던 것이다.

책의 이야기는 주인공이 페루에서 중국을 향해 항해하다 미지의 땅에 난파하면서 진행된다. 섬의 정부로부터 난파선의 환자들이 치료될 때까지만 머물러도 좋다는 허락을 얻는다. 그리고 표류자들은 그 사이에 이 위대한 국가를 배워간다. 이 국가의 이름은 벤살람 왕국이고 1900년 전에 한 위대한 왕이 이 섬을 다스렸는데 그의 이름은 솔로몬이다. 솔로몬 왕의 많은 업적 중 최고라 할 만한 것은 '솔로몬의 집'이라 불리는 학회 혹은 최고 정책결정기관을 창설한 것이다. 하지만 사실상 통치자들이 지배하는 것은 인간이 아니라 자연이다.

벤살람의 사람들은 이 기구에 대해 다음과 같이 표현한다. "일찍이 지상에 존재하지 않았던 고귀한 기구로서, 우리는 이 왕국의 등불이라 생각한다." "이 기구의 목적은 사물의 원인과 숨은 운동을 인식하고, 모든 일을 가능하게 하기 위해 인간의 한계를 확대하는 것이다." 솔로몬 집의 통치자들은 별을 연구하고, 수력을 이용하고, 병의 치료를 위한 가스를 개발하고, 외과적 지식을 얻기 위해 동물실험을 진행하고, 이종교배를 통한 신종을 육성하고 있다. 심지어 새들이 나는 것을 모방해 공중을 날 수 있고, 바다 속을 항해할 잠수함도 가지고 있다. 소비와 생산은 균형을 이루었고, 해외시장 확보를 위해 전쟁을 일으킬 일은 없다. 솔로몬의 집에 있는 학자들은 "우리들은 세계의 모든 곳에서 진보의 빛을 얻고 싶다."라고 밝히며 '빛의 상인들'을 12년마다 해외에 파견하여 지구상 모든 문명권에서 섞여 생활하고 해당지역의 장점을 배워와 지도자들에게 보고한다. 뉴 아틀란티스는 결코 폐쇄되어 있지 않고 전 세계의 가장 훌륭한 장점들은 이 나라에 수입된다. 자연을 길들여 섬의 생활수준은 윤택하며 백성을 착취할 이유가 없다. 오직 위대한 지식인들의 작업을 통해 끝없는 진보가 약속된 국가다. 베이컨의 이상향은 한 마디로 과학자들이 통치하는 사회였다. 베이컨이 『뉴 아틀란티스』에서 제시한 유토피아는 우리가 살아가는 현대사회와 대단히 흡사한 면이 있다. 오늘날 과학자들은 국가의 지원 하에 집단연구를 하고 실용적 결과물들은 국가 전체의 물질적 발전에 사용된다. 과학과 과학자들의 권위는 과거에 비해 크게 높아졌고 사회적 문제들은 과학기술을 통해 많은 부분을 해결해 나간다. 베이컨의 꿈은 이루어진 셈이지만 얄궂게도 우리는 이 상황을 유토피아로 느끼지는 못한다.

· 베이컨 : 경험의 옹호자 ·

베이컨은 영국의 명문가 출신으로 약관의 나이에 하원의원이 되었고 엘리자베스 여왕과 제임스 1세의 치하에서 왕권을 옹호하며 대법관의 지위까지 오르는 등 엘리트 관료로서의 삶을 살았다. 뇌물수수 혐의로 실각한 뒤 노년의 짧은 기간만 저술에 전념했다. 직업적 학자가 아니었고, 수학에 조예가 깊지도 않았으며, 추상적인 철학에 관심을 가질 시간적 여유도 없었다. 한 마디로 관료로서 정체성을 가진 사람으로 구체적인 학문적 업적을 기대하기는 어려운 인물이었다.

가만히 되돌아보면 베이컨의 주장들은 특별한 것이 없어 보인다는 비판이 가능할 것이다. 과연 인류가 귀납법을 사용하지 않았던 적이 있는가? 문명의 초기단계부터 인류는 집단연구와 실험이라는 방법을 사용해오지 않았던가? 더구나 과학적 방법론에 그토록 관심이 깊었음에도 베이컨은 17세기 과학을 제대로 따라잡지 못했다. 그는 케플러, 하비, 길버트, 갈릴레오 등 당대의 핵심 학자들의 업적을 전혀 이해하지 못했다.

현실 정치인으로서는 당연할지도 모르지만 베이컨은 정치적으로 보수적이었고, 중앙집권과 군주정을 옹호했으며, 많은 부분 군국주의적이었다. 은인을 배신하고 뇌물수수로 불명예 퇴진한 과오들 또한 사라질 수 없다. 그의 많은 업적에도 불구하고 특히 개발주의, 남성중심주의적 특성은 현대에 많은 비판의 단골소재가 되었다. 이처럼 많은 부정적 정보들도 상당하지만 한편 그것은 그만큼 베이컨의 업적이 특별하고 거대함을 반증한다. 몇몇 부분들은 새로운 시대윤리 속에서 다시 비판되어야 하겠지만 그의 인생을 음미하며 그가 살아간 시대성 속에서 그를 바라보고 조명하는 여유도 필요할 것이다.

베이컨이 시작하거나 완성했다고 할 수는 없을지라도 그가 구체화한 주장들의 파급력은 거대했다. 후일 왕립학회는 베이컨이 제시한 실험과 토론, 귀납의 전범을 따라 만들어졌다. 18세기 프랑스 계몽주의 학자들은 백과전서를 만든 뒤 베이컨에게 헌정했다. 기계론적인 베이컨의 경향은 그의 비서였던 토마스 홉스(Thomas Hobbes, 1588~1679)에게 철저한 유물론적 출발점을 마련해주었다. 그의 귀납법은 존 로크(John Locke, 1632~1704)로 하여금 신학과 형이상학에서 해방된 관찰을 통한 경험 심리학을 착상케 했다. 그의 냉정한 성과 중심적 경향은 유용성을 선으로 보는 제레미 벤덤(Jeremy Bentham, 1748~1832)의 공리주의로 이어졌다.

새로운 학문의 특성에 대한 베이컨의 강조점은 실험, 자연에 대한 조작, 집단연구, 귀납법으로 요약할 수 있다. 진리를 찾을 때 준수해야할 방법과 절차가 있는데 먼저 '실험적인 방법'을 준수할 때 달성될 수 있다. 하지만 순전히 경험적이고 장인적인 지식만으로는 이루어질 수 없다. 보편적이고 일반화가 가능한 형태로 실험적 방법은 체계화되어야 한다. 그리고 자연에 대한 지식은 자연에 대해 사용할 것을 목표로 해야 한다. 자연을 이해하는 것은 자연을 지배함으로써 인류에게 행복을 가져다주기 위한 것이다. 자연에 대한 관찰과 기술적 통제는 병행되어야 한다. 또한 맹목적인 관찰과 실험은 아무 의미가 없다. 실험과 관찰에서 얻은 구체적인 사실들로부터 사물의 본성에 관한 일반적인 원리로 나아가지 못하면 결국 학문적 탐구는 미완성으로 끝날 수밖에 없다. 그리고 이런 모든 작업들은 집단적으로 이루어져야 한다. 과학지식의 획득은 소수의 천재들의 창의성에 좌우되는 것이 아니라 일정한 절차와 방법에 의존한다. 따라서 일정한 목적으로 결집된 과학자 집단의 의해 효과적으로 수행될 수 있다.

베이컨은 개별적으로 발전한 장인적 전통과 학자적 전통을 통합하려는 분명한 노력을 보여주었고, 18세기 계몽사상으로 이어지는 과학적 낙관주의의 선구자가 되었다. "아는 것이 힘이다"(Knowledge is a power)라는 그의 명언은 잘 알려져 있다. 과학이 제공하는 자연에 대한 지배력에 대해 확신했고, 인간 생활을 개선할 과학과 기술의 효용에 대해서는 한없이 낙관했다. "자연철학은 인간의 정신을 개선시키며 인격을 강하게 해주고, 국가와 시민을 고상하게 해줌은 물론 인간의 능력, 즐거움, 효용의 원천이다." "자연철학은 신의 말씀 다음인 동시에 미신을 치료하는 가장 확실한 약이고, 신앙을 키우는 최고의 승인된 양분이다. 그러므로 자연철학은 신의 가장 충실한 시녀로서 종교에 속한 것이다." 하지만 그의 여러 표현들에 나타나듯이 과학이 지닌 '힘'을 지나치게 강조했고, 효용성을 과학의 본질로 생각한 측면이 강하다. 오늘날 세속적 실용주의 노선의 과학관이 만연된 것에 대해 베이컨은 상당한 책임이 있는 것이 사실이다. 베이컨이 말하는 '힘'으로서 자연에 대한 올바른 지식은 자연에 대한 올바른 이해와 진리만이 아니라 자연의 지배와 인류의 복지증진을 동시에 의미하는 것이었다. "창조주는 우리에게 이 세계만으로는 만족하지 못하는 영혼을 주었다." 베이컨에게 자연지배를 통한 문명의 확장은 우리의 자명한 운명이자 신이 준 사명이었다.

· 과학단체의 출현:
영국의 왕립학회와 프랑스의 왕립과학아카데미 ·

베이컨의 경우에서 살펴본 것처럼 17세기 과학은 지식의 유용성을 강조했고, 기술은 실생활에 접목되어 삶을 개선시키는 것이어야 한다는 분위기가 확산되었다. 또 연구의 규모가 커지고 복잡해졌기 때문에 코페르니쿠스나 케플러처럼 고독하게 개인적 연구를 진행하던 시대가 지나가고 집단연구의 필요성이 대두되기 시작했다. 쉽게 생각해보면 당연히 대학이 그 역할을 해주었을 것이라 볼 수 있을 것이다. 하지만 17세기 과학의 발전은 사실 대학과는 거의 상관이 없었다. 17세기에도 유럽의 대학들은 여전히 아리스토텔레스 철학을 가르치는 중세적 교과과정을 고수했다. 심지어 17세기 후반의 뉴턴조차도 대학에서는 자신이 별로 신뢰하지 않는 아리스토텔레스를 강의해야 했었다. 사실 이런 경향은 거의 19세기에 이르기까지 지속되었다. 갈릴레오 반대세력의 핵심이 대학교수들이었던 것처럼 오히려 대학은 새롭게 등장한 과학과 반목하는 관계였다고 볼 수 있다. 새로운 과학을 창조하고 싶은 선구자들은 생계는 대학에서 이어나갔을지 몰라도 학문적 활동영역은 개별적 과학단체 속에서 간신히 확보할 수 있었다.

갈릴레오도 활동했던 로마의 '린체이 아카데미'(Academia dei Lincei, 1601~1630)나 피렌체의 '아카데미아 델 치멘토'(Academia del Cimento, 1657~1667)처럼 이탈리아와 독일 등에서도 이런 여러 과학단체가 만들어졌고 소기의 성과를 거두었다. 하지만 장기간의 영속성을 유지하지는 못했다. 이 과학단체들의 대부분은 후원자가 죽거나 후원이 끊

왕립학회

현존하는 가장 오래된 과학단체로서 이후 만들어진 수많은 학술단체들의 원형이 되었다.

기면서 해체의 길을 걸었다. 결국 영국의 '왕립학회'(Royal Society)와 프랑스의 '왕립과학아카데미'(Académie royale des sciences)만이 과학혁명기 이후까지 지속적인 영향력을 발휘한 대표적 과학단체로 남았다.

1660년 설립되었던 영국의 왕립학회는 현대에도 최고의 과학단체로서 명성을 유지하며 전통을 지켜나가고 있다. 왕립학회는 처음부터 '왕립'은 아니었다. 1660년 찰스 2세의 왕정복고가 이루어지자 학자들은 그 해 11월 그레샴 칼리지(Gresham College)에서 회합을 갖고 '물리학적, 수학적 실험학문을 증진하기 위한 칼리지'의 설립을 결정했다. 젊은 과학자들이 주축이 되어 매주 회합을 갖고 실험과 토론을 진행하다가 2년 뒤 찰스 2세가 '자연에 대한 지식증진을 위한 왕립학회'(The Royal Society for the Improvement of Natural Knowledge)의 정관을 재가함으로써 오늘날까지 왕립학회로 불리고 있다. 하지만 왕의 재가만 있었을 뿐 사실상 왕실과는 아무 상관없는 철저한 민간 조직이었다. 따라서 장단점도 충분히 예상 가능한 것이었다. 학회의 문호는 유연하고 개방적이었으나 아마추어적 성격이 강했고, 재정이 빈약한 상태에서 거시적 계획 없이 산발적인 연구가 주로 이루어졌다. 하지만 학회지인《철학회보》(Philosophical Transactions)를 발간함으로써 영국 학자들 간의 연구 우선권을 확인하는 기능을 수행했고, 큰 후원까지는 아니더라도 지속적으로 과학자간 네트워크를 유지시킬 수 있었다. 특히 로버트 훅(Robert Hooke, 1635~1703)의 초기 활동은 의미가 크다. 훅은 실무를 맡아보며《철학회보》를 창간하고 편집했고, 그 결과 과학 논문이 각국에 보급되었다. 왕립학회를 본받으려는 시도들은 유럽 전체에 과학단체의 확산을 가져오는 계기가 됐다. 여기에 실업가 출신의 헨리 올덴버그(Henry Oldenberg) 등의 노력으로 재정을 유지시키면서 학회가 제도화되었고, 창시자나 후원자의 유고와 상관없이 지속적 연구가 가능한 조직으로 성장했다. 하지만 17세기 왕립학회 최고의 기능을 꼽으라면 설립 10여 년 뒤 뉴턴을 회원으로 받아들임으로써 과학혁명기 최고 지성이 안정적으로 과학활동을 할 수 있는 요람이 되어주었다는 점일 것이다. 왕립학회는 초기에는 베이컨의 실험적 방법론의 영향을 강하게 받았지만, 뉴턴이 후일 회장이 된 뒤에는 수학적 경향이 강해졌다. 하지만 18세기가 되면 다시 경험적이고 실험적인 경향으로 회귀했고, 이런 왕립학회의 경향은 영국적 과학활동의 보편적 특징으로 자리 잡게 된다.

한편 프랑스의 왕립과학아카데미는 영국의 왕립학회와는 뚜렷이 구분되는 대조적 모습을 보였다. 중앙집권적이고 귀족들의 권위가 훨씬 강했던 프랑스는 과학의 후원도 귀족들에게 크게 의존했기 때문에 왕립학회 같은 대중적 과학단체가 만들어지기는 힘들었다. 왕립과학아카데미의 전신은 귀족 몽모르(Habert de Montmor, 1600~1679)가 1650년대에 만든 '몽모르 아카데미'였다. 10여 년간 운영되던 이 단체는 재정적 난관을 극복하기 위해 1663년에 프랑스 정부에 재정지원을 요청했다. 이때 루이 14세의 재상 콜베르(Jean Baptiste Colbert, 1619~1683)는 프랑스 공업 발전에 도움이 될 수 있으리라는 기대로 이 단체를 왕실의 직접적 지원을 받는 단체로 재편하고자 했다. 그 결과 1666년 관료화된 조직을 갖춘 '왕립과학아카데미'가 정식 출범했다. 아카데미 회원들은 정부로부터 높은 급여와 훌륭한 시설을 지원받는 대신 정부가 의뢰한 연구주제를 공동으로 연구하며 해결해 나갔다. 어떤 의미에서 최초의 직업적 과학자 집단의 출현이라고 할 수 있었고, 체계적 연구 프로그램에 의해 대규모 연구과제들을 수행할 수 있었다. 예를 들어 지구의 실제 크기를 결정하기 위한 대항해나, 남아메리카의 지형과 동식물군을 연구하는 계획 등은 프랑스 정부라는 거대 권력의 재정적 지원 없이는 불가능한 업적들이었다. 반면에 베르사이유 궁전의 분수설계부터 과학출판 서적의 검열과 기술특허 심사임무까지 잡다한 업무들은 회원들을 바쁘게 만들기도 했다. 이처럼 왕립과학아카데미는 자유롭고 개방적이지는 못했지만, 관료화된 조직체계 속에서 주로 거대하면서도 수학적인 연구에 집중해서 하나의 스타일을 만들었고, 왕립학회와는 또 다른 방향의 과학발전을 이끌었다.

이 단체들은 과학연구방법론의 정착과 근대적 실험기구들의 발명에 큰 역할을 했다. 천문학은 망원경, 생물학은 현미경이라는 이미지를 확립시켰고, 온도계를 지속적으로 개량하며 온도를 측정가능한 양으로 다루었다. 공기펌프와 기압계로 기압 변화를 측정할 수 있게 됨에 따라 기체역학이 시작되었고, 진공상태에 대한 실험적 사실들이 확인되면서 고대 원자론 가설의 화려한 부활을 가져왔다. 결국 원자설은 보이지 않는 물질들의 상태에 대한 정량적인 설명을 제시하게 되고 결국 연금술이 화학으로 발전하는 계기가 됐다. 무엇보다 조직화된 과학단체 속에서 토론과 실험을 통해 활성화된 연구풍토가 전통으로 정착할 수 있었던 것이 가장 큰 수확이었다. 이처럼 현대과학의 토대가 되는 중요한 전통들은 대부분 이 시기 과학단체를 중심으로 자리를 잡았다.

▄▄▄ 30년 전쟁 (1618~1648) ▄▄▄

30년 전쟁은 케플러, 갈릴레오, 데카르트 등 이 책의 주요 등장인물들의 운명에 큰 영향을 준 사건이다. 이 전쟁은 주요 등장인물만 해도 『삼국지』만큼이나 많다. 그래서 왜곡 없이 상황을 축약하기에는 너무 복잡한 이야기인 것도 사실이다. 거기다 과연 단일한 전쟁으로 부를 수 있을지 자체가 질문거리다. 하지만 간단하게 주요 국면을 요약해본다면 다음과 같다.

마르틴 루터의 종교개혁 이후 발생한 신구교간 충돌은 1555년의 아우크스부르크협약에 의해 간신히 봉합되었다. 하지만 이것은 외부적 압력에 의한 미봉책에 불과했다. 오스만투르크 제국의 압박이 잠깐의 결속을 주었을 뿐이었다. 가톨릭과 루터교는 적의를 감추고 잠시 화해했지만 17세기에 들어서자 독일지역의 아슬아슬한 평화는 깨지기 시작했다. 가톨릭 신앙을 금지하며 영주를 축출하는 지역이 생겨났고, 반대의 경우도 발생하는 등 갈등은 점증했다. 이로 인해 발생한 전쟁은 복잡한 독일의 상황으로 인해 끝 모를 수렁으로 빠져들었다. 전투는 독일 지역에 국한되었지만 거의 전 유럽이 이 사건에 휘말렸다.

30년 전쟁 기간 동안 영향력 있는 군주들 중 적극적으로 전쟁을 원했던 사람은 아무도 없었다. 하지만 그럼에도 불구하고 독일지역의 복잡한 상황들은 일단 발생한 전쟁을 멈출 수 없게 만들었다. 전쟁이 한 세대 이상 지루하게 계속된 이유는 군주들의 복잡한 자기 정체성과 관련되어 있다. 독일 제후들은 자신들의 종교와, 신성로마제국 제후로서 제국에 대한 충성책임과, 대대로 상속된 가문의 영지를 수호해야 한다는 강박감과, 영지의 신민들의 보호자라는 의무 사이에서 갈등했다. 이 각각의 정체성이 요구하는 행동은 모두 달랐다. 거기에다 가톨릭인 프랑스는 합스부르크 왕가를 견제하기 위해 공공연하게 독일 신교 제후들의 편을 들었고, 스페인은 교황청의 대응이 미적지근하다고 연일 불만을 표출하고 있었다. 하지만 합스부르크 제국의 팽창이 마냥 편할 수는 없는 상황이라 교황청마저도 종교적 대의와 정치적 실익 사이에서 적극적 운신이 힘든 상황이었다. 어느 쪽도 자신의 실익과 대의명분을 선명하게 구분하고 선택할 수 없었기 때문에 전세가 한쪽으로 극적으로 기울 수가 없었다. 전쟁은 지루하게 이어졌다.

단순화해서 설명한다면, 30년 전쟁은 크게 네 국면으로 나눠볼 수 있다. 30년 전쟁은 1618년 프라하에서 보헤미아 신교도들이 반란을 일으키고 페르디난트 2세가 진압하는 과정에 발발한 것으로 본다.—앞에서 살펴본 것처럼 프라하에 생활터전을 잡고 있던 케플러의 인생은 이로 인해 더욱 엉망이 되어버렸다. 처음에는 팔츠 선제후 측이 신교 연합을 이루고, 반대편에서 바이에른이 중심이 되어 가톨릭 연맹을 결성하며 충돌했다. 팔츠 선제후 측에서는 프리드리히 5세를 대립 황제로 옹립하고 프라하로 보내서 보헤미아-팔츠 전쟁(1618~1623)을 벌였다. 결과는 가톨릭 연맹의 승리였고, 프리드리히 5세는 프라하에서 쫓겨나고 그 가족들은 네덜란드로 피신했다.—후일 데카르트는 이로 인해 프리드리히 5세의 딸 엘리자베스 공주를 제자로 두게 됐다. 그러자 신교진영을 돕기 위해 덴마크가 출전하고 덴마크-니더작센 전쟁(1623~1630)이 발발했다. 하지만 덴마크는 패배했고, 튀코 브라헤를 쫓아냈던 덴마크 국왕 크리스티안 4세는 엄청난 덴마크 영토를 잃었다. 하지만 곧바로 스웨덴의 구스타프 아돌푸스 2세가 신교파를 도와 개입했고, 그는 뛰어난 전술과 군제개혁으로 브라이텐펠트 전투를 승리로 이끌고 1632년에 뮌헨을 점령하는 저력을 보였다. 하지만 곧 구스타프가 뤼첸전투에서 전사하자 전쟁은 또다시 교착상태에 빠진다. 구스타프의 사망으로 어린 딸 크리스티나가 스웨덴 왕위에 올랐고, 이 여왕은 후일 데카르트를 궁정철학자로 초청한다. 프랑스는 이때까지 신교세력을 배후에서 지원했다. 양측이 지친 상황에서 마지막으로 프랑스가 신교 측에서 직접 참전해서 상황을 변화시켰다. 스페인의 마지막 네덜란드 공격이 실패하자 80년에 걸친 네덜란드 독립전쟁이 끝났다. 결국 1648년 30년 전쟁과 네덜란드 전쟁

근대전의 창시자이자 30년 전쟁의 영웅 구스타프 아돌푸스

데카르트를 궁정철학자로 임명한 크리스티나 여왕의 아버지이기도 하다.

이 베스트팔렌 조약으로 최종 정리가 이루어졌다.

긴 전쟁은 많은 것을 바꿔놓았다. 합스부르크 왕가와 프랑스 부르봉 왕가는 반목 중이었기 때문에 프랑스는 가톨릭 국가임에도 독일 신교도들을 공공연하게 지원하며 이제 종교는 장식이 되었음을 분명하게 보여주었다. 독일의 인구는 격감했다. 독일 지역은 엄청난 국제전의 희생양이 되었고, 굶주린 주민들은 식인을 했다는 기록들까지 남아 있다. 독일의 분열을 의도했던 주변세력의 이해관계로 인해 허상의 신성로마제국은 사실상 사라졌고, 근대국가들이 자리 잡기 시작했다. 네덜란드와 스위스가 완전 독립을 얻었고, 스웨덴의 영향력이 팽창했으며, 스페인의 영향력은 축소되었다. 유럽의 여러 지역들은 이제 느슨한 제국의 개념을 포기하고 근대국가로 진행해갔다. 영토문제의 해결에 이어 종교문제도 결정되었다. 루터파와 칼뱅파가 인정을 받았고, 개별 군주가 해당지역의 종교를 결정할 자유를 재확인 받았다. 통치자의 종교에 반대하는 신민들의 이주권리와 군주가 타국에 자신의 종교를 강요할 수 없음이 조약문에 명기되었다. 중세 최고의 두 권력이었던 신성로마제국 황제와 교황의 영향력은 완전히 축소되어 이름뿐인 존재가 되어갔다. 갈릴레오 재판 같은 것은 교황이 세속세계에 정치적 영향력을 행사하려는 필사적인 마지막 시도에 불과했다.

종교적 반목으로 시작했던 전쟁이 정치적 타협으로 종결되었다. 최소한 남아 있던 국가 간 의리와 종교적 열정은 사라졌고 종교전쟁의 시대는 막을 내렸다. 이 시기 이후 정치적 이권을 얻을 수 있으면 제후들은 언제든 편을 바꿨다. 그리고 아

직은 군주가 종교를 선택하는 정도였지만, 곧 개인이 종교의 자유를 가질 수 있는 시대로 진행해갈 씨앗이 잉태되었다. 이제 유럽은 활짝 열려버린 역사의 문을 통해 개인의 권리와 인간의 이성의 강조하는 시대로 진행해갈 것이었다.

· 데카르트의 생애 ·

17세기는 기계적 철학의 시대다. 16세기에서 이탈리아에서 유행하며 17세기 초까지 이어진 르네상스 자연주의의 흐름은 신비주의적 측면이 강했다. 이에 대한 강한 반발이 17세기에 새로운 흐름이 된 것으로 볼 수 있는데 이미 살펴본 케플러나 갈릴레오의 저술에서도 그런 경향이 나타나고 있다. 베이컨이 영국에서 경험론 철학을 확립하던 시기, 유럽 대륙의 과학자들은 신비주의에 맞서 자연에 대한 이성적이고 수학적인 접근방법을 기반으로 하는 기계론적 자연관을 확립했다. 데카르트는 그 정점에 있었던 학자다. 데카르트의 논리는 철저한 철학적 사고를 토대로 했기에 영향력이 컸고, 데카르트 주의는 전 유럽에 전파되며 17세기의 유행사조가 되었다.

대륙 합리론의 대표자로 자리매김한 데카르트의 활동 영역은 베이컨만큼이나 전 분야에 걸쳐 있다. 하지만 직업적 학자답게 데카르트는 방법론에만 끝난 것이 아니라 세부 학문 분야 내에서 구체적 업적도 거대했다. 근대철학의 시조이자 해석기하학의 창시자로서 데카르트는 오늘날 우리가 쓰고 있는 수학의 일반적 표기법을 완성했다. x, y, z 등을 미지수로 사용하는 것이나, x의 제곱을 간단히 x^2으로 표시하는 것은 모두 데카르트로부터 비롯되었다.
무엇보다 그는 데카르트 좌표계를 도입해
서 대수적 방정식을 기하학으로 변형할 수
있음을 뚜렷이 보여주었다. 예를 들어 $y=x$
라는 식을 보면 우리는 우측방향으로 45도
경사로 올라가는 직선이 떠오르고, $x^2+y^2=1$
이라는 방정식이 반지름이 1인 원을 표현

데카르트

하는 것임을 중등수학과정에서 배운다. 이 모든 것의 기원이 데카르
트였기에 그는 현대적 수학방법론의 선구자이기도 하다. 데카르트의
이런 업적은 잘 알지 못한다 하더라도 많은 이들은 그의 대표적 저서
인 『방법서설』에 제시된 '나는 생각한다, 따라서 존재한다.'는 유명한
명제만은 잘 기억하고 있다. 데카르트는 이렇게 철학, 수학, 과학의 역
사에 중요한 족적을 남겼다. "만일 우리가 그 원인에 대해 충분한 지
식을 가지고 있다면 신체와 정신의 질병으로부터, 심지어 노화로부터
도 자유로울 수 있을 것이다." 새로운 과학활동에 대한 무한한 낙관이
라는 측면에서 데카르트는 베이컨 못지않다. 하지만 과학활동의 특성
에 대한 그의 강조점은 베이컨과는 많이 달랐다.

　르네 데카르트는 1596년 3월에 프랑스 중서부 투렌 지방의 라에에
서 출생했다. 자신의 외가가 있던 곳이고, 현재 이곳의 지명은 '데카르
트'다. 아버지 조아생 데카르트는 브르타뉴 주 고등법원에 근무하는
법복 귀족이었다.―당시 프랑스에서는 법관들에게 귀족특허장을 주
었기 때문에 이를 법복귀족이라 부른다. 상속이 아닌 능력에 의해 귀
족의 지위를 누리는 지배계층의 말단에 해당했다. 형과 누나가 있었

고, 어머니는 데카르트가 갓 돌이 지난 후 네 번째 아이를 낳다가 사망했다. 이후 재혼한 아버지와는 사이가 좋지 않았고 어린 시절을 외할머니댁에서 자랐다. 병약했던 데카르트는 자주 앓았고, 의사들은 일찍 죽을 것이라고 보았지만 데카르트는 건강한 성인이 되었다. 많은 부분 헌신적이었던 당시 가정교사 덕분으로 보이며 데카르트의 유언장에는 이 가정교사에게 매년 돈을 주도록 명시되어 있다. 이때의 몸의 고통으로 인해 데카르트는 조용히 방안에서 사색하는 습관을 어려서부터 가지게 되었다. 조부와 외조부가 모두 의사였기 때문에 집안에 학구적 분위기는 충분했다. 친가는 신교였지만, 외가는 가톨릭 신앙을 가지고 있었다. 평생 가톨릭 신앙을 유지했지만 종교적으로 상당히 유연했던 그의 태도는 이런 환경의 영향도 있었던 듯하다.

1606년 10살이 되었을 때 예수회에서 설립한 라 플레슈 학교에 입학했다. 예수회 학교답지 않게 상당히 진보적인 학풍을 가진 자유스러운 학교였고, 똑똑하지만 병약했던 데카르트는 늦게 잠자리에서 일어나도 된다는 공식적 허락을 교장으로부터 받았다. 이로부터 데카르트는 평생 늦잠 자는 버릇을 가지게 되었고, 잠이 깬 후 차분히 생각을 정리하는 생활패턴을 유지하게 되었다. 1614년에 푸아티에 대학에 입학했고 1616년 법학사 학위를 받았다. 이때까지는 영민한 법복귀족 자녀가 거칠 만한 전형적 인생행로를 밟아갔지만 이후부터의 데카르트 인생은 파란만장하게 진행되었다.

20대 초반부터 데카르트는 유럽 전역을 주유하기 시작했는데 독특한 직업을 선택했기 때문이다. 철학자의 경력으로는 특이하게도 그는 용병 생활에 몸담았다. 의아하게 느껴질 수 있지만 데카르트는 유럽을 여행하며 많은 견문을 얻기 위한 방편으로 용병이라는 직업을 선택한 것으로 보인다. 그리고 징병제의 시대가 아니었기에 용병의 의미나 사회적 지위는 오늘날 우리가 받아들이는 것과는 많이 달랐다. 또 그 당시 귀족 지원병은 하인을 거느리고 입대할 수 있을 정도로 편한 병영생활이 가능했다. 현대적 용병의 이미지를 떠올리면 이시기 데카르트의 생활을 잘못 이해하기 쉽다. 1618년 30년 전쟁이 발발했을 때 데카르트는 네덜란드의 오라네 공 마우리츠(Mauritz)의 지휘하의 신교 군대에 입대했다. 하지만 막상 전투에 휘말리지는 않았던 군대였기에 위험 없이 15개월간 군사학, 건축학, 수학을 배우는 좋은 기회가 됐다. 이때 군대 안에서 아이작 베크만(Isaac Beeckman, 1588~1637)과 만났고 데카르트의 기계적 철학의 아이디어에 어느 정도의 도움을 주었던 것으로 보인다. 후일 데카르트는 자신의 음악개론을 베크만에게 헌정하기도 했다. 이후 데카르트가 유명세를 얻자 베크만은 자신이 데카르트를 가르쳤다고 과장되게 자랑하고 다녀서 둘의 사이는 틀어졌다.

1619년 11월 울름 근처 마을에서 데카르트는 세 가지 꿈을 꾸고 평생의 목표를 정했다는 유명한 이야기가 전해진다. 데카르트의 회고에 의하면, 너무나 추운 겨울이라 데카르트는 어떤 집의 벽난로 속으로 기어들어가 난로 속에서 잠이 들었는데, 이때 세 가지 꿈을 연속으로 꾸었다. 첫 번째 꿈에서 데카르트는 심한 바람이 불고 있는 거리 한 모퉁이에 서 있었는데 오른쪽 다리가 약하여 제대로 서 있을 수 없었다. 그 근처에는 바람에 전혀 흔들리지 않는 한 사람이 서 있었는데 데카르트는 그쪽으로 날아가버렸다. 잠깐 눈을 떴다가 다시 두 번째 꿈을 꾸게 됐는데, 그는 미신으로 흐려지지 않는 이성의 눈으로 무서운 폭풍을 지켜보고 있었고, 이 폭풍은 일단 그 정체가 폭로되고 난 후에는 아무런 해도 끼치지 못한다는 사실을 꿈속에서 깨달았다. 세 번째로 꿈에서는, 테이블 위에 사전과 그 옆에 다른 책이 놓여 있는데 '나는 어떤 삶의 길을 갈 것인가?'라는 글귀가 눈에 들어왔고, 낯선 사람이 그에게 다가와 시를 보여주었다. 꿈에서 깬 후에 꿈들의 의미를 생각해보니, 첫 번째 꿈의 자신은 과거의 오류이고, 두 번째 꿈의 관찰자는 이제 그를 사로잡은 진실의 정신이며, 마지막 꿈은 참된 지식 탐구의 길을 갈 것을 명령하는 것이라고 생각하였다. 데카르트는 이 경험을 신의 계시로 보고 의심의 여지가 없는 확고부동한 학문을 세우는 데 인생을 바치기로 결심했다. 근대적 이성의 대명사가 된 인물의 인생행로가 계시로 시작한다는 점이 참으로 아이러니하다. 물론 이 전설의 구체성은 의심되기도 하고, 마땅찮은 사람들도 많다.

1620년 데카르트는 독일로 가서 이번에는 가톨릭 군대인 바이에른의 막시밀리안 1세의 휘하에 들어갔다. 데카르트는 자신이 속한 군대가 신구교 중 어느 쪽인지는 전혀 중요하지 않았다. 덕택에 데카르트는 막시밀리안의 군대와 함께 프라하에 입성해서 30년 전쟁의 초기 국면을 생생하게 목격할 수 있었다. 다음 해에 제대한 데카르트는 1622년까지 여행을 계속하다가 프랑스로 돌아왔다. 프랑스에서 1년 반을 보낸 데카르트는 다시 방랑벽이 도져서 이탈리아로 여행을 떠났다가 1625년에야 파리로 돌아 왔다. 대학 졸업 후 20대의 9년간을 여행하며 다닌 셈이다. 데카르트는 후일 이 경험들이 관습을 맹신하면 안 된다는 것과 책만으로 진리를 찾기 어렵다는 것을 알게 해주었다고 평가했다. 푸아투의 영지와 재산은 이 소중한 여행을 가능하게 했을 뿐 아니라 데카르트가 평생 걱정 없이 학문을 할 수 있게 해주었다.

데카르트는 젊은 시절 결투를 벌이기도 하는 등 뛰어난 검술실력을 가진 사람이기도 했다. 데카르트가 프리지아 제도를 여행할 때의 일화가 있다. 질이 나쁜 선원들이 부유해 보이는 프랑스인 승객인 데카르트를 죽이고 돈을 가로챌 모의를 했다. 그들은 데카르트가 모를 것으로 생각하고 독일말로 데카르트와 시종을 죽여버릴 계획을 갑판에서 대놓고 얘기하고 있었다. 데카르트는 냉정하게 모른 척하며 들었고, 계획을 다 들은 뒤에는 갑자기 칼을 빼들고 선원들이 쓰는 방언을 써서 욕을 퍼부으며 공격했다. 여러 명이었음에도 그들은 배의 선수로 몰렸다. 데카르트의 검술솜씨에 완전히 압도된 그들은 용서를 구한 뒤 데카르트를 목적지에 안전하게 데려다 주었다. 이 젊고 매력적인 남자는 '놀랍게도' 철학자로 성장해갔다.

1625년 데카르트는 유명한 메르센(Marin Marsenne, 1588~1648) 신부와 알게 되는데 이는 큰 행운이었다. 17세기 초 유럽 지식인들의 소통창구로서 메르센 신부의 역할은 매우 중요했다. 학문의 중보자라 할 수 있는 메르센은 전 유럽 지식인들과의 편지 연결망을 통해 엄청난 서신교류를 했고 그 스스로가 25년간 써낸 원고만도 8000쪽 이상이었다. 갈릴레오, 케플러, 페르마, 가상디 등이 모두 메르센의 네트워크 내에 있었기 때문에 이들은 서로의 업적을 수시로 알 수 있었다. 데카르트는 메르센 신부와의 인연으로 인해 많은 학자들의 업적을 알 수 있었고, 데카르트 자신도 책 출간 전부터 이미 유럽 지식인들에게 잘 알려질 수 있었다. 파리에서 3년을 보낸 데카르트는 1628년에 네덜란드로 이주했다. 그리고 이때부터 거주지를 비밀에 붙인 채 20년 간 네덜란드에 은거하며 학문활동에 전념했다. 데카르트는 자신의 일이 방해받는 것을 극도로 싫어했고, 자존심도 누구보다 강했다. 그런 그가 프랑스를 떠나 네덜란드에 정착하기로 선택한 것은 탁월한 선택이었다. 데카르트가 이주하는 1628년 네덜란드는 스페인과 전쟁 중이었음에도 불구하고 안전하고 평화로웠던 곳이다. 아마도 유럽 전체에서 자유로운 철학자들을 가장 안락하게 품어줄 수 있는 곳이었을 것이다.

처음부터 데카르트는 평생을 걸고 새로운 철학의 체계를 세우겠다는 거대한 생각을 구체적으로 계획했던 것 같다. 네덜란드로 옮기던 1628년부터 그의 저작활동은 체계적으로 진행되었다. 1633년에는 자신의 4년간의 노력이 녹아 있는 기계적 철학에 기반한 우주론을 집대성한 『세계(Le Monde)』를 출판하려고 했다. 이 물리학과 형이상학에 대한 야심찬 책의 출판준비가 끝날 무렵 갈릴레오의 재판소식을 들었다. 데카르트는 책의 출판을 포기했다. 가톨릭 신자로서 이 재판의 충격은 컸을 것이다. 그는 "모든 원고를 불태우거나 적어도 아무에게도 공개하지 않으려고까지 했다."라고까지 말했다. 데카르트는 자신의 책이 지동설을 전제하고 있었기에 출판을 포기했던 것이다. 겁이 났다기보다는 아마도 세간을 시끄럽게 해서 조용한 연구생활에 방해받을 것을 염려한 듯 보인다. 신교 진영인 네덜란드의 상황으로 보아 그가 지동설로 처벌받을 확률은 별로 없었기 때문이다. 이 책은 데카르트 사후 1664년에야 파리에서 출판될 수 있었다. 그리고 네덜란드는

3부 혁명의 완성

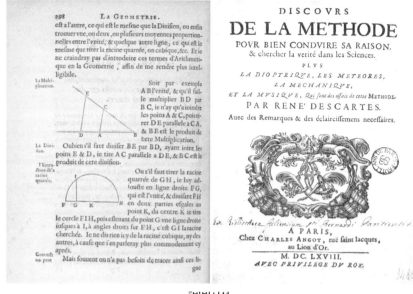

『방법서설』

데카르트의 이름과 동의어가 되어버린 책. 너무 유명한 책이지만 '방법서설'은 사실 전체 내용의 서론부에 불과하다는 것을 아는 사람은 많지 않다.

가톨릭교회의 영향력이 거의 없었음에도, 갈릴레오 재판 후 데카르트는 연구 중심을 이론물리학적 논의에서 위험이 적은 실험적 논의로 옮겨갔다.

그 사이 데카르트가 메르센에게 보낸 편지들은 데카르트의 심리를 추측해보는 데 많은 정보를 제공한다. "제가 그 책(『세계』)의 출판을 스스로 완전히 취소함으로써 4년간의 연구를 수포로 만들었다 해도 신부님이 저를 여전히 반갑게 맞아주시리라 믿습니다. 그 책은 지동설을 옹호하고 있기 때문에 저는 교회에 복종하는 뜻으로 출판을 취소했습니다…… 제 이론 역시 신앙상의 문제로 치부될 가능성이 농후합니다. 예수회는 갈릴레오의 유죄선고를 거들었다고 알고 있으며, 샤이너 신부의 책들은 갈릴레오를 적으로 돌리고 있습니다…… 저는 오직 영혼의 안식과 평화를 추구할 뿐인데, 악의로 가득 찬 사람들 틈에서는 평안할 수가 없습니다."(1634년 2월 1일 편지) "제가 그 책에서 설명한 모든 것들—특히 지동설을 포함하여—은 매우 논리적이며 확실한 진리에 근거했다는 것을 말씀드리고 싶습니다. 그럼에도 불구하고 저는 세상이 교회의 권위에 저항하는 것을 원치는 않습니다."(1634년 2월말 편지) 출판을 취소했음에도 지동설이 옳다는 확신은 아주 강했다. "베크만이…… 와서 제게 갈릴레오의 책을 주었습니다. 하지만 그는 다시 책을 가지고 떠났기 때문에 겨우 30시간 밖에 책을 볼 수가 없었습니다. 전체를 읽어보지는 못했으나, 갈릴레오가 지동설을 아주 잘 설명하고 있다는 것을 알 수 있었습니다. 설득력이 충분치는 않았지만 말입니다."(1634년 8월 14일 편지) 전체 맥락으로 보아 그는 자신이 갈릴레오보다 더 확실한 정답을 알았다고 믿었다. "신부님은 갈릴레오가 아직 살아 있는 것처럼 쓰셨는데, 그는 죽은 지 오래라고 알고 있습니다."(1640년 6월 11일 편지) 아직 갈릴레오가 살아 있었음에도 데카르트는 그가 죽었다고 알고 있다. 갈릴레오는 1642년에 노환으로 죽었지만 데카르트는 그가 아마도 재판 때 죽은 것으로 알고 있었던 모양이다. 은둔 중인 데카르트는 이처럼 정확한 세상사를 제대로 모르고 있었다. 데카르트는 메르센도 가톨릭교회 신부임을 염두에 두고 편지를 썼을 것이다. 그래서 한 번도 직접적으로 교회를 비난한 적은 없었고 죽을 때까지 가톨릭 교인으로 살았지만, 그의 속마음에서 가톨릭교회를 어떻게 생각했을 지는 분명하지 않다.

1637년에는 그의 대표작 『방법서설』이 출판되었다. 정확하게는 『이성을 잘 인도하고, 학문에 있어서 진리를 탐구하기 위한 방법서설,

그리고 이 방법에 관한 에세이들인 굴절광학, 기상학 및 기하학』이라는 긴 제목의 책이다. 제목에서 알 수 있듯이, 광학, 기상학, 기하학에 관한 세 개의 논문과 그 논문들 전반에 적용된 방법론에 대한 서론을 담고 있다. 오늘날 우리는 이 책에서 긴 머리말에 해당하는 부분만 『방법서설』이라 부르며 열심히 인용하고 있고 뒤의 세 개의 논문은 거의 언급되지 않는다. 이 위대한 책은 당대 지식인의 언어인 라틴어가 아니라 프랑스어로 씌어졌는데, 데카르트는 순수한 이성을 사용하는 사람들이 읽게끔 프랑스어로 쓴 것이라고 한다. 즉, 학자들이 고급한 언어로서 라틴어라는 포장에 현혹되지 않고 이성에 의해서만 자신의 책을 판단해줄 것을 바랐던 것이다. 하지만 프랑스어로 집필한 이 책은 잘 팔리지 않았고, 1644년 라틴어 판본이 나오자 엄청나게 팔렸다. 그의 뜻과는 달리 독자들은 이성만으로 책을 판단하지는 않은 것 같다. 이 위대한 책은 결국 근대 철학 사상의 역사적 이정표가 되었다.

이 네덜란드 시기 데카르트는 헬레네 얀스라는 여성을 사랑했는데 신분의 차이로—하녀 출신이었다—결혼은 하지 못했다. 둘 사이에는 프랑신이라는 딸이 있었는데 데카르트가 매우 사랑스러워 했다고 전해진다. 안타깝게도 1640년에 5살 난 딸 프랑신은 죽었다. 그리고 얀스와의 동거 관계도 끝났다. 이후 데카르트는 결혼도 하지 않았고 자식도 없었으며 여성도 사귀지 않은 듯하다. 딸 프랑신이 죽고 얼마 뒤에는 데카르트의 누나가 죽었다. 데카르트의 상실감은 컸다. 더구나 40대 후반이 되자 데카르트는 자신의 노화를 느끼기 시작했다. 이것은 데카르트 연구의 중심이 옮겨간 또 하나의 이유일 수 있다. 여러 상실감 속에 데카르트는 연구로 도피했고, 특히 노화와 죽음이 두

려워지자 그는 건강과 의학을 연구했다. 육식을 끊고 채식을 하기 시작했고 신선한 먹거리를 스스로 구해 먹었으며 동물을 해부하기 시작했다. 건강에 대한 연구와 함께 육체와 영혼의 관계 연구도 이렇게 시작되었다. 1641년에는『신의 존재와 영혼의 불멸을 증명하기 위한 제1철학에 관한 성찰』을 출판했다. 이 책은 줄여서『성찰』이라고 부른다. 뒤이어 1644년에는『철학의 원리』를 저술해서 1643년 알게 된 제자 엘리자베스 공주—30년 전쟁의 장본인인 팔츠의 프리드리히 5세의 딸—에게 헌정했다.

이처럼 다양한 분야에서는 왕성한 지적 활동을 거듭했던 그는 유명세를 타게 된다. 특히『성찰』출간 후 데카르트가 유명해지자, 1649년 스웨덴의 크리스티나 여왕은 그를 스톡홀름으로 초청했다. 궁정 철학자의 지위를 보장했고, 미적지근한 데카르트에게 해군제독을 보내 예우한데다 친구인 스웨덴 주재 프랑스 대사까지 간곡히 부탁하자 데카르트는 21년간의 안락한 은거지를 떠나는 것을 마지못해 수락했다. 잘못된 선택이었다. 스웨덴의 날씨는 너무 추웠고, 23세의 크리스티나 여왕은 부지런하기로 소문난 아침형 인간이었다. 여왕은 자신이 6시부터 정무를 보아야 하니 새벽 5시에 강의해줄 것을 데카르트에게 요구했다. 늦잠을 즐기던 철학자로서는 끔찍하게도 데카르트는 새벽 2시에 잠자리에서 일어나 준비한 뒤 입궐해야 하는 삶을 받아들여야 했다. 그리고 몇 달 후인 1650년 2월 겨울 북풍의 냉기가 그의 명을 재촉했다. 그는 폐렴으로 열흘 가량을 앓다가 사망했다. 불과 쉰네 살의 안타까운 요절이었고 베이컨만큼이나 특이한 죽음이었다. 겨울 추위가 17세기의 위대한 철학자 두 사람을 죽음으로 이끌었다. 데카르트의 역량으로 볼 때 20년 정도를 더 살았더라면 엄청난 업적을 추가할 수 있었을 것이라는 점에서 역사적 손실이었다. 특이한 죽음 뒤의 그의 운명은 더욱 파란만장했다.

데카르트는 스웨덴에 묻혔다가 1666년에야 프랑스로 유해가 돌아올 수 있었다. 하지만 유해귀환 뒤에는 데카르트의 많은 저서들이 교황청의 금서목록에 추가됐다. 1685년 루이 14세는 데카르트 철학을 금지했다. 18세기에 뉴턴주의의 유행 속에 데카르트 철학은 거의 사라지다시피 했고, 1724년 마지막으로 인쇄된 후 1824년까지 100년간 데카르트의 책은 프랑스에서 출판되지 않았다. 심지어 데카르트의 육체가 당한 일은 더더욱 엽기적이다. 프랑스로 이장되던 데카르트의 두개골은 몰래 빼돌려져서 여러 수집가의 손을 거쳤다. 데카르트의 목 없는 시신은 몇백 년간 이장을 반복하다보니 보존상태가 매우 불량한 상태로 묻혀 있다. 사라진 그의 두개골은 우여곡절 끝에 19세기에 프랑스로 돌아왔으나, 프랑스 인류학 박물관에 연구용으로 보관되었다가 20세기 초의 홍수 속에 소실되었다 간신히 다시 찾는 과정을 거쳤다. 한 마디로 현재 그는 머리와 몸이 다른 곳에 따로따로 보존되고 있고, 그나마 둘 다 진짜인지도 의심스러운 상태다. 그의 정신이 해낸 일에 비해서는 세상이 그의 육신에 행한 대접은 매우 야박했다. 하지만 아무리 데카르트의 삶과 육체의 운명이 기이하더라도, 그의 정신이 남겨놓은 결과물들이 만들어낸 이야기들에 비하면 사소하다고 말할 수 있다.

헬레네 얀스

네덜란드로 간 데카르트는 암스테르담에서 지인의 집에 방을 얻었다. 그 집의 하녀가 헬레네 얀스(Helene Jans)였다. 후일 데카르트에게 편지를 쓴 것으로 보아 그녀는 글을 읽고 쓸 수 있었다. 1634년 가을에 둘은 연인관계가 되었고, 철두철미한 데카르트는 놀랍게도 10월 15일에 아이가 생겼다는 기록까지 남겨뒀다. 1635년 7월 19일 딸이 출생했고 신교 세례를 받았다. 딸의 이름 프랑신(Francine)은 '작은 프랑스'라는 의미였다. 1637년『방법서설』출간 후 정착하자 남들에게 '조카딸'로 소개한 프랑신과 헬레네를 데려와 같이 살았다. 데카르트는 프랑신을 프랑스 친척에게 보내 좋은 교육을 받게 하려 했으나 1640년 9월 7일에 성홍열로 사망했다. 몇 년 후 데카르트는 이 일로 혼외정사로 아이를 낳았다는 공격을 받기도 했다. 그런데 프랑신은 결혼한 부부의 딸로 기록되어 있다. 특히 아버지는 이름인 '르네'만 기록되어 있어 데카르트는 자신을 숨기려고 했던 듯하다. 프랑신이 죽은 후에는 헬레네와의 관계를 정리했고, 이후 이 일을 젊은 날의 실수 정도로 여겼다. 어렸었다는 변명과 함께. 이후에도 그녀와 한동안 서신연락을 했고, 후일 그녀가 결혼할 때 지참금을 준 듯하다.

엘리자베스 공주

엘리자베스 공주와 데카르트의 인연은 1620년 30년 전쟁의 초기로 거슬러 올라간다. 엘리자베스 공주의 아버지는 30년 전쟁의 시작점이 된 라인팔츠의 풍운아 프리드리히 5세. 복잡한 과정을 통해 그는 보헤미아의 왕위를 받아들였는데, 이 결정은 유럽의 권력 균형을 불안하게 만들었고, 결국 전쟁으로 비화되었다. 1620년 페르디난트 2세의 군대에 의해 보헤미아 왕위에서 쫓겨난 프리드리히 5세는 어린 장녀 엘리자베스를 데리고 프라하를 탈출했다. 이때 프라하에 입성한 페르디난트 2세의 군대에는 용병으로 있던 데카르트도 있었다. 이후 5남 4녀를 남긴 채 프리드리히 5세는 30년 전쟁이 한창이던 1632년 마인츠에서 36세로 사망했다. 조카 프리드리히 5세가 죽자 네덜란드의 오라니에공은 조카 가족들의 망명을 받아들였다. 엘리자베스는 망명지 네덜란드에서 죽을 때까지 보헤미아 여왕이라는 상징적 직함을 가졌고, 그녀의 손자는 대영제국 국왕 조지 1세가 되었다.

엘리자베스는 지적 열정이 매우 강한 여성이었다. 아버지의 독일어와 어머니의 영어를 완벽히 구사했을 뿐 아니라 프랑스어, 이탈리아어, 라틴어도 수준급이었다. 심지어 수학과 물리학에 재능이 있었고, 나이보다 어려 보이고 아름다웠다고 전해진다. 그녀는 데카르트의 『방법서설』 라틴어판을 읽은 뒤 데카르트와 연락을 시작했고, 1642년에 24세의 공주와 46세의 데카르트가 만났다. 특히 형이상학과 육체와 영혼의 관계나 신 존재 증명

엘리자베스 공주

에 대해 궁금해하던 엘리자베스의 많은 편지들이 매우 총명한 질문들과 데카르트의 대답들로 남아 있다. 둘의 정확한 관계는 짐작하기 힘들다. 두 사람은 애정이 가득 차 있지만 절제된 편지를 주고받았다. 당연했던 것이 편지를 전달하는 역할은 엘리자베스의 자매들이 했었기 때문이다. 데카르트가 1644년에 이사를 가자 공주로부터 2시간 거리에서 하루 거리로 멀어졌다. 공주는 먼 거리를 한탄하는 편지를 보냈다. 데카르트로서는 공주와의 관계를 남들에게 들키지 않기 위한 이사였을 확률이 있다. 데카르트의 프랑스 장기 체류 시에도 엘리자베스는 항상 편지를 보냈다. 이후 엘리자베스도 네덜란드를 떠나 독일로 가게 되었는데, 폴란드 왕의 청혼을 거절하며 보낸 편지에는 이런 문장이 남아 있다. "나는 데카르트의 철학과 사랑에 빠졌습니다." 베를린에서 데카르트에게 보낸 엘리자베스의 편지는 현재는 사라졌다. 민감한 내용이라 없앴을 확률이 높다. 이후 남은 편지에서 엘리자베스가 이전 편지를 모두 태워달라는 부탁을 했기 때문이다. 후일 데카르트가 크리스티나 여왕의 교사로 가게 되자 엘리자베스가 질투한 단서도 편지에 나타나 있다. 상상컨대 그녀가 데카르트의 '철학만' 사랑했는지는 의심스럽다. 친구라기엔 너무 가까운 것은 분명했다. 하지만 설령 깊은 관계였다고 해도 신분상 연결될 수 없음은 서로가 잘 알았을 것이다.

데카르트 사후 엘리자베스는 하이델베르크, 브란덴부르크 등을 옮겨가며 살았다. 노년에 베스트팔렌 수녀원에 들어가 생을 마감할 때도 그녀는 데카르트의 철학을 놓지 않았다. 엘리자베스의 동생 소피 공주는 하노버 공작과 결혼했다. 하노

버 공작은 라이프니츠의 후원자가 되었고 이후 영국 왕이 되면서 뉴턴의 주군이
된다. 소피는 라이프니츠와 친한 사이가 되어 언니에게 들었던 데카르트에 관련
된 사항들을 라이프니츠에게 전해주기도 했다. 이 가문은 여러 면에서 과학사와
얽혀 있는 셈이다.

크리스티나 여왕

"나는 머리에서 무릎까지 덮개를 쓰고 태어났다. 얼굴과 팔, 다리에만 덮개가
없었다. 몹시 볼썽사나웠다." 크리스티나 여왕(Queen Christina, 1626~1689)
이 스스로 남긴 기록이다. 1626월 12월 8일에 공주로 태어난 아기는 태어났을
때 모두 사내아이인줄 알았다고 한다. 덮개가 정확히 무엇이었는지 알 수 없고 그
것과 관련된 흔적이 성인이 된 뒤에도 남아 있었는지는 알 수 없다. 평생 결혼하지
않았는데 그것과 관련 있는지조차도 물론 알 수 없다. 초상화에 나타난 그녀의 모
습은 키가 크고 조금 사내처럼 보이긴 하지만 국왕의 품위는 충분히 갖춘 보기 좋
은 모습이다. 데카르트의 인생과 밀접한 연관을 가지게 된 이 여왕은 근대전의 창
시자로 인정받는 구스타프 아돌푸스 2세(Gustav Adolphus Ⅱ, 1594~1632)의
딸이다.

어린 시절의 크리스티나 여왕 초상

스웨덴은 구스타프 아돌푸스의 시대에 용
맹한 왕과 노련하고 침착한 재상 악셀 옥센
스티에르나의 절묘한 조합 속에 북유럽의 강
대국으로 발돋움했다. 구스타프는 1611년
즉위한 후 군제를 지속적으로 개혁했고, 군
사기술상의 혁신을 이루어내면서 전쟁지도
자로 성장해갔다. 특히 총병의 중요성을 높
였고, 철의 군율로 이루어지는 수학적 전투
의 창시자였기에 근대전쟁의 기본 형태를 완
성한 전략가로 인정받는다. 1630년 구스타
프는 30년 전쟁에서 덴마크의 패전 직후 독
일 신교세력이 수세에 몰리고 합스부르크 가
문의 영향력이 최고조에 달해 있을 때 신교

3부 혁명의 완성

의 기치를 내걸고 전쟁에 뛰어들었다. 종교적 대의도 있었겠지만 발트 해를 스웨덴의 호수로 만들겠다는 정치적 야심도 숨기지 않았다. 1630년 브라이텐펠트 전투의 대승리와 1632년 뤼첸전투에서의 장렬한 전사는 그를 30년 전쟁의 가장 인상적인 인물로 만들었다. 뤼첸 전투에서 그는 최전선에서 싸우다가 전사했다. 스웨덴 군은 전투가 끝난 뒤 왕을 밤새워 찾아다녔고 시체더미들 속에서 그들의 용맹했던 왕을 찾아냈다. 옆구리와 등, 팔에 총탄을 맞았고, 단검에 여러 번 찔렸으며, 사인은 귀와 눈 사이에 맞은 총탄이었다. 혈투 속에 사망했음이 분명했다. 단 2년 동안의 구스타프의 개입으로 독일 신교도는 수세에서 벗어나 다시 균형점을 찾았고, 합스부르크 가문이 독일 전체, 나아가서는 유럽의 지배자로 군림하는 것이 저지되었다고 해도 과언이 아니다. 그리고 섭정이 된 재상 옥센스티에르나는 선왕의 유지를 이어 신교 진영의 주도권을 쥐고 어려운 전쟁을 계속했다. 충직한 재상이 계속해서 전쟁을 이끌어나갔지만 가장 용맹한 왕을 잃은 후 30년 전쟁은 또다시 교착상태로 빠져들었고, 구스타프의 전사 후 16년이 지나서 딸 크리스티나 여왕이 친정하게 되면서야 최종적 종전이 이루어질 수 있었다.

한편 크리스티나의 어머니인 마리아 엘레오노레 왕비는 미모가 뛰어났고 남편을 끔찍하게 사랑했었다. 남편 구스타프가 전사하자 엘레오노레는 전장으로 달려가 남편의 심장을 넣은 황금상자를 가슴에 품고 스웨덴까지 시신을 운구했다고 전한다. 하지만 히스테리컬한 성격의 소유자였고, 못생긴 딸에게는 시큰둥한 반응을 보였다. 이런 상황들이 이후 크리스티나 여왕이 여성들을 좋게 보지 않은 이유가 된 듯하다. 크리스티나 여왕의 자기 정체성을 짐작해볼 만한 말들은 꽤 남아있다. "내가 남자였다면 여성들의 방을 기웃거리느라 학문을 창달하고 진실을 규명하는 데 바칠 시간을 빼앗기는 등의 위기를 겪었을 것이다." "어머니가 나에게 계집아이에다 못생겼다는 말을 해도 아무렇지 않았다."

크리스티나는 여섯 살 나이에 아버지를 잃었다. 어머니 엘레오노레와는 달리 딸에게 차분한 신뢰를 보여주었던 아버지 구스타프는 비록 전쟁 중이긴 해도 강력해진 국가를 그녀에게 물려주었다. 거기에다 총리 옥센스티에르나는 섭정 기간 중에 10대의 여왕에게 국정운영 방법에 대해 착실히 가르쳤다. 10대의 크리스티나도 본격적으로 자신의 재능을 드러냈다. 모국어 스웨덴어는 물론 독일어, 불어, 라틴어를 완벽하게 구사했다. 취미는 승마 등 남성적 취향이었다. 고전서적들을 깊게 탐독하고 이탈리아어, 스페인어, 화학, 천문학까지 관심을 가지고 공부했다.

16세에는 스웨덴 법률을 줄줄 외워냈다. 이제 통치권을 크리스티나에게 넘겨도 충분하다고 모두가 인정했다. 그녀는 친정을 시작하면서 새벽 네 시부터 공부를 시작했고, 공부가 끝나면 바로 대신들과 국사를 논의했다. 외교사절들은 과연 구스타프 아돌푸스의 딸답다고 보았다. 누가 보아도 스웨덴의 미래는 밝게 열려 있었다. 이런 크리스티나가 당대의 지성들을 스톡홀름에 모으려고 했던 것은 당연했다. 막대한 자금을 들여 예술을 장려해서 스톡홀름을 북유럽의 피렌체로 만들어갔다. 그리고 데카르트의 저작들은 총명한 여왕의 마음을 바로 사로잡았다. 그래서 크리스티나 여왕은 엄청난 노력을 들여 데카르트를 스톡홀름으로 불러들였다. 여왕은 데카르트에게 매료되었으나 많은 대신들은 가톨릭 교도인 데카르트가 여왕을 오염시키고 있다고 생각했다. 데카르트는 여왕의 지지에도 불구하고 쉽지 않은 스톡홀름 생활을 보내야 했다. 그리고 어이없게도 불과 1년도 못 되어 데카르트는 사망했다. 정적들의 독살이라는 주장도 심심찮게 있었다. 여왕은 큰 충격을 받았다. 데카르트 사후 몇 년 뒤인 1654년, 그녀는 스스로 퇴위해서 세상을 놀라게 했다. "폐하의 아버님께 따님의 왕관을 지키겠다고 맹세했습니다."라며 총리 옥센스티에르나가 한사코 반대했으나 여왕의 결심을 돌이킬 수는 없었다. 그 뒤 크리스티나는 로마로 가서 가톨릭으로 개종해 또 한 번 충격을 주었다. 처음부터 루터파인 스웨덴에서 여왕의 신분으로는 개종할 수 없을 것이라는 생각이 퇴위의 이유였을 법하다. 모든 정황으로 볼 때는 여왕에 대한 데카르트의 영향력을 의심했던 대신들의 생각이 아주 틀리지는 않은 것 같다.

크리스티나는 수많은 군주들의 청혼을 한사코 거절했다. 결혼을 '신체의 속박'을 자초한다며 하찮게 보았고 무엇보다 어머니가 된다는 의무에 얽매이고 싶지 않았던 것 같다. 그녀는 퇴위 이후에도 수십 년간 수많은 기행을 보여주며 17세기 가장 유명한 여성 중 한 명으로 남았다.

· 나를 발견한 사나이 ·

중세까지는 정보의 습득 자체가 학문의 목표였다. 한 권의 책을 읽은 사람이 그 책의 내용을 남들에게 설명할 수 있다면 그는 지식인의 반열에 오를 수 있었다. 하지만 인쇄 시대 이후 문서의 양은 급증했다. 읽은 것을 모두 암기한다는 것은 불가능해졌다. 이제 더 이상 암기가 중요한 시대가 아니었다. 지식인이나 학자가 해야 할 일은 다양한 정보에 대해 통일성 있는 비판을 제시하는 것이 되어갔다. 그러나 정보의 양은 폭발적으로 증가했다. 많은 이들이 노력했지만 르네상스 시대 이후 폭증한 정보의 홍수 속에서 통일성 있는 기준을 찾으려는 시도들이 모두 실패로 돌아갔다. 17세기가 되면 신뢰할 수 있는 정보나 진리는 결코 찾을 수 없다는 극단적 회의론들이 대두되기 시작했다. 너무 많은 지식은 역설적으로 지적 권위가 부재한 지식의 위기를 만든 것이다. 데카르트는 바로 이런 시기에 등장했다. 그리고 이 상황을 해결하고자 마음먹었다. 즉 그는 사실상 모든 학문의 구원을 목표로 했다. 베이컨만큼이나 거대한 목표였다.

새로운 지식은 확실성을 가져야만 한다. 확실성이야말로 보잘것없는 중세 학문과 근대 학문(과학) 간의 차이를 보여주는 것이며, 이 확실성을 보여주었을 때에야 비로소 우리는 고대인과 다르다고 명확히 주장할 수 있는 것이다. 그래서 데카르트는 확실하지 않은 모든 방법론의 청소에 들어갔다. 먼저 데카르트는 이성 이외의 다른 모든 인식수단은 신뢰성이 없는 것으로 배제했다. 베이컨이 강조한 경험적인 관찰과 실험, 귀납법은 결과의 확실성을 보장하지 못하는 방법들이었기 때문에 쓸모없는 것들이었다. 믿음이나 계시 같은 것은 더 위험한 것들이며 이성적인 논증에 철저하게 무력한 것들이다. 자연은 오직 이성에 대해서만 투명하기에 신앙이나 마술 같은 것은 모두 배척되어야 했다. 데카르트는 오직 연역적 사고만이 전제가 가진 확실성을 그 결론까지 전달해준다는 점에서 사용해도 좋은 방법이라고 결론지었다. 하지만 연역법은 바로 그 최초 전제의 확실성을 담보할 수 있느냐 하는 문제가 발생한다. 확실한 출발점을 설정하지 못하면 연역은 순식간에 사라질 신기루에 불과하다. 그렇다면 어떻게 확실한 연역의 출발점을 찾을 수 있을까?

여기서 데카르트는 모든 것을 회의해보기로 했다. 회의론자들이 주장하던 바로 그 '회의'를 극단까지 진행시키는 것이다. 스스로 '방법적 회의(方法的 懷疑, methodical doubt)'라고 부른 체계적인 의심을 통해 회의의 여지가 조금이라고 있는 주장은 모조리 거부하는 것이다. 먼저 우리의 감각경험은 모두 의심할 수 있다. 그렇다면 감각적 증거에 의존하고 있는 외부세계의 모든 존재는 일단 부정해야 한다. 어떤 신이나 악마가 우리의 감각을 속이고 있다면 심지어 감각하는 스스로의 육체가 있는지도 충분히 의심의 대상이 될 수 있다. 감각경험보다 우위에 있는 참인 지식이라면 수학적 지식을 떠올릴 수 있을 것이다. 그러나 수학적 지식조차도 어떤 존재가 나를 속이고 있다면 어떻게 할 것인가?—누군가 내가 '2+2=5'라고 믿게 만들고 있다면? 그렇다면 수학적 지식조차도 확실성을 담보할 수는 없다. 그렇게 끝없는 회의와 부정을 계속하다 보면 한 가지 남길 수밖에 없는 것이 있다. 바로 그 속고 있거나 모든 것을 부정 중인 '나' 자신이 존재한다는 사실 자체다.

『성찰』에서 데카르트는 이렇게 기술한다. "나는…… 최고로 강력하고 지능적인 악령이 있어서 온 힘을 다해 나를 속이려 한다고 가정할 것이다. 또 하늘, 공기, 땅, 색깔, 형태, 소리, 그리고 온갖 외부 사물들이 단지 기만적인 꿈일 뿐이며, 악령은 그 꿈으로 섣불리 믿는 나의 마음을 함정에 빠뜨린다고 가정할 것이다. 나는 내 자신이 손도 없고, 눈도 없고, 살도 없고, 피도 없고, 감각기관도 없지만 이 모든 것을 가지고 있다는 거짓 믿음을 가지고 있을 뿐이라고 생각할 것이다." 참으로 지독하고 철저한 의심과 회의였다. 그 지독한 부정 속에서 데카르트는 서양 철학사에 빛나는 발견을 이루었다. "불행히도 악령이 나를 속인다면 나는 존재한다. 왜냐하면 악령으로 하여금 할 수 있는 한 최대로 나를 속이도록 내버려두더라도, 나 스스로가 나는 존재한다고 생각하면서도 존재하지 않게 하는 것은 결코 악령도 조작해낼 수 없기 때문이다." 거대한 극복이었다. 그는 의심 불가능한 확실한 것을 찾아냈다. 놀랍게도 그것은 어떤 강력한 물질이나 에너지 같은 것이 아니라 바로 '나'였다. "나는 생각한다. 따라서 나는 존재한다."는 근대의 위대한 선언은 그런 지독한 의심 속에서 나왔다.

비록 속고 있을지는 몰라도 그 속고 있는 자아(mind)로서의 '나'의 존재는 결코 부정할 수 없다는 명징한 결론에 도달함으로써 데카르트는 드디어 확실한 지식 하나를 얻어냈다. 생각하는 나의 존재만큼은 더 이상의 의심의 여지가 없이 자명한 것이다. '생각하는 나'만이 확실한 지식이요, 나의 본질은 정신인 것이며, 정신의 본질은 생각한다는 것이다. 그러니 확실한 것은 나의 자아와 그 창조자로서 신뿐이다. 갑자기 '나'는 우주에서 가장 중요한 존재로 격상되었다. 이 결론은 어떠한 경험의 간섭도 받지 않은 결론이었다. 이 경구야말로 지식획득에 대한 강력한 낙관이고, 동시에 중세적 사유에 대한 거대한 심판이며, 극단적 회의에서 출발하여 찾아낸 역설적 확신이다. 이는 데카르트에게 반박할 수 없는 논리로서 다른 모든 지식을 쌓을 수 있는 토대가 되었다. 이제 이 명제가 절대 확실한 지식으로서 연역적 사고의 출발점으로 규정되었다. 그리고 데카르트는 사유하는 나와 그 원인인 신의 확실성을 기초로 방법적 회의에서 부정했던 것을 재구성하기 시작했다. 자아의 확실성에 대한 데카르트의 강조는 '나'의 강조, 개인의 강조로 이어졌고 오늘날 인권사상과 개인주의의 토대가 되었다.

▬ '성실한 신'과 무신론 ▬

'나'를 찾은 이후 데카르트의 논리는 상당히 논쟁적이다. 이후의 논리에서 데카르트는 '신의 성실성'을 기초로 물리적인 자연세계의 실재성을 확립하는 과정이 이어진다. 놀랍게도 데카르트는 '신의 관념'이 있다는 것 자체에서 '신이 존재'한다고 결론짓는다. 그렇게 수많은 관념적 단어들이 허상이라고 보았던 사람이! 그의 논리는 이렇다. 불완전한 것이 있다는 것은 완전성의 개념을 전제한다. 완전성의 개념이 있다는 것 자체에서 완전성은 존재한다. 완전한 것은 신이니 신은 존재한다.

"완전한 존재에 관한 나의 관념을 다시 고찰해보면,…… 구의 관념이 그 중심으로부터 표면 위의 모든 부분이 동일 거리에 있음을 포함하는 것과 마찬가지로, 아니 그보다 훨씬 더 뚜렷하게, 완전한 존재의 관념은 그 존재를 포함하고 있음을 깨닫게 되었다. 결론적으로 완전한 존재인 신이 있다는 것은 적어도 기하학적 증명에 못지않은 확실성을 가진다."

또한 신은 완전하기에 당연히 진실하고 성실하다. 그러니 우리를 속이지 않으신다. 그러므로 우리가 확실하게 인식하는 것들은 실제 존재한다. 즉, 성실한 신이 존재하므로 이 기계적이고 물질적인 세계는 존재하는 것이다.

신은 완전한 존재이기에 반드시 존재한다는 이 설명에 피에르 가상디(Pierre Gassendi, 1592~1655) 등의 비판자들은 강하게 반발했고, 당시 학계에서 무수한 논쟁을 불러일으켰다. 많은 지식인들은 데카르트의 주장들이 무신론으로 연결될 위험성을 간파했다. 진실한 신은 인간을 기만하지 않기에 인간은 진리를 스스로의 힘으로 발견할 역량을 가지고 있다. 따라서 기적과 은총은 더 이상 인간에게 필요하지 않다. 방법만 지키면 우리는 진리에 접근할 수 있는 것이며, 신에 가까워질 수 있는 것이다. 다시 얘기하면 '신이 되어갈 수 있다!' 데카르트의 주장을 희화적으로 해석하자면 신은 '착한 순둥이'라 진리를 찾는 우리를 방해하지 않는다. 신을 없다고 하지는 않았으나 신을 바보로 만들었으니 신을 '없는 듯' 왕따 시키는 것이 두려울 이유가 있겠는가? 성실한 신에 대한 악의 없는 존경은 오히려 인간에 대한 찬양으로 연결될 수 있다. 그리고 사실 이후 역사는 그렇게 진행되었다.

그리고 또 하나 놀라운 것은 만약 '신이 성실하지 못하다면' 데카르트의 세계는 완전히 무너진다는 것이다. 무리한 말일까? 일단 무엇인가를 믿지 않고는 시작할 수 없다. 믿음은 학문의 시작에 필수적이니 그 믿음의 대상이 신의 성실성이라면 그래도 멋진 시작일 것 같기도 하다. 자아의 확실성을 찾아내는 앞서의 과정만큼 인상적이지 않은 것은 사실이지만.

· 심신이원론 ·

이렇게 진행된 데카르트의 논리는 우리가 심신이원론(心身 二元論, mindbody dualism)이라고 부르는 생각으로 진행해간다. 심신이원론은 마음과 물질의 세계는 전혀 다른 것으로 뚜렷하게 구분될 수 있는 다른 근원을 가진다는 생각이다. 정신의 근본은 생각이며 나눌 수 없는 것인데, 물질의 근본은 크기와 운동이다. 사유하는 것(res cogiton)이 정신적 실체의 본성이요, 연장된 것(res extensa), 즉 크기를 가진 것이 물질적 실체의 본성이다. 따라서 물질은 정신과 달라서 크기를 가지고 있고, 기하학적 공간에 위치하기 때문에, 섞여 있거나 겹치지 않는다.

이 설명으로부터 영혼과 육체, 정신과 물질을 바라보는 우리의 시각은 데카르트적 시각에 크게 제한 받기 시작했다. 예를 들어 "영혼의 무게는 얼마인가?" 같은 질문을 우리는 이상하게 느낀다. 무게는 물질에만 사용가능한 개념으로 인식하기 때문이다. 오늘날 많은 사람들의 사고법 속에는 은연중 데카르트가 확립한 생각이 표준답안으로 자리매김해 있다. 우리는 이처럼 의식적 · 무의식적으로 수백 년 전을 살다 간 이 철학자가 가졌던 생각들의 강력한 영향력 속에 살아가고 있다.

데카르트는 이렇게 정신으로부터는 일체의 물질적인 요인을 제거하고 물질로부터는 일체의 정신적 요인을 제거함으로써 둘을 완전히 분리시켰다. 이렇게 물질세계는 그야말로 죽은 물질들의 덩어리로 보는 근대적 물리관이 확립되었다. 정신과 물질을 철저히 나눠놓은 데카르트는, 정신의 영역은 신학이, 물질의 영역은 과학이 다루면 된다고 보았다. 그는 두 분야의 평화로운 독립을 실현한 줄 알았을 것이다. 하지만 19세기가 되면 이를 넘어 정신조차도 물질로서 설명될 수 있다는 생각이 훨씬 강해졌다. 오늘날 데카르트가 만든 독립된 정신이라는 신학의 피난처는 데카르트의 기계적 철학을 받아들인 과학에 의해 점령되기 시작했다. 기적 같은 개념은 필요 없어졌다. 모든 것은 자연법칙으로 설명가능하기에 신의 기적은 역사에 개입될 필요가 없다. 모두가 걱정하던 대로 데카르트주의는 유물론 진영에 큰 힘을 실어주었다.

심신이원론의 결과는 얼핏 모순인 듯하다. 아리스토텔레스는 물체의 운동 원인은 물체가 스스로 지니고 있다고 보았었다. 하지만 데카르트에 의해 물질과 정신이 완전히 분리된 결과 정신은 물질에 대해 아무런 작용도 하지 못하게 되었고, 물질세계는 이제 끝없이 계속되는 물질입자의 상호 충돌에 의해 위치와 속도만 변화되는 장소가 되었다. 말이 되는가? 그럼 '나'는 어떻게 물체를 움직이는가? 데카르트는 우리 머리 속에 있는 송과선(pineal gland, 松果腺)에서 정신과 육체가 연결되어 정신적 의도가 물질세계에 영향을 미치게 된다는 취약한 설명을 내놓았다. 사실 이 부분은 응급처방일 뿐이었고 유치해 보이기까지 한다. 심신이원론은 처음부터 많은 논쟁의 중심에 있었고, 데카르트는 끝내 깔끔한 설명을 해내지 못했다.

데카르트는 "무신론자는 기하학자일 수 없다."라고 외쳤던 사람이었음에도 그런 데카르트의 설명이 오늘날 지적 무신론자들의 핵심 보루가 되었다. 데카르트의 소망은 신을 옹호하고 신학을 보호하는 것이었으나, 그의 철학은 신을 버리는 데 가장 잘 사용되었다. 이 역설에 또 하나의 역설이 덧붙여질 수 있다. 얄궂게도 앞에서 본 것처럼 신을 믿지 않는다면 데카르트의 설명은 무너진다. 물질세계의 확실성은 신의 성실성이라는 '엉성한' 기반 위에 서 있으니, 그 유신론적 엉성함은 현대 유물론에 녹아 있는 셈이다. 어쩌면 수학적 연역에 기반한 기계론은 근대 과학 전체의 특징이자 약점일지도 모른다.

· 기계적 철학 ·

심신이원론으로 정신과 물질의 세계를 나눈 데카르트는 이제 물질세계를 철저히 분석했다. 그의 심신이원론에서 필연적으로 나올 수밖에 없었던 기계적 철학의 대략은 다음과 같다.

앞서 설명된 것처럼 물질의 핵심적 특성은 크기를 가진다는 것이다. 기하학적 공간에 위치하기 때문에, 궁극적 입자는 섞이거나 겹칠 수 없다. 물체는 이론상 기하학 원리에 따라 분할 가능하다. 또한 모든 물체의 위치는 기하학적 공간에서 좌표화 가능하다. 데카르트의 이러한 공간 개념에서 빈 공간은 존재하지 않고, 공간상의 모든 지점은 항상 물질에 의해 가득 차 있을 수밖에 없다고 보았다. 운동은 이 가득 찬 물질들이 연쇄적으로 서로 위치를 바꾸는 것이다. 이것이면 충분한 설명일까? 그렇다면 우리가 느끼는 감각들은 어떻게 설명되어야 하는가? 하늘은 푸르고, 사과는 빨갛다. 커피는 커피향이 나고, 온천물은 뜨겁다. 아리스토텔레스적인 전통적 관점에서 그 이유는 그것이 그들의 본질이기 때문이었다. 하지만 데카르트가 보기에 붉음은 사과의 본질이 아니다. 색은 결코 물체의 본질이 아니다. 열이나 냄새도 물체의 본질이 아니다. 딱딱함과 유동성도 물체의 본질일 수 없다. 데카르트에게서 물체의 외관상 특징이 물체의 본질이라는 생각은 바뀐다. 우리의 감각을 일으키는 성질은 물체에 내재한 것이 아니다. "바늘에 찔렸을 때 고통을 느낀다고 고통이 바늘에 내재해 있는가? 고통은 우리의 정신에 있다." 데카르트에게 우리가 느끼는 다양한 현상적 특징들은 감각주체와 물질적 대상의 상호작용일 뿐이었다. 모든 현실은 기계적 운동만으로 충분히 설명될 수 있었다.

"동물은 본성상 정신을 전혀 갖고 있지 않고 기관의 배치에 따라 작동한다." (『방법서설』 5부)

"나는 기술자들이 만드는 기계와, 자연이 합성하는 다양한 물체 사이에 그 어떤 차이도 인정하지 않는다." (『철학의 원리』 4부)

데카르트에게 동물도 인간의 몸도 기계일 뿐이다. 특별한 것은 오직 인간의 자아 혹은 영혼뿐이다. 인간만이 유일하게 정신을 가진 존재이므로 이것은 복제될 수 없고 단일한 것이다. 예를 들어 복제동물에 대해서 데카르트는 가능성과 필요성을 인정할 것이지만, 인간의 복제는 불가능한 것이 될 것이다. 몸을 복제해도 그 안에 거하는 것은 인간이 아니거나, 인간이라면 아마도 '다른' 자아일 것이다.

이처럼 차근차근 논리를 진행시킨 데카르트는 외부 세계의 절대 확실한 실재로서 물질(matter)과 운동(motion)이라는 두 요소를 남긴다. 이 두 가지는 결국 그의 기계적 철학의 근본이 되었다. 물질은 반드시 공간 속에 크기를 가지고 존재하며 운동하는 그 무엇이다. 이런 물질세계를 지각하는 감각적 경험들은 매우 주관적이며 자주 착각을 일으키고 외부세계와 동일한지 알 수 없기 때문에 회의의 대상이다. 이 부분은 베이컨의 종족의 우상에 대한 설명과 매우 유사하다. 그렇다면 감각적 표현, 즉 형용사적 표현은 물질세계를 표현하는 데 아무 쓸모가 없는 것들이다. 자연세계를 기술하는 확실한 방법론은 오직 수학적 표현뿐이며, 모든 자연현상은 크기와 운동에 대한 양적 서술로서 충분히 표현할 수 있는 것이다. 형용사는 이제 과학의 언어에서 추방되어야 했다. 그리고 오늘날 이런 유형의 데카르트적 설명법은 극적인 성공을 거두었다. 현재 우리는 분명히 열을 분자의 운동 상태로 재정의하고 있다. 심장은 기계부품처럼 바꿔 끼울 수 있는 대상이다. 혈우병과 색맹은 DNA상 특정 염기의 기계적 결함의 결과다. 이런 사례들은 데카르트적 설명의 결정판들이다. 데카르트의 기계적 철학은 분명히 놀라운 설명력을 보여주면서 17세기 학문에 돌파구를 제공했다. 이렇게 자연은 '기계장치'로서 모든 설명이 가능해지며 사실상 다양한 부품으로 이루어진 기계 자체가 되었다.

■— 기계적 철학 아래 질적 변화는 사라지고,
좌표상의 위치이동만 남았다 —■

데카르트에 앞서 갈릴레오는 자신의 책 『시금자』에서 물질의 성질을 크기, 수, 위치, 운동량 같은 객관적인 성질과 색깔, 맛, 냄새, 소리처럼 마음 속에만 존재하는 주관적인 성질로 구분하며 전자를 제1성질, 후자를 제2성질이라고 불렀다. 그리고 이 제2성질을 갈릴레오는 과학적 논의 대상에서 제외했다. 이와 마찬가지로 데카르트도 '공감', '반감', '신비적 힘' 같은 것들을 자연세계에서 몰아내고, 아리스토텔레스의 철학에서 실재적 속성으로 본 색깔, 맛, 냄새의 개념을 추방했다.

플라톤에게도 데카르트에게도 감각은 불신의 대상이었다. 감각은 실재가 아니라 우리 생각 속에만 있는 것이다. 데카르트는 플라톤의 고귀한 수학적 이데아를 물질세계에서 도피시킬 공간을 마련했다. 바로 좌표다. 해석기하학은 기하학을 감각의 물질영역에서 해방시켜 좌표축상의 수식으로 전환시켰다. '복소수가 존재하는가?' 같은 질문에 '복소수는 복소평면 위에 존재한다.'라고 답하는 수학자의 입장은 이를 극명하게 보여준다.—복소평면은 우주보다 더 넓은 곳이다! 우주를 다루는 물리학은 거짓일 수 있지만 내 사유 속의 수학은 의심할 수 없고, 궁극적으로 나의 본질은 '생각'이지 '물질'이 아니다! 수학은 물리학보다 우위에 있다. 이것이야말로 데카르트적 사유의 정수다.

이 이원론에 기반한 기계적 철학은 또 한 가지 오랜 전통 하나를 무너뜨렸다. 자연을 살아 있는 것으로 보고, 많은 현상들을 보이지 않는 생명의 기운의 교류로 보는 물활론(物活論, hylozoism, animism)적 자연관에 맞선 것이다. 사실 이런 관점은 유럽을 비롯한 모든 문화권에서 유사한 형태로 발견된다. 데카르트는 이 신비주의와의 결별이야말로 인류 진보에 필수적인 과정이라고 보았다.

그것에서 그치지 않는다. 운동의 개념도 변화했다. 아리스토텔레스에 의하면 물체의 상태변화와 위치변화는 모두 '운동'으로 정의된다. 하지만 데카르트에 의하면 사물은 크기와 모양만 가지고 있어서 질적 변화 자체를 인정하지 않는다. 그가 보았을 때 우리가 질적인 생성변화라고 느끼는 것들은 물질의 장소 이동으로부터 비롯되었을 뿐이다. 운동이란 입자들의 위치 이동일 뿐이다. 이 설명으로부터 우리는 이제 운동을 위치변화로만 인식하게 됐다. 예를 들어 '차가워졌다'거나 '뜨거워졌다'라고 표현하는 질적 변화, 즉 온도에 대한 설명은 분자들의 운동속도라는 관점으로 표현가능하다. 분자들의 운동이 활발해졌을 때 우리는 '뜨겁다'라고 표현하고 분자들의 운동이 느려졌을 때를 '차갑다'라고 말한다. 그런 면에서 데카르트적 관점은 분명히 '유용한' 측면이 있다. 하지만 분명히 유용함이 그것이 옳은 설명임을, 특히 유일하게 옳은 설명임을 보장해주지는 않는다.

· 데카르트의 우주론 :
『세계』에 나타난 물질공간과 소용돌이 ·

살펴본 바대로 데카르트는 물질세계가 정신과는 무관하게 존재하며 물리법칙만 따르는 운동하는 물체로 이루어진 하나의 거대한 기계라는 관념을 설득력 있게 제시했다. 그런 데카르트답게 그는 『세계』에서 자신의 기계적 철학에 기반한 우주론도 상세하게 제시했다. 『세계』, 정확히 『세계 및 빛에 관한 논고』는 『방법서설』보다 3년 전인 1633년에 집필됐다. 하지만 데카르트는 이 책의 출판을 보류한다. 같은 해 갈릴레오 재판의 소식을 들었기 때문이다. 『세계』는 지동설의 맥락 속에 있는 책이었고, 데카르트는 험악한 논쟁에 휘말리고 싶지 않았다. 갈릴레오는 죽음의 공포에 떨며 재판을 받는 과정에서 자신이 주장한 내용을 철회했지만, 데카르트는 갈릴레오 재판의 소식만으로 책의 출간 자체를 포기했다. 더구나 네덜란드라는 17세기 유럽에서 가장 진보적이고 자유로운 공간에서 그가 죽음을 무릅쓴 재판을

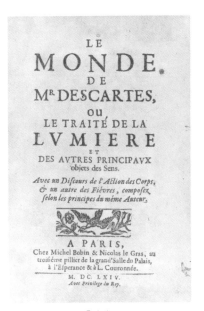

『세계』
갈릴레오 재판과 맞물려 데카르트는 이 책의 출
간을 포기했고, 결국 30년 이상의 세월이 흐른
뒤 유고작으로 출판되었다.

받게 될 확률은 없었다. 그랬기에 데카르트의 행동은 갈릴레오보다 훨씬 소심하게 느껴질 수 있다. 비겁함일까, 신중한 처세일까. 보기에 따라 여러 의견이 있을 수 있겠지만, 갈릴레오처럼 데카르트 역시 죽음에 이르기까지 명백히 가톨릭 신앙을 유지했던 지식인이었음은 고려되어야 할 것이다.

교회로부터 논쟁의 대상이 된다는 것은 데카르트에게는 자신의 목숨 이외에도 자신의 신앙, 즉 인생의 부표를 잃을 수도 있는 중차대한 문제였다. 그리고 무엇보다 그는 언제나 온건한 방법을 선호했던 사람이었다. 데카르트의 행동은 스스로 주장했던 학문적 태도와 잘 일치한다. 언행일치의 측면에서 데카르트는 모범적이고 솔직했다. 그는 유연하게 세파에 순응하며 조용히 학문하고자 했던 사람이지 급진적 이상주의나 혁명적 모험가와는 거리가 멀었다.—그럼에도 그는 누구보다도 그 이후의 세계에 거대한 폭풍을 불러일으킨 장본인이 되었지만. 그런 이유로 이 책은 1664년에야 유고작으로 출판되었다. 책은 아리스토텔레스의 『자연학』과 구성이 비슷해서 의도적으로 『자연학』을 대체하겠다는 의사를 나타낸 것으로 보인다. 출판된 데카르트의 『세계』는 지동설과 무한우주론을 받아들이고 있었기에 가톨릭교회의 공식 입장과 분명하게 충돌하고 있었다. 하지만 데카르트는 이를 상상된 세계라는 틀로 교묘히 설명함으로써 교회와의 충돌을 피하고자 한 것 같다. 마치 갈릴레오가 대화체 글로 자신의 입장을 교묘히 희석시키면 상황을 모면할 수 있을 것으로 본 것처럼. 하지만 갈릴레오도 데카르트도 오랜 시간 자신의 책이 금서로 남게 되는 상황을 막지는 못했다.

『세계』에 의하면 물질은 3가지 원소 입자들로 구성되어 있다. 둥글고 가벼운 에테르, 가장 크고 느린 흙, 그리고 가장 작고 빠르게 운동하며 순간순간 충돌로 모양이 바뀌므로 크기와 모양을 말할 수 없는 불이 있다. 즉 아리스토텔레스의 다섯 원소에서 물과 공기는 빠져 있는 셈이다. 이 두 가지 입자는 가정하지 않고 세 가지 입자들의 운동만으로 삼라만상이 충분히 표현될 수 있기 때문이다. 그리고 아리스토텔레스가 중요하게 생각했던 원소의 온난건습(溫暖乾濕)과 같은 성질 또한 전혀 제시하지 않았다. 데카르트가 보기에 이 개념들은 매우 주관적이고 의심스러운 특성이었다. 따라서 모든 현상은 원소입자의 크기, 모양, 운동과 같은 특성만으로 설명했다. 질적인 부분이 물질세계에서 사라지자 당연히 '운동'의 개념도 바뀌었다. 아리스토텔레스의 운동은 질적 변화와 위치 이동을 함께 의미하는 것이었으나, 데카르트의 운동은 공간상의 위치변화로만 설명된다. 바로 오늘날 우리가 받아들이는 운동의 개념이다.

이런 데카르트의 원소론과 운동론은 당연히 그의 우주론으로 통합되어 설명되었다. 지구를 비롯한 행성과 혜성은 흙의 원소로 구성되어 있지만 태양과 항성은 불의 원소로 구성되어 있다. 그래서 스스로 빛을 낸다. 그리고 우리가 텅 비어 있다고 느끼는 공간을 채우고 있는 것이 바로 에테르 입자다. 기계적 철학에 의하면 우주에 진공이란 있을 수 없다. 데카르트의 우주는 물질로 꽉 찬 공간인 '물질공간(plenum)'이 되었다. 모든 물질입자는 다른 물질입자와 연속적으로 접촉하고 있는 셈이었다. 따라서 하나의 입자만 움직여도 우주의 물질들은 연쇄적으로 자리를 재배치하게 된다. 결국 모든 운동의 원인은 물체들 간의 '충돌'과 그 '압력'뿐이다.

　기계적 철학에 기반한 데카르트 우주론의 묘미는 천체의 운동에 관한 그의 소용돌이(vortex) 이론에서 뚜렷하게 나타난다. 갈릴레오는 원관성을 제시했기 때문에 천체의 회전은 오직 관성에 의해 설명될 수 있었다. 하지만 데카르트의 경우는 직선관성이었기 때문에 천체의 회전에 대한 다른 설명이 추가될 필요가 있었다.(8장 중 '데카르트의 어깨 위에서' 참조) 모든 빈 공간은 사실 눈에 보이지 않는 미세한 물질 에테르로 가득 차 있으니 별과 행성들은 에테르 입자의 바다 위를 떠다니는 배와 같다. 그리고 각 천체들이 자전하고 있으니 천체들 주변의 에테르 입자들은 천체의 자전을 따라 돌며 거대한 소용돌이를 일으키게 된다. 즉 우주는 무수한 에테르 소용돌이로 가득 차 있는 셈이다. 그렇다면 행성들은 이 거대한 소용돌이의 틈바구니 속에서 이리저리 밀려다니는 신세가 된다. 달은 직선관성에 의해 날아가다가 인접한 소용돌이에 의해 지구방향으로 밀린다. 그러면 지구가 만들어내는 소용돌이에 의해 다시 지구 바깥 방향으로 밀려나게 되고 이런 상황이 반복되면서 달은 이리저리 비틀거리며 지구를 '돌게' 되는 것이다. 직선관성의 세계에서도 데카르트는 이렇게 천체의 원운동을 설명하는 데 어

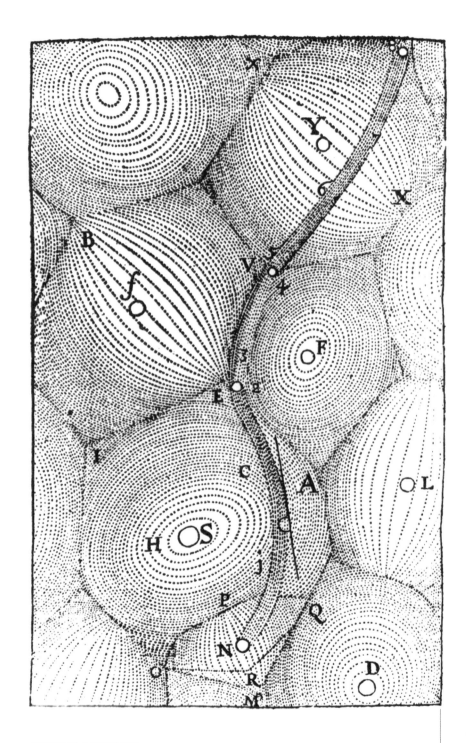

데카르트의 소용돌이 우주

소용돌이로 가득찬 우주 속을 혜성이 이리저리 비틀거리며 가로지르고 있다. 17세기 천재 철학자의 머리 속에 구현된 철저한 기계론적 우주의 모습이다.

느 정도 성공(?)했다. 데카르트의 우주는 철저하게 충돌과 탄성만으로 설명 가능한 소용돌이로 가득 찬 우주였다. 신비주의가 배제된 기계적 철학의 정점이었다.

이처럼 데카르트의 우주론은 자신의 기계적 철학에 정확하게 부합하는 우주론이었으나 한 가지 치명적 결함을 내포하고 있었다. 그의 소용돌이 이론은 케플러법칙과 같은 수학공식이 제시되는 것은 불가능하다는 사실이다. 데카르트 본인이 강력한 수학의 옹호자였음에도 그의 우주론에는 수학이 개입할 여지가 거의 없었다는 점은 아이러니다. 뒤에 살펴보게 되겠지만 뉴턴은 이 거대한 비전에 수학을 개입시켜 개량을 가한다. 그러나 뉴턴의 수학적 새로움은 깔끔한 기계적 철학과는 거리가 멀었다.

데카르트는『세계』에서 우주의 구조와 운행에 대한 설명을 마친 후 식물, 동물, 인간에 대한 설명으로 차례로 진행한다. 마치 아리스토텔레스가 언급한 모든 존재들을 자신의 설명으로 완전히 덮어쓰려는 것처럼. 이 부분에 대해서는 심장의 운동에 대해 기계론적으로 설명한 부분만 소개해 보겠다.『세계』를 집필하기 5년 전인 1628년, 하비의『동물의 심장과 혈액의 운동에 관하여』가 출간되었다. 혈액순환론이라는 최신의 과학적 성찰을 담고 있는 책이었지만, 하비는 피가 순환하는 것으로 보이는 정황들을 제시했을 뿐, 피가 순환하는 이유를 설명하지는 않았다. 데카르트는 혈액의 순환을 자신의 기계적 철학으로 재해석했다. 신이 심장에 불을 집어넣었기 때문에, 심장에는 열이 있고, 그 열로 인해 팽창된 혈액이 심장 밖으로 배출된다고 보았다. 이때 폐로 들어온 피는 신선한 공기와 만나서 다시 본래의 혈액으로 변화한다. 이것이 심실로 들어가면 다시 심장 속 불의 연료가 되는 것이다. 즉 땔감은 밖에서 호흡을 통해 계속 공급되는 셈이고 심장은 마치 증기기관처럼 동작하는 것이다. 우리는 현재 폐에서 산소를 주고받고 심장은 전기적 충격에 의해 박동한다는 설명을 채택하고 있다. 이 상황을 데카르트는 열로 설명했다. 세포, 산소, 전기의 개념이 없던 당시 상황에서 가능했던 최선의 가설이었을 수 있다.

이처럼 데카르트는 우주에서 생물, 인간에 이르기까지 자신의 단일한 철학적 틀 안에서 설명하고자 노력했다. 그런 점에서 그는 새로운 아리스토텔레스를 꿈꾸는 사람이었다. 이렇게 아리스토텔레스의 『자연학』은 데카르트의 『세계』를 통해 기계론적 사고로 대체되었다. 그리고 신으로부터 창조된 세계는 '물리법칙에 의해' 신의 손길이 더 이상 필요치 않았다. 창조의 기적 이후 다른 기적은 필요 없게 되었다. 신의 자연법칙이 자기 충족적으로 완전하기 때문이다. 정신은 물질세계와 분리된 것이기에 물질계에서 일어나는 일을 방해하지 못한다. 따라서 물질세계의 모든 현상은 궁극적으로 인간의 이성으로 예측 가능한 것이 된다. 현대과학의 암묵적 기본 가정은 이렇게 완성되었다.

▰— 미래적 고전, 『방법서설』 —▰

"1637년 출간되었고, 선험적 진리를 바탕으로 방법적 회의를 통해 진리에 접근하는 방법을 제시함으로써 17세기 합리론의 토대가 된 책." 『방법서설』이라는 논쟁적 책의 보편적으로 합의 가능한 정의다. 이 책의 기본입장은 말 그대로 진리를 향한 학문적 접근은 경험이 아니라 경험에 앞서는 확실한 지식에서 출발해야 한다는 것이다. 그리고 더 나아가 체계적인 검증과정을 거치면 진리에 접근할 수 있다는 분명한 방법론적 비전 또한 제시하고 있다. 『방법서설』은 철학의 실천적 가치를 강조했고 의식적으로 과거 학문과 단절을 시도했다. 처음부터 모든 것을 다시 시작할 것을 결심하는 선언은 자못 감동적이고 이 선언은 오늘날 분명히 소기의 성과를 얻은 셈이다. 하지만 그것은 이 책이 수많은 논쟁의 중심에 서고 우여곡절을 겪은 끝에야 가능했다. 또한 데카르트는 프랑스인들이 널리 읽을 수 있도록 이 책을 프랑스어로 집필했다. 기본적으로 『대화』를 이탈리아어로 출판했던 갈릴레오의 전범을 따른 셈이다. 『대화』와 『방법서설』은 라틴어가 아닌 일상어로 출판된 최초의 학술서로 볼 수 있고 이후 뉴턴의 시기까지도 흔치 않은 시도였다. 이 책은 결국 전 유럽의 베스트셀러가 되었다.

『방법서설』은 총 6부로 구성되어 있다. 책의 1부에서는 먼저 자신의 생각이 진행한 과정을 여행기처럼 고백한다. 수학의 명증성에 매료되는 과정을 얘기하고, 증명 불가능한 것은 모두 거짓으로 간주해야 한다는 단호함을 보여준다. 그리고 2부에서는 많이 회자되는 난로방의 사색 이야기가 나온다. 여기서 많은 이들과 학문을 하기보다는 홀로 연구하는 것이 더 매력적임을 피력한다. 협동연구를 강조한 베이컨과는 결정적으로 다른 관점이다. 데카르트는 이 부분에서 특히 학문을 권하고 싶지 않은 두 부류의 사람들을 제시한다. 한 부류는 자신이 실제보다 더 똑똑하다고 생각하고 그 결과 성급하게 결론을 내려버리는 오만한 사람들이다. 이들은 순서에 따라 생각을 이끌어가는 인내심이 없으며 이들에게 학문을 의심할 것을 허락하면 모조리 의심하기만 할 뿐이다.─당연히 새로운 것이 제시되어도 받아들이지 못한다. 또 한 가지 부류는 자신이 다른 사람들보다 참과 거짓을 구분하는 능력이 모자란다고 생각하는 너무 겸손한 사람들이다. 이들은 다른 사람의 견해를 따르기만 할 뿐 스스로 더 나은 의견을 찾으려고 하지 않는다.─사실 겸손의 탈을 쓴 학문적 나태함일 뿐이다. 우리의 상식적 생각을 지배하는 것은 지식이 아니라 관습과 전례일 뿐이다. 모든 사람이 동의하면 관습이 되지만 그렇다고 진리가 되는 것은 아닌 것이다. 그러니 진리는 여러 사람에 의해서가 아니라 오히려 한 사람에 의해서 발견되기 쉬운 것이다.

이런 뼈 있는 조언을 제시한 뒤 데카르트는 기존 지식을 모두 버리고 지식의 단일한 체계를 세우겠다고 결심하는 학자로서의 야망을 피력한다. 그리고 기존 지식에서 가져갈 것은 논리학, 기하학, 대수학, 즉 수학뿐이라고 주장한다.─경험에 앞서는 확실한 지식이라면 누구나 자연스럽게 수학을 떠올리게 될 것이다. 하지만 논리학, 기하학, 대수학도 그대로 사용해야 하는 것이 아니라 장점만 취해야 한다. 논리학은 모르는 것을 알게 하는 학문이 아니라 이미 알고 있는 것을 남에게 잘 설명하기 위한 학문이다. 특히 논리학자들은 자신들이 친 삼단논법의 그물에 스스로 걸려버리는 경우가 많다. 중요한 것은 전제 자체의 증명인데 이를 향해 나아갈 생각은 하지 않고 머물러버리곤 한다. 기하학은 도형을 상상하지 않고는 이해할 수 없고 상상력을 지치게 하는 학문이기도 하다. 대수학은 규칙과 기호에 얽매여서 정신이 향상되기는커녕 혼란스러워질 수 있다. 이런 단점들이 잘 극복된 논리학, 기하학, 대수학이 융합된 수학이라면 증명이 갖는 확실성이 있다고 보았다. 그런데 그 위대한 학문이 기계학에만 쓰이고 있다는 사실이 데카르트에게는 충격이었다. 그는 도덕적 행동들도 수학처럼 확실한 근거를 가져야 한다고 보았다.

2부의 주장이 강하다고 생각했는지 몰라도 3부에서는 그러함에도 현재 몸담은 곳의 관습과 규칙을 따르라는 현명하고 온건한 전제를 내세운다. 그리고 이어지는 4부에서는 데카르트를 유명하게 만든 '방법적 회의'가 설명된다. 주변의 모든 경험들을 의심한 끝에 '의심하는 나' 자신은 존재할 수밖에 없다는 자아의 확실성을 제시한다. 그리고 완전함과 무한의 개념이 존재함에서, 완전하고 무한한 신의 존재를 연역하는 오늘날 우리의 시각으로는 약간은 생뚱맞은 논리가 전개된다. 하지만 당시라면 신의 존재는 논증이 필요 없는 공리로 받아들였을 수도 있어 보인다. 오늘날이었다면 데카르트는 논증을 조금 다르게 진행했을지도 모른다.

5부에서 본격적으로 자신의 물리학과 자연철학을 설명한다. 여기서 심장의 기능을 일종의 증기기관 같은 것으로 비유하는 재미있는 기계적 철학의 사례를 제시한다. 물론 틀린 얘기지만 오늘날과 같은 화학적·생물학적 지식이 없었던 시절에서는 기계적 철학으로 추정 가능한 유일한 모델이기도 했을 것이다. 그리고 언어는 이성과 지능이 존재하는 증거이기에 동물은 이성을 가지지 않는다고 추론함으로써 인간과 다른 동물을 분명하게 구분했다. 또한 육체와 영혼도 뚜렷이 별개로 봄으로써 오늘날 우리가 보편적으로 생각하는 영혼의 관념을 완성한다. 당시로서는 신선한 관점이며 영혼이 육체의 일부로 생각했던 스콜라 철학과는 분명하게 충돌하는 부분이었다.

마지막 6부에서는 자신이 책을 쓴 이유를 밝힌다. 보편적 선에 기여하고 인간 존재의 개선을 위해 집필했다고 얘기하면서 자신의 생각과 추론을 모두 밝힐 수 없었음도 암시한다. 그리고 후원을 사절하겠다는 의사도 피력했다. 생명연장의 꿈도 제시하고 왜 프랑스어로 책을 썼는지도 설명한다.

『방법서설』 말미에는 굴절광학, 기상학, 기하학에 대한 논문이 부록으로 달려 있다.―사실 이 부분들은 부록이라기보다 본문이고, 방법'서설'이라는 표현 그대로 앞부분이 방법론에 대한 서론이다. 오늘날 상황이 이 세 편의 논문은 거의 읽히지 않고 앞부분의 서론만 끝없이 재인용되고 있을 뿐이다.―이 중 기하학 논문은 드디어 해석기하학을 제시한 부분인데 여기서는 기하학과 대수학을 통합한 데카르트 좌표계가 분명하게 제시되어 있다. 오늘날 우리는 중등 수학교육과정에서 모두 이 좌표계를 배우고 있다.

데카르트는 마흔이 넘어서야 첫 책을 출판한 셈이지만 이미 써놓은 원고는 많았다. 하지만 출판을 포기한 『세계』처럼 『정신지도를 위한 규칙들』도 출판을 거부했다. 그는 논쟁에 휘말리는 것을 한사코 피했다. 이런 면에서 볼 때 『방법서설』과 그 부록은 데카르트 사상의 요점정리지만 물리학의 필수적 부분은 억제된 서술이었을 것을 추정해볼 수 있다. 갈릴레오 재판 이후 출간된 데카르트의 모든 저작들은 신중하게 자기 검열과정을 거쳤을 것으로 보인다. 실제로 변죽만 울리는 형태로 지동설 논쟁을 교묘히 피해갈 수 있게끔 써놓았다. 갈릴레오 재판 이전에 쓴 원고들은 몇 년에 걸쳐 계속해서 손보고 신중하게 바꿔서 출판한 것이다. 하지만 그럼에도 불구하고 그의 우주는 암시적으로 중심이 없는 무한한 것으로 상정되고 있다. 이것은 당시의 지동설, 천동설, 신학 모두와 다른 부분이다. 교회의 교리는 유한한 우주를 전제하고 있었다. 무한우주는 화형당한 브루노가 전제했던 것이다. 극도로 방어적인 서술에도 불구하고 해석하기에 따라서는 데카르트의 구체적 주장은 이미 코페르니쿠스보다 더 위험하다고 볼 수도 있었다.

『방법서설』의 내용은 오늘날도 여기저기서 수없이 간접 인용되기 때문에 얼핏 이 책을 선언서 같은 것으로 오해할 수 있다. 투지에 불타는 철학자의 강한 필체로 구성되었으리라 추측하기 쉽다. 하지만 『방법서설』의 어투는 지극히 온건하다. 데카르트는 사실 『방법서설』을 '설'로 쓴 것이 아니라 이야기로 썼다. 즉 주장하고 가르치려는 것이 아니라 방법에 대해 '이야기'하고자 했을 뿐이다. 그런데도 최고의 철학서로 인정받았다는 것이 참으로 얄궂다.

데카르트는 '세상에서 연출되는 연극에서 배우보다는 관객'(『방법서설』 3부)이고자 했고, 학문적 포부는 '다만 내 소유의 땅에 내 건물을 짓는 것'(『방법서설』 1부) 뿐이라는 소박한 입장을 피력했다. '내 나라의 법과 관습에 복종하고……온건하게 극단에서 먼 의견을 따라 나를 지도하는 것'을 자신의 첫 번째 격률로 삼았고, '운명보다 나 자신을 이기고자 노력하고, 세계의 질서보다 내 욕망을 바꾸고자 노력하는 것'을 세 번째 격률로 주장했던 학자다.

"남의 일에 호기심을 갖기보다는 자신의 일에 열중하는 아주 활동적인 위대한 국민들과 더불어, 대도시의 편의성을 만끽하면서도 외진 사막에 있는 것처럼 유유자적하는 은둔생활을 할 수 있었다."(방법서설 3부) 이렇게 데카르트는 네덜란드를 칭찬했다.

"기존 입장에 찬성하거나 반박할 필요 없이 내 자신의 생각을 좀 더 자유롭게 피력하기 위해, 현재의 이 세계는 학자들 간의 논쟁에 맡겨버리자고 결심했다."(5부)라며 그는 한발 물러섰고, "내 삶을 한 폭의 그림처럼 그려, 모든 사람이 각자 이에 대해 나름대로 판단할 수 있도록 할 것이다." (1부)라며 권위를 떠나 어떤 주장도 강요하지 않겠다는 각심을 보여주기도 한다.

"내 스승의 언어인 라틴어가 아니라 내 조국의 언어인 프랑스어로 이 책을 쓰는 것도, 전적으로 순수한 자연적 이성만을 사용하는 사람이 옛날 책만을 신뢰하는 사람보다 더 올바르게 내 의견을 판단해주리라 기대하기 때문이다."(6부)라며 현학적 허세를 가진 학자들보다 진리를 찾는 일반인들이 자신의 책을 읽어주길 기대했다.

또 데카르트는 메르센 신부를 통해 홉스와 가상디에게 자신의 원고를 반박케 했고, 『성찰』은 이 반박과 함께 묶어 출판되었다. 이렇게 자신에 대한 비판도 독자들에게 실시간으로 전하고자 했던 것이다. 판단은 언제나 독자의 몫으로 남겨둔 것이며, 그것은 이성의 능력이 모두에게 평등함을 확신했기에 가능했다.

데카르트는 지식의 확실성은 끝없이 의심했지만 판단의 주체로서 이성은 결코 의심하지 않았다. 명백하게 주장한 바 없지만, 그의 글 전체에는 자유와 평등이라는 근대적 사조에 대한 확신이 자연스럽게 드러나 있다. 그가 추구한 것은 정신의 평등이요, 생각의 자유였다. 후일 샤르트르는 "과학정신과 민주주의 정신의 연관을 데카르트처럼 잘 보여준 사람은 없었다."("데카르트적 자유", 『상황 I』)라고 언급하기도 했다.

데카르트가 보기에 오류가 발생하는 것은 이성의 문제가 아니다. 단지 이성을 올바로 사용하지 않았기 때문에 발생한다. 그래서 데카르트는 이성을 올바로 사용하는 '방법론'에 대한 글을 쓴 것이다. 그리고 또한 그는 방법에 대한 이론이 아니라 방법에 대한 이야기, 즉 자신의 '실천 사례'를 썼다. 데카르트는 싸우고 저항하기보다는, 순응하고 침묵하면서 고립을 택했고, 명확한 결론을 유보했던 학자였다. 그런데도 그토록 많은 반대에 직면한 철학자도 없었다. 현대사회가 철저하게 이성에 대한 믿음에 기반해 있다는 것을 생각해보면 우리는 모두 데카르트의 어깨 위에 올라타 있다. 거인의 어깨 위에 서 있었던 것은 뉴턴만이 아니다. 그를 존경하던, 반대하던, 비난하던 현대인인 우리는 그의 강력한 영향 속에 있으며 데카르트의 합리성이라는 매트릭스 속에 우리는 대화하며 생활하고 있다.

"내가 발견한 것이 하찮은 것이더라도, 그것을 모두 세상 사람들에게 제대로 알려서 유능한 사람들이 더욱 앞으로 나아가도록 장려하고,…… 필요한 실험에 동참하도록 유도하며,…….후세 사람들로 하여금 이전 사람들이 도달한 곳에서 시작하게 하고……"(6부)

많은 부작용들을 감안하고라도 데카르트의 이 겸손한 꿈은 잘 이루어진 셈이다.

· 데카르트의 생각들 : 자아, 수학, 기계의 시대 ·

17세기 유럽의 학문은 비대해진 몸을 유지하기 힘들어 비틀거리고 있었다. 수많은 새로운 발견과 학문적 진전들이 쏟아졌지만 이것을 담아낼 그릇이 없었다. 중세적 세계관은 도처에서 공격당해 산산조각 나고 있었고 이를 대체할 새로운 토대 또한 절실한 시점이었다. 많은 당대의 학자들이 아리스토텔레스의 목적론적 세계관을 무너뜨리길 원했으나, 대안적인 새로운 체계를 만들어내지 못한다면 학문의 혁명은 미완에 끝나고 말 것이다. 그 치열한 고민의 과정에서 기계적 세계관은 이를 대체할 적절한 대안으로 보였다. 그리고 마침내 데카르트는 개인의 이성, 생각하는 자아라는 출발점에서 시작해서 기계적 철학이라는 선명해 보이는 세계관을 완성시켰다.

3부 혁명의 완성

화이트헤드는 유럽철학은 플라톤 철학에 대한 각주라고 했다. 그렇다면, 근대 유럽철학은 가히 데카르트에 대한 각주라 불릴 만하다. 데카르트 이후의 유럽철학이 데카르트의 변주거나 데카르트에 대한 저항이라고 해도 결코 과언은 아니다. 의무교육제도 속에 초중등 교육과정을 마친 우리는 사실상 데카르트가 만들어둔 틀 속에서 성장했다. 하지만 17세기의 상황에서 기계적 철학은 매우 위험한 생각이었다. 죽음이 기계의 오동작이라면 예수의 부활과 천국과 지옥은 어떻게 설명되어야 할까? 기적 또한 터무니없는 헛소리가 되지 않겠는가? 이렇게 된다면 교회의 신앙과 왕의 권력은 어디에 설 것인가? 똑같이 네덜란드에서 활동했던 스피노자는 이미 이성을 토대로 한 민주주의가 유일하게 정당한 정부형태임을 주장했다. 거기에 데카르트의 설명까지 가세하자 절대왕정을 지지하는 기득권 세력은 날이 갈수록 불안해졌다. 결국 루이 14세는 데카르트 철학을 프랑스에서 금지시켰고, 교황청은 데카르트의 책들을 기나긴 금서목록에 추가했다.

17세기의 많은 지식인들 역시 그의 철학에서 새로운 가능성을 보았고, 교회와 권력기관은 이 새로운 세계관이 체제전복적인 급진적 불온사상이 될 수도 있음을 직감했다. 정신도 육체도, 살아서도 죽어서도 그는 논쟁의 중심에 있었다. 해석기하학의 창시자, 정신과 물질을 완전히 분리하며 심신이원론이라는 난제를 만든 사람, 기계적 철학을 철학적이자 과학적으로 그럴듯한 것으로 만들어낸 최초의 인물이 데카르트였다. 데카르트의 방법론은 과학연구의 기초가 되었고, 세계 학문의 방향을 바꿨다. 그가 자아를 강조한 뒤 민주주의, 심리학 등 근대의 많은 것들이 모습을 드러내기 시작했다. 그 스스로는 신을 명백히 전제한 기계적 우주를 제시했지만, 오늘날 많은 무신론 진영의 과학자들은 그의 철학 속에서 신이 필요 없는 우주관을 제시하는 데 어느 정도 성공하고 있다. 많은 이들에게 그의 사상은 새로운 시대를 열어줄 진보적 사상이었고, 어떤 이들에게는 문명의 몰락을 예감케 하는 음울한 선언이었다. 17세기 학문의 최첨단에 데카르트의 철학이 올라섰다. 그리고 데카르트가 새롭게 제시한 틀 속에서 인류는 현대문명이라는 건축물을 다시 쌓아올렸다.

그 결과 데카르트적 합리성은 인간을 자연과 구체제의 속박에서 벗어나게 해주었지만, 그 대가로 이제는 우리를 기술중심주의와 개인주의 이기성의 속박 속에 속절없이 밀어넣고 있다. 단적인 예로, 오늘날 저비용 고효율을 추구하는 것은 자본가의 미덕이요 추구해야 할 합리적 태도다. 쓸모없는 노동자는 해고하고, 임금은 가능한 한 삭감해야 한다. 실제 이 일을 잘 해내는 경영가를 주주들은 지지한다. 잔인한 시대가 시작된 것이다. 사실 데카르트의 생각은 처음 세상에 나왔을 때부터 어떻게 극복할 것인가가 화두였다. 그 결론이 매우 불쾌한 것이었기 때문이다. 기계적 철학은 인간이 믿고 싶은 동화와는 거리가 멀다. 하지만 아직 인류는 데카르트를 극복하지 못했다. "우리 주변의 모든 물체의 힘과 작용을 명확하게 앎으로써, 장인처럼 이 모든 것을 적절한 곳에 사용해 우리는 자연의 주인이자 소유자가 된다."(『방법서설』 6부) 데카르트도 베이컨처럼 자연의 정복을 선언했다. 과연 수학적으로 설명된 자연은 정복되었는가? 조작 대상으로 자연을 바라본 결과는 무엇인가? 인간은 스스로를 예측 가능한 기계로 길들여왔다. 그리고 합리성은 이제 또 다른 신화 혹은 숭배의 대상이 되었다. 데카르트 논리의 중요한 개념인 신이 사라지자 사실 합리성의 토대 자체가 삐걱거리기 시작한 상황임에도.

· 베이컨과 데카르트가 만든 세계 ·

자연에 대한 올바른 이해를 토대로 자연을 지배할 수 있는 능력을 갖추는 것은 인류에게 부과된 신의 도덕적 명령이라는 베이컨의 외침은 이후 유럽 역사의 진행방향에 대한 선언이 되었다. 유럽은 이후 베이컨적 사명감과 자만심을 함께 가지고 세계제패에 나섰다. 그 결과는 우리가 알고 있는 바 그대로이다. 역사 속에서 유럽의 공과 과가 분명해 보인다면 철학자로서 베이컨도 그러하다. 개인의 강조는 데카르트에 의해 시작되었다. 인권의 개념, 자아에 대한 심오한 고찰은 그가 있었기에 비롯되었다. 그랬기에 데카르트는 근대사상의 아버지로서 자리매김했다. 또한 데카르트가 피력한 유물론적 경향성을 강하게 내포한 기계적 철학과 수학적 세계관의 옹호는 현대과학의 요람으로서 역할을 수행했다. 수많은 현대문명의 이기들은 그런 분위기 속에서 탄생했다. 오늘날 수많은 '수학'적 '기계'들 속에서 막상 '자아'를 상실해 가고 있다는 느낌을 받는 현대인들은 데카르트로부터 유래한 모순 속에 살아가고 있는 셈이다.

이 세상은 편견으로 가득 차 있고 이 모든 편견을 버리는 방법을 알아야 우상으로부터 자유로울 수 있다고 본 점에서 두 학자는 같았다. 하지만 우상으로부터 자유로워지는 방법은 베이컨과 데카르트가 판이하게 다르다. 베이컨에게 지식은 감각으로 확인되는 지식이기에,

감각적 한계를 보완할 수 있는 보조장치들이 있으면 좀 더 명확한 지식에 도달해 갈 수 있다. 그래서 실험도구들이 중요해지고 오류를 교정해 줄 다른 사람들의 객관적 시각이 중요하다. 하지만 데카르트에게 감각적 정보는 아무리 교정해도 감각일 뿐이다. 그에게 올바른 방법론은 고독한 수학적 연역이었다. 베이컨은 자신의 귀납법을 꿀벌의 방법이라고 표현했다. 외부의 것을 모아 자신의 방법으로 소화시키는 것이지 '그냥 모은 것'은 분명히 아니다. 하지만 데카르트는 거미처럼 자신의 내부에 있는 것을 이용해서 먹이를 잡는다. 귀납은 어느 날 새로운 반증이 나타나면 산산이 부서지고, 연역은 전제가 참일 경우에만 의미가 있는데 그 참인 전제를 찾는 것이야말로 난제 중의 난제다. 모두 나름의 약점은 있었다. 두 사람 모두 순서와 방법만 잘 지킨다면 분명히 확실한 지식을 향해 나아갈 수 있으리라 믿었고, 또한 그 지식은 '유용성' 또한 보장하리라 보았다. 하지만 확실한 지식을 찾다가 틀린 것이라는 딱지가 붙은 채 소실된 문화적 다양성이 얼마이며, 유용성을 쫓다가 폐기처분한 인류의 가치들은 또 얼마던가.

삶을 개선하기 위해 과학의 힘을 빌어 자연을 지배하고 통제하라고 선언했던 그들은, 자연에 대한 지식 그 자체가 목적이라고 생각한 아리스토텔레스적인 지식관과 확연히 구분되는 분기점을 만들었다. 이제 인류는 가보지 않은 곳으로 나아가기 시작했다. 케플러, 갈릴레오, 베이컨, 데카르트, 이 모든 이들이 뉴턴 직전을 살다갔다. 이제 뉴턴은 이들이 만든 작품들을 모아 거대하고 새로운 세계관을 직조할 것이다.

08

뉴턴이 만든 세계

· 뉴턴의 시대 ·

17세기는 천재의 세기다. 유럽 역사에서 17세기는 주요 학자들을 거론하는 것만으로도 눈이 부시다. 케플러, 갈릴레오, 데카르트, 라이프니츠, 파스칼, 가상디, 베르누이, 페르마 등이 17세기를 불꽃처럼 살아갔다. 그리고 그 꼭지점의 가장 빛나는 장소에 아이작 뉴턴을 놓는 데는 거의 이론의 여지가 없다. 지동설은 뉴턴에 의해 드디어 짝이 맞는 역학체계를 갖추게 되었기에 그는 과학혁명의 완성자로 불린다. 뉴턴 이후의 세계는 이전의 세계와 너무나 다른 것이 되었기에 그는 근대라는 시대의 상징 인물이 되었다. 이런 뉴턴의 역량은 17세기의 다양한 사회 변화와 학문의 발전 속에서 잉태되고 성장해갔다.

뉴턴이 태어나던 때에 유럽은 30년 전쟁의 참화 속에 있었다. 이 시기는 케플러의 임금체불, 데카르트의 용병 생활, 갈릴레오 책의 검열 같은 일들이 뒤섞인 시대였다. 30년 전쟁이 끝난 것은 뉴턴이 여섯 살이던 무렵이었다. 케플러와 갈릴레오가 살아가던 시대는 참혹한 대립의 시대였지만, 뉴턴은 그래도 어느 정도의 관용이 싹튼 시대성의 혜택을 직접적으로 받을 수 있는 세대에 포함될 수 있었다. 하지만 그렇다고 뉴턴의 생존 시대가 평온하기만 했던 것은 아니다.

뉴턴이 탄생할 무렵인 1643년 프랑스에서는 루이 14세가 4세의 나이로 즉위했다. 그렇게 절대왕정의 절정기가 시작되었다. 루이 14세는 1661년 22세가 되자 최고지배권을 직접 행사하기 시작했다. 베르사이유 궁전의 건축, 부국강병정책, 팽창전쟁이 태양왕 루이 14세 시기를 특징짓는 이미지다. 유럽대륙 국가들은 루이 14세의 긴 재위 기간 동안 팽창하려는 프랑스를 막기 위해 많은 노력을 기울여야 했다. 유럽대륙만큼이나 영국의 상황도 숨 가쁜 정치적 위기와 격변 속에 진행되었다. 1640~1650년대의 크롬웰의 청교도혁명과 왕정복고기간에 뉴턴은 유년기를 보냈다. 하지만 워낙 시골마을이라 영국을 뒤흔들고 있던 정치적 사건들은 뉴턴에게 거의 영향을 미치지 못했다. 1668년 네덜란드 오렌지공의 아내 메리 스튜어트가 명예혁명으로 영국 여왕으로 즉위할 때 뉴턴은 케임브리지에서 청년기를 보냈고 있었다. 뉴턴이 50대이던 1707년 잉글랜드는 스코틀랜드를 합병해서 그레이트 브리튼이 성립했다. 잉글랜드-스코틀랜드 연합왕국의 성립으로 잉글랜드는 북부로부터의 위협이 사라지며 우리가 알고 있는 영국깃발 아래 유럽의 섬나라는 대영제국으로의 도약 발판을 마련했다. 이것이 뉴턴이 살아간 시대였다. 뉴턴의 노년이 되어서야 만만치 않

절대왕정기 유럽지도

앴던 시대 분위기가 정리되었고, 유럽은 영국과 프랑스라는 강대국의
조율 속에 왕조주의 시대가 서서히 끝나고 국가주의 시대로 접어들
게 된다. 이후 18세기의 유럽은 프랑스 대혁명 시기까지는 비교적 평
온한 시기를 유지할 수 있었다. 종교와 국왕이 우선인 시대가 곧 끝날
것이었고, 새롭게 태어날 시민의 시대는 또한 뉴턴에 의해 완성된 지
동설의 시대가 될 것이었다.

· 1640~1650년대, 울즈소프의 미숙아 ·

아이작 뉴턴(Isaac Newton, 1642~1727)은 1642년 영국의 울즈소프라는
작은 마을에서 태어났다. 자료에 따라서는 뉴턴의 생일이 1642년이

뉴턴

라는 기록과 1643년이라는 기록이 혼재되어 있다. 이 두 정보는 모순되는 것이 아니다. 뉴턴의 생일은 현재 우리가 쓰는 그레고리우스력으로는 1643년 1월 4일이고 전통적인 율리우스력으로는 1642년 크리스마스였다. 교황청에서 제시했던 새로운 역법을 악습으로 간주한 영국은 아직까지 이를 받아들이지 않았기 때문에 율리우스력을 쓰고 있었다. 뉴턴의 아버지는 결혼 6개월 만에 아내가 임신한 상황에서 36세의 나이로 사망했다. 지병이 있었을 것으로 보인다. 그래서 뉴턴은 유복자로 태어났고, 더구나 칠삭둥이 미숙아였다. 작은 주전자 안에 들어갈 수 있을 정도로 작았다는 기록으로 보아 체중이 1kg이 안되었을 것이고 모두들 아이가 얼마 살지 못할 것으로 보았지만 건강하게 살아남았다. 후일 뉴턴은 자신이 하필이면(?) 크리스마스에 일찍 탄생한 것이 역사 속에서 자신의 선지자적 운명을 상징하는 사건이라고 여긴 듯하다.

뉴턴의 가계와 가정환경은 상당히 자세하게 정리되어 있다. 뉴턴 스스로도 자신의 족보를 기록했고, 뉴턴의 이름이 고유명사화한 이후에는 학자들이 뉴턴과 관련된 작은 사항들까지 놓치지 않고 치밀하게 정리했다. 오죽하면 뉴턴이 죽을 때까지 잃은 영구치가 하나뿐이라는 기록까지 잘 남아 있을 지경이다. 그러니 뉴턴이 태어났을 때 아버지가 남긴 재산목록에 양 234마리와 소 46마리가 있었다는 것까지 확인할 수 있는 것은 어쩌면 당연한 셈이다. 기록에서 확인할 수 있듯이 뉴턴의 가문은 소지주 계층이라 생계에 아무 지장이 없었고, 뉴턴은 문맹률 높은 당시에 글을 배울 것이 거의 확실시 되는 환경에서 성장할 수 있었다.

아직 30대인 어머니는 뉴턴이 세 살 무렵 재혼해서 뉴턴을 남겨놓고 떠났다. 뉴턴은 외조부모 밑에서 양육되었다. 많은 학자들이 이때의 모성결핍이 뉴턴의 성격과 여성관에 영향을 미쳤다고 본다. 뉴턴은 평생 결혼을 하지 않았을 뿐만 아니라 여성에게 거의 관심을 가진 것 같지도 않다. 어린 시절의 어머니와의 관계를 보여주는 자료가 있다. 대학을 졸업한 뒤 뉴턴은 어느 날 신앙심이 돈독해졌는지 참회공책을 만들어 자신이 평생 동안 저지른 잘못들을 나열했다. '일요일에 빵을 만들었다'는 등의 시시콜콜한 내용도 있지만 '어머니와 양아버지를 집과 함께 불태워버리겠다고 위협한 일'도 참회목록에 올라가 있다.

이 시기 영국은 왕당파와 의회파의 전쟁이 휩쓸던 격변기였다. 1649년에는 올리버 크롬웰이 국왕 찰스 1세를 처형하는 전대미문의 사건이 발생해 유럽을 경악케 했지만 시골마을의 7세 소년 뉴턴에게는 특별한 느낌을 주지 못했을 것이다. 1650년 뉴턴은 초등학교에 들어갔고, 1651~53년 사이에는 그랜섬 시립학교에서 공부했다. 특히 이 시기는 약사인 클라크의 집에서 기거하며 약국에서 화학과 접하면서 다양한 실험도구들에 익숙해질 수 있었던 시기였다.

한편 어머니가 재혼한 바나바스 스미스라는 목사는 60세가 넘은 부자였다. 이후 10여 년 간 그는 아내와 세 명의 아이를 낳았다. 하지만 의붓아버지 역시 일흔 살로 사망했고, 어머니는 늘어난 재산과 아버지가 다른 뉴턴의 동생 셋을 데리고 1656년 10대의 뉴턴 곁으로 다

크롬웰과 철기군

크롬웰의 청교도혁명은 영국의 정치지형을 크게 변화시켰지만 시골의 어린아이였던 뉴턴의 유년기에 큰 영향을 미치지는 못했다. 다행히 뉴턴은 이런 혼란들이 어느 정도 가라앉은 이후 청년기를 맞이할 수 있었다.

시 돌아왔다. 꾸며내지 않았을까 싶을 정도로 인상적인 유년기 뉴턴의 일화들은 많이 남아 있다. 모든 일화는 한 가지에 집중하면 어떤 것도 그를 방해할 수 없었고, 그로 인해 주변사람들을 상당히 난감하게 만들었다는 요지로 요약할 수 있다. 뉴턴의 청소년기 재판기록은 이런 내용을 전한다. "양들을 방치해 4.6km에 이르는 나무를 망친 죄로 3실링 4펜스의 벌금을 선고한다. 또 돼지를 옥수수 밭에 들어가게 한 죄와 울타리를 수리하지 않고 방치한 죄로 각각 1실링의 벌금을 선고한다." 판결문에서 드러나듯 어머니가 가축을 관리하라고 일을 맡기면 이 몽상가적 기질의 소년은 자기 재산에는 아무 관심도 없이 형이상학의 세계로 빠져들곤 했다. 이 정도라면 생각에 빠져 말을 끌고 집을 나갔는데 돌아올 때는 말이 없어진 줄도 모르고 줄만 끌고 들어왔다는 만화 같은 일화들도 사실이었을 것 같다. 다행히 그 말은 먼저 집에 돌아와 있었다고 전한다.

어머니가 돌아온 지 채 2년도 안 되어 1658년 16세 때 뉴턴은 그랜섬 공립중학교에 다시 보내졌다. 대학입학을 위해 다시 심화과정을 공부하기 위해서였던 듯하다. 뉴턴의 학업성적은 매우 우수했고, 갈릴레오만큼이나 도구를 만드는 재주 또한 일품이었다. 이 시기 당대 지식인들의 언어인 라틴어에 충분히 숙달됨으로써 후일 자신의 업적을 전 유럽에 알릴 수 있는 기본지식을 습득했다. 뉴턴과 알고 지냈던 여학생 한 명은 그가 착실하고, 조용하고, 생각에 잠겨 있는 아이였고 남학생들과 밖에서 노는 것을 부러워한 적이 없었다고 회고했다. 자연에 대한 비상한 관찰력도 이미 드러난다. 뉴턴은 시계 대신 그림자만 보고도 시간을 대답할 수 있었다. 이 중등 과정에서 간단한 산술 외에 수학은 배우지 않았을 것임이 분명함에도 뉴턴은 공립중학교 과정을 졸업한 4년 뒤에는 미적분을 발견하게 된다. 갈릴레오가 뉴턴이 탄생하던 해에 죽었고, 케플러는 그보다 12년 앞서 사망했다. 데카르트는 뉴턴이 10대 초반까지 살아 있었다. 따라서 대학에 입학할 무렵 뉴턴은 이 유명한 선구자들의 연구결과를 충분히 활용할 수 있었다.

· 1661~1665년, 케임브리지 ·

1661년 6월, 19세의 뉴턴은 케임브리지(Cambridge)의 트리니티 칼리지(Trinity college)에 입학했다. 트리니티 칼리지는 17세기 뉴턴으로부터 현대의 스티븐 호킹에 이르기까지 수많은 석학들이 거쳐 갔고 오늘날까지도 과학의 중요한 중심축으로 자리 잡고 있다. 뉴턴이 케임브리지에 입학할 때 그가 근로 장학생으로 입학한 이유로 인해 그가 가난했을 것으로 추정하는 경우가 있다. 하지만 앞서 살펴본 것처럼 뉴턴은 평생 가난으로 고통 받을 일은 없었다. 그가 근로 장학생이 된 이유는 단지 어머니가 학비를 지원하지 않았기 때문으로 보인다. 대학을 가는 것이 당연하지 않던 시기 어머니는 장남이 고향에서 농장을 물려받기를 원했을 것이다. 하지만 앞서의 일화로 볼 때 뉴턴이 농장주로서 재능이 없었을 것은 분명했고, 집안의 하인들도 모두 그 한심한 도련님과 헤어지는 것을 기뻐했다. 그리고 뉴턴은 이제 자기 인생에 꼭 맞는 장소를 찾았다. 뉴턴은 이후 1696년까지 35년간을 케임브리지에서 학자의 고독을 만끽하며 인류의 시야를 확장시켰다.

대학재학 시절 뉴턴은 대학의 고루한 아리스토텔레스 위주의 교과과정을 넘어서서 데카르트, 가상디, 갈릴레오, 보일, 홉스 등의 최신 저작들을 독학했다. 그리고 〈질문들〉이라는 제목을 붙인 공책에 읽은 책의 저자들을 향한 날카로운 질문을 정리해 나갔다. 뉴턴은 수동적으로 저자들의 의견을 받아들이지 않았고, 탐독한 내용을 자신이 평생 동안 고민할 연구 질문으로 승화시켰다.

예를 들어 데카르트의 빛에 대한 설명에 대해 뉴턴은 많은 반대를 기록해뒀다. 데카르트는 공간에 가득 차 있는 보이지 않는 에테르 압력의 한 형태가 빛이라고 설명했다. 즉 보이지 않을 정도로 작은 미세한 에테르 입자가 눈에 다양한 압력을 미치게 되고, 그 압력의 차이들을 우리는 색이라고 느낀다는 것이었다. 데카르트 특유의 기계론적 철학에도 잘 부합하는 설명이었다. 하지만 1664년 뉴턴은 노트에 빛이 압력에 의해 형성될 수 없다고 명확히 언급했다. "빛은 압력에 의한 것일 수 없다…… (그렇다면) 달리거나 걷는 사람은 밤에도 빛을 볼 수 있을 것이기 때문이다." 아직 학부학생에 불과했음에도 뉴턴은 권위에 전혀 위축되지 않았고, 하나하나의 반론은 쉽고 직관적이면서 날카로웠다.

다음 해에는 자신의 광학이론을 발전시키면서 상상하기 힘든 엽기

트리니티 칼리지 전경

연금술, 신비주의, 신학에 심취한 아리우스주의자 뉴턴의 안락한 직장. 아이러니하게도 트리니티 칼리지의 교수인 뉴턴은 트리니티(삼위일체)를 믿지 않았다.

적 실험도 마다하지 않았다. "나는 뜨개질 바늘을 눈과 뼈 사이로 집어넣어 최대한 눈 뒤쪽까지 밀어넣어 보았다. 그 끝으로 눈을 누르자, 흰색과 어두운 색, 그리고 여러 가지 색의 원들이 나타났는데, 뜨개질 바늘 끝으로 눈을 계속 문지를 때 원들이 가장 선명하게 보였다." 색에 대한 지각이 눈에 미치는 압력 때문에 생긴다는 가설을 시험하기 위해 뉴턴은 뭉툭한 바늘을 자신의 눈알 뒤쪽까지 찔러 넣어 실험했다. 이로 인해 실제로 실명될 위기를 겪었다. 그의 학문적 호기심은 육체의 고통과 불구의 위험을 무릅쓸 정도로 진지한 것이었다.

　이런 맹렬한 연구의 결과 뉴턴은 학부 시절에 아리스토텔레스의 시대가 끝났다는 것에 충분히 동의할 수 있었다. 그의 자연관은 이미 원자론적 관점으로 경도되었고, 빛에 대해서도 당연히 입자론적 관점을 선택했다. 빛에 대한 고민은 이 시기 이미 상당한 진전을 이루었고, 백색광이 다양한 색깔의 빛이 합쳐진 혼합광이라는 추측도 분명하게 정리해뒀다.

1663년에는 점성술에 대한 책을 샀는데 자신이 이해할 수 없는 수학적 설명이 나왔다. 그래서 유클리드의 『기하학 원론』을 보기 시작했는데, 이후 관련 수학서적을 탐독하다가 데카르트의 『해석기하학』까지 1년 남짓한 기간 책만 읽으며 독학했다. 데카르트의 『해석기하학』을 독파했다는 것은 뉴턴이 1664년에 17세기까지 인류가 도달한 수학을 사실상 모두 따라잡았다는 의미였다. 그것도 학사학위를 받고 연구원이 되는 데 필요한 정규 시험들—비록 느슨하기는 했지만—을 무난히 치러내면서 이루어진 것이었다. 대학을 다닐 때도 밥 먹는 것조차 잊어버리는 그의 버릇은 여전했고, 언제나 그는 '뭔가에 홀린 듯한' 사람이었다. 지적 호기심이 일단 발생하면 그는 뒷일을 생각하지 않았다.

· 1666년, 기적의 해 ·

수많은 업적들이 축적된 과학의 역사에서 1666년과 1905년의 단 두 해만이 과학사에서 '기적의 해(miracle year, 라틴어 annus mirabilis)'로 불리고 있다. 그만큼 이 두 기간은 과학사에서 혁명적 순간이다. 1666년에 뉴턴은 24세의 나이로 미적분, 광학, 만유인력의 기본 아이디어를 모두 정립했다고 알려져 있고, 먼 미래인 1905년에 알베르트 아인슈타인은 26세의 특허청 직원 신분으로 세계 최고 수준의 논문 네 편을 차례로 발표하며 그 마지막을 특수상대성이론으로 장식했다.

뉴턴의 기적의 해라는 전설은 1665년 여름 페스트의 유행이 런던 시민 7만 명을 죽음으로 몰아넣으며 시작했다. 격리나 휴교령 등 역병에 대한 발 빠른 대응으로 영국 전체로 페스트가 퍼져나가는 것은 간신히 막아냈다. 이 시기 케임브리지는 당연히 휴교했고, 학사학위를 받은 뉴턴은 고향으로 돌아가 다음해까지 머물렀다. 1667년 봄이 되어서야 학교는 정상운영되었다. 이 시기에 벌어진 일을 뉴턴 스스로가 쓴 기록을 따라가보자.

"1665년 초에 나는 급수의 근사방법과 모든 이항식을 어떤 자릿수까지라도 그런 급수로 환산할 수 있는 규칙을 발견하였다. 같은 해 5월에 그레고리와 슬루시우스의 접선을 구하는 방법을 발견하였고, 11월에는 유율법의 직접적 방법(미분)을 발견하였다. 이듬해 1월 색에 관한 이론을 발견했고, 그 해 5월에 유율법의 역방법(적분)을 시작했다. 그리고 같은 해에 나는 달 궤도까지 확장된 중력에 관해 생각하기 시작했…… (행성의 주기 제곱이 궤도 거리의 세제곱에 비례한다는) 케플러 법칙에서, 나는 행성 궤도를 벗어나지 않게 하는 힘이 각각 중심 거리의 제곱에 반비례한다는 것을 연역하였다.(만유인력의 역제곱 법칙) 또 그것을 통해 달을 그 궤도에서 벗어나지 않게 하는 힘과 지표면에서 중력의 힘을 비교했고, 그 답을 상당히 가깝게 계산했다. 이 모든 것은 페스트가 있던 1665년과 1666년 두 해 동안의 일이었다. 이 시기는 나의 발견의 시대 중 최고였으며 수학과 철학에 그 이전의 어느 때보다도 열중해 있었던 때였다."

이 무협지 같은 서술이 믿어지는 것은 오로지 그가 뉴턴이기 때문이다. 이 서술에 의하면 뉴턴은 유클리드의 책을 보기 시작한 지 1년 정도에 데카르트까지 기존의 모든 수학지식을 흡수한 후 고향에 돌아가 독자적 수학을 만들기 시작해서 미적분을 완성했고, 동시에 광학과 만유인력의 기본 아이디어를 정립한 지적 폭풍의 시기를 보낸 것이다.

뉴턴이 유율법(fluxion)이라 부른 미적분(Calculus, 微積分) 발견의 의미를 잠시 되새겨보자. 오늘날 고등학교 과정에서 배우는 미적분을 간단히 설명해본다면, 좌표상에서 곡선의 기울기는 미분(differentiation)으로, 곡선 아래의 면적은 적분(integration)으로 구할 수 있다. 미분과 적분은 서로 거울과 같은 역전 관계다. 뉴턴은 이 사실을 알아낸 최초의 인류이었다. 아르키메데스, 케플러, 갈릴레오, 데카르트는 모두 무한히 작은 부분들로 나누어 그 합을 더함으로써 타원체 같은 곡선의 면적을 근사치로 계산했다. 하지만 뉴턴은 인류 최초로 한 점에서 일어나는 순간적인 증가분을 알아내 그 변화율로부터 정확한 면적을 계산해냈다. 이제 인류는 운동에서 생겨나는 가변적인 양을 계산할 수 있게 되었다. 유클리드 기하학은 공간을 재는 것에 불과했지만 이제 인류는 시간적 변량을 잴 수 있는 무서운 도구를 손에 쥐게 되었다.

또한 미적분은 무한을 계산 가능한 양으로 다룰 수 있다. 미적분 이후 지구의 수학은 현란하게 발전했다. 오늘날까지의 과학, 공학, 건축학의 발전과정을 살펴볼 때 미적분의 발견은 현대과학기술 발전의 방아쇠였다. 후일 볼테르는 뉴턴을 칭송하며 미적분을 이렇게 설명했다. "미적분은 그 존재를 마음속에 떠올릴 수 없는 것을 정확하게 수로 나타내고 측정하는 기술이다." 이런 미적분이 뉴턴과 라이프니츠에 의해 만들어지는 과정의 가치는 절대 축소되어서는 안 되겠지만 당시의 다양한 수학적 시도들의 가치가 전제되지 않으면 안 된다. 당시는 뉴턴의 청년기 뉴턴의 스승 아이작 배로를 비롯해서, 야곱과 요한 베르누이 형제, 존 월리스, 니콜라우스 메르카도르 등에 의해 다양한 수학적 아이디어들이 탄생하고 있었다. 뉴턴은 체계적 독서를 통해 당대의 만개한 수학적 발전을 따라갔다. 그 시간이 전제되어야만 뉴턴의 기적은 가능했다. 1666년의 기적은 한 천재가 은둔 속에 외롭게 이룬 것이 아니다. 시대의 흐름 속에서 뉴턴은 1666년에 도달했다. 그리고 마침내 점은 무한히 짧은 선이고 선은 무한이 많은 점임에 착안해서, 곡선의 '한순간'이 '지향성을 가진 점'임을 간파한 뒤 결국 미적분의 발견으로 진행해간 것이다.

이 시기 중력에 관한 뉴턴의 업적은 정확히 무엇일까? 만유인력을 발견했다는 것은 적절한 표현이 아니다. 정확하게는 중력을 수학적인 물리량으로 설명했다는 것이다. 뉴턴의 회고에 의하면 이때 두 물체 간에 작용하는 인력은 거리의 제곱에 반비례함을 수식에 의해 명확하게 보였고 케플러 3법칙에 일치하게 설명해냈다. 더구나 그 수식은 돌이 땅으로 낙하하는 이유도 함께 설명했다. 가장 중요한 맥락은 '당기는 힘'의 발견이 아니라 돌맹이가 땅으로 떨어지는 것과 달이 지구를 도는 현상을 같은 수학적 힘으로 설명 가능하다는 것이었다. 분리되어 있던 천상의 행성운동과 지상의 낙하운동이 통합된 것이다. 이제 돌이 땅으로 떨어지는 이유는 흙 자체의 본성이 아니었다. 아래 방향은 우주의 중심방향이 아니었다. 모든 천체는 자기 자신의 아래를 가지게 되었다. 뉴턴은 상하의 개념 자체를 상대적인 것으로 바꾸었다.

후일 『광학』에서 보게 될 뉴턴의 기본적 생각들도 이 시기 이미 나타났다. 뉴턴은 1666년 프리즘을 구입했고, 여러 실험을 수행한 뒤 스케치했다. 기하학으로 빛의 실체를 다루면서 굴절률이 다른 여러 빛을 확인했다. "나는 빛이 단일한 것이 아니라 어떤 것은 더 크게, 다른 것은 더 작게 굴절되는 상이한 빛으로 이루어져 있음을 발견했다." 아리스토텔레스의 해석에서는 사과가 빨갛다면 그 붉음은 사과의 본질이었다. 많은 이들은 색이 밝음과 어두움의 혼합과정에서 발생한다고 믿었다. 그러나 이제는 뉴턴에 의해 빛이 독립적인 실체가 되었다. 데카르트는 모든 것을 입자들의 운동으로 설명했다. 입자들의 회전압력만으로 그는 조수부터 색깔까지 모든 것을 설명해냈다. 데카르트가 실험을 하지 않은 것은 아니지만, 그는 모순이 있다면 오류가 있을지 모르는 실험보다는 이성에 우선권을 두는 쪽이었다. 하지만 뉴턴은 평생에 걸쳐 실험 결과와 이론이 일치하지 않는다면 이론의 제시 자체를 포기하는 쪽을 선택했다는 점에서 데카르트와 많이 달랐다.

뉴턴의 기적의 해에 대해 덧붙일 것은 이것이 뉴턴의 노트와 회고에 의해서 뒷받침된다는 것이다. 당연히 그 당시의 발견이 『프린키피아』와 『광학』에 실린 내용만큼 다듬어지지는 않았을 것이다. 그리고 고의가 아니더라도 자기 업적의 초기 완성도에 대한 창시자의 기억은 종종 왜곡되기 쉽다. 또한 뉴턴의 글은 50년 뒤 라이프니츠와 미적분 논쟁이 한창일 때 씌어진 것이라는 점도 염두에 두어야 할 것이다. 따라서 1666년이 알려진 것만큼의 기적이었는지는 불확실한 측면이 있다. 하지만, 이 1666년의 과정을 거치면서 이제 뉴턴은 자기 역량에 대한 충분한 객관적 증거와 확신을 가질 수 있게 된 것은 분명하다.

또한 이 모든 아이디어들은 후일 뉴턴 자신에 의해 명확히 완성되었고, 그것만으로도 충분히 기적일 것이다.

· 1667~1686년, 트리니티의 은둔자 ·

학교로 돌아온 뉴턴은 1667년 석사학위를 취득하고 정식 연구원으로 선발되었다. 그리고 곧 또 하나의 운명 같은 행운이 찾아왔다. 1669년 루카스좌 석좌교수(Lucasian professor of Mathematics)가 된 것이다. 뉴턴이 재직했던 루카스좌 교수는 헨리 루카스가 1663년 설립한 기금으로 마련된 트리니티 칼리지의 수학분야의 교수직이다. 1664년 아이작 배로(Isaac Barrow)가 처음 그 자리를 맡았다. 불과 5년 뒤인 1669년 뉴턴의 스승 배로는 뉴턴의 천재성을 알아보고 영전하면서 자기 자리를 뉴턴에게 넘겼다. 사실상 뉴턴을 위해 만들어진 운명적 자리였던 셈이다. 이 자리가 아니었다면 뉴턴이 교수가 되는 것은 훨씬 힘들었을 수 있고, 뉴턴은 훨씬 지위가 낮고 잡무가 많은 자리를 받아들이거나, 아니면 울즈소프의 농장주로 돌아갔어야 할 것이다. 하지만 이제 일단 교수가 되었기에 살인죄를 저지르지 않는 이상 평생 학자로서의 지위가 보장되었다. 뉴턴은 강의자로서 소질이 없었다고 전해진다. 뉴턴의 첫 강의를 들은 뒤 두 번째 강의에는 학생들이 아무도 오지 않았고, 17년간 강의했는데 어떤 때는 수강생이 없어 벽을 보고 혼자 강의하기도 했다고 하니 강의는 매우 지루했던 듯하다. 다행스럽게도 그 시대는 그래도 교수직을 유지하는 데 아무 문제가 없었다.

뉴턴은 자기 업적을 알리는 데 병적으로 수줍었다. 그런 면에서는 갈릴레오와 대척점에 있는 사람이다. 이 미적거림은 기본적으로 완벽주의에 기인했다. 뉴턴은 아무리 자신의 아이디어가 탁월하다 하더라도 개량을 거듭한 뒤 오점이 사라진 완벽한 단계에 도달해야 남들에게 보였다. 반대진영의 공격에 대한 두려움이 강했고, 실제 한두 번 공격을 당한 후에는 여간해서는 자기 생각을 남에게 내보이지 않았다. 뉴턴의 여러 발표와 책 출간은 주로 라이벌이 사라지고 압도적인 권위를 가지게 된 후 이루어졌다.—『광학』의 경우가 대표적이다. 이 책은 라이벌인 훅이 노환으로 바깥출입을 못하게 되었을 때에야 진행되었고 훅이 죽고 난 뒤 출판됐다.—뉴턴의 성격으로 보아 교수가 되지 못했었다면 학자사회에서 살아남기 힘들었을 것이다.

교수가 되어서도 종종 자신이 밥을 먹었는지를 다른 이들에게 물어서 확인하는 버릇은 그대로였다. "나는 그가 여가, 기분전환, 산책, 볼링, 또는 다른 운동을 하는 것을 본 적이 없다……. 생각하며 모든 시간을 소비한다." "친구들과 즐기다가……무슨 생각이 떠오르면, 그 자리에 앉아 종이에 쓰고 친구들의 존재를 잊었다." "그는 종종 식사하는 것을 잊었다……. 나는 그가 앉아서 먹는 것을 보지 못했다." "그는 먹거나 잠자는데 소비하는 짧은 시간들을 아까워했다고 믿는다." 이 시기 뉴턴에 대한 증언은 괴담같이 느껴질 정도지만, 모두의 표현이 하나같은 것으로 보아 결코 과장이 아닌 듯하다. 아마도 한가한 생활이야말로 뉴턴에게는 스트레스였을 것이다. 그는 결코 쉬는 법이 없는 사람이었다.

· 연금술사 뉴턴 ·

1668년부터 1670년대 후반까지 뉴턴은 여러 번 런던을 방문했으나 누구를 만난 것인지는 알 수 없다. 당시 원고에 남긴 메모에는 암호나 이니셜을 쓴 사람들과 교류가 있었다. 뉴턴 스스로 매우 비밀스럽게 추진했던 이 만남들은 연금술 연구그룹과의 연계였을 것으로 추정된다. 당시 관점에서 연금술 연구자들과의 교류는 그의 정상적 학자로서의 삶과 연계되기는 힘든 분야였다. 1669년에 연금술 실험도구들을 구입한 이래 1670년대 내내 본격적으로 연금술을 연구한 것으로 보인다. 하루 4~5시간씩만 자며 엄청난 노동시간을 투자했다. 30대에 이미 백발이 된 것은 너무 집중해서 일한 결과의 휴유증이라고 주변에서 말할 정도였다. 1677~1678년의 겨울 사이 뉴턴의 연구실에 불이 났고 많은 자료가 소실되었다. 이로 인해 그는 그 당시 추진하던 연구를 다시 하려 하지 않았고 마음에 큰 상처를 받았다. 소실된 자료가 연금술 실험과 관련된 것이라는 주장도 있고 광학의 초기 버전이라는 설도 있다. 뉴턴은 『프린키피아』 출간 후인 1690년대에도 간헐적으로 연금술 연구를 계속 수행한 것 같다. 유럽 대륙으로 여행가는 사람들에게는 여러 정보를 알려주면서 이러저러한 금속이나 연금술 재료, 관련 인물들을 찾아보라고 부탁하곤 했다. 이처럼 뉴턴은 반세기간 연금술에 지속적으로 몰두했고 조폐국장 시기에는 이 지식들을 현실적으로 활용하기도 했다. 위조가 어려운 합금을 개발하는 과정에는 숙련된 연금술적 지식이 한몫을 했던 것이다.

뉴턴이 연금술에 심취해 있었다는 사실은 19세기까지도 비밀에 부

쳐졌고, 1930년대가 지나서야 제대로 인식되고 연구되었다. 많은 서적들에서 뉴턴의 연금술 연구를 부정적으로 묘사한다. 뛰어난 과학자의 어두운 면 또는 시간 낭비의 관점에서 바라보는 서술이 많다. 하지만 연금술 연구는 오히려 뉴턴의 많은 다른 연구에 지적 영감을 주었을 것이다. 뒤에서 살펴보겠지만 그 대표적 사례는 바로 뉴턴의 핵심 업적인 만유인력 자체다.

· 왕립학회 회원 뉴턴 ·

뉴턴의 광학연구결과는 결국 그의 반사망원경의 제작으로 연결되었다. 1669년 뉴턴은 15cm 크기의 반사망원경을 제작했는데 1.8m 크기의 굴절망원경보다 성능이 뛰어나고 선명했다. 반사망원경에서는 굴절망원경의 색수차 현상—색이 번져 보이는 현상—이 나타나지 않기 때문에 깨끗하고 선명한 상을 얻을 수 있다. 이 반사망원경의 제작은 후일 그의 핵심적 활동기반이 된 왕립학회의 회원이 되는 기회도 제공했다. 왕립학회는 현존하는 가장 오랜 학회지만, 당시에는 아직 볼품없는 수준이었다. 1660년에 처음 모였고, 1662년 찰스 2세의 정관 재가로 왕립학회는 시작되었지만, 왕립(Royal)은 이름뿐이었고 회원들의 기금으로 운영될 뿐이었다. 1671년 아이작 배로가 뉴턴이 빌려준 망원경을 왕립학회에 전시하자 바로 주목받았고 1672년 왕립학회 회원으로서 상을 받았다. 반사망원경을 누가 만들어주었고 필요한 도구는 어디에서 얻었느냐는 질문을 받자 "만약 다른 사람이 내게 필요한 도구와 물건을 만들어줄 때까지 기다렸다면, 나는 아무것도 만들지 못했을 것이다."라고 대답했다. 뉴턴은 크리스토퍼 렌(Christopher Wren, 1632~1723)과 로버트 보일(Robert Boyle, 1627~1691)의 찬사 속에 왕립학회 회원이 되었다. 반사망원경만으로도 30대의 뉴턴은 이미 주목할 만한 학자 반열에 올랐다.

하지만 왕립학회 진입과 함께 운명적 라이벌과도 조우하게 된다. 이때 발표한 논문 「빛과 색채에 대한 신이론」은 호의적인 반응을 얻지 못했다. 빛의 본질을 둘러싼 논쟁이 함께 시작된 것이다. 왕립학회 초기 발전에 큰 공헌을 한 로버트 훅은 수다스럽고 허풍이 많았으며 모임과 화려한 도시의 삶을 즐기는 사람이었지만 분명히 뛰어난 학자였다. 그의 초기 업적들은 뉴턴에게도 많은 영감을 주었다. 하지만 뉴턴과의 논쟁에서 훅은 분명히 가해자였다. 훅은 신중한 뉴턴이 몇 달을 고민하고 답한 문제들에 대해 손쉽게 단순한 비판을 가했고, 뉴턴의 분노와 비뚤어진 침묵을 유발시켰다. 훅은 광학, 만유인력 등 모든 주제에서 뉴턴과 충돌했다. 단순히 의견이 다른 정도에서 끝난 것은 그나마 다행이었고 뉴턴의 주장을 이미 자신이 주장했던 내용이라거나 비슷한 수준의 생각들이라고 주장했다. 왕립학회 간사였던 훅의 권위는 뉴턴을 상당히 괴롭혔다. 1675년 훅은 뉴턴이 자신의 역작 『마이크로 그라피아(Micro graphia)』 일부분을 도용했다는 의혹까지 제기하며 격렬히 비난했다. 이로 인해 이후 뉴턴은 1704년 『광학』 출판 시까지 광학에 대해 거의 언급하지 않았다.

빛의 입자설을 주장한 뉴턴에 비해 훅과 네덜란드의 크리스티안 하위헌스(Christiaan Huygens, 1629~1695)는 빛의 파동설을 주장했다.─실제 각자의 주장들은 모두 일리가 있는 부분이었고 오늘날 빛은 입자인 동시에 파동으로서 설명된다. 몇 년간 다양한 문제에서 사사건건 충돌이 발생했다. 훅은 실험에 대한 재능 뛰어났고 아이디어들로 넘치는 사람이었지만, 수학적 역량에서는 뉴턴과 비교할 수 없었고 치밀한 마무리를 이루는 유형은 결코 아니었다. 1678년 올덴버그가 죽고 훅이 회장이 되자 논쟁에 지친 뉴턴은 은둔에 들어갔다.

1679년 5월에 뉴턴은 어머니가 위독하다는 연락을 받았다. 막내 벤저민이 열병에 걸렸고 어머니의 간호로 벤저민은 위기를 넘겼으나 어머니에게 병이 전염되었다. 울즈소프에 돌아온 뉴턴은 어머니를 정성스럽게 돌보았고 자신이 알고 있는 모든 치료법과 경험을 쏟아부었다고 한다. 하지만 뉴턴이 오고난 뒤 며칠 후 어머니는 사망했다. 기록상은 바나바스 스미스의 미망인인데도 첫 남편인 뉴턴의 아버지 옆에 묻혔다. 뉴턴의 요청 때문이었을 것으로 추정된다. 상당한 재산을 상속받았기 때문에 뉴턴은 몇 달간 고향에 머물며 사후 처리를 했다. 이제 뉴턴의 인생에서 준비기간은 끝이 났다. 그의 인생은 거대한 인류사적 도약을 앞두고 있었다.

· 1687년, 『프린키피아』, 과학혁명의 완성 ·

어머니 사후 일처리를 마친 뉴턴은 1679년 11월에야 케임브리지로 돌아왔다. 이때 훅의 편지가 와 있었는데 뉴턴과의 소원한 관계를 정상화하기 위한 것이었다. 훅은 자기과시욕 속에 겉멋은 부렸을지언정 왕립학회 회장으로서 뛰어난 학자들이 제 역할을 하게 해야 하는 자신의 공적 의무를 잊지는 않았다. "의견의 차이가 있더라도 반목의 원인이 되어서는 안 된다."며 뉴턴을 다독거렸다.

이 시기 혹은 태양 주위를 도는 행성의 운동은 원래 운동방향인 직선을 벗어나 '당겨지는 힘'에 의해 중심에 있는 물체로 끌려가는 운동으로 설명할 수 있다는 가정을 발표했다. 이처럼 만유인력의 아이디어는 뉴턴의 것이 아니다. 하지만 만유인력의 발견자는 그렇다고 혹이 될 수는 없다. 혹은 영감에 의한 추측이었고, 뉴턴이 후일 해낸 것은 수학적 증명이었다. 당시 만유인력의 기본가정을 떠올릴 수 있을 만한 사람은 사실 꽤 많았다. 사과 낙하를 통한 만유인력의 착상 이야기가 중요하지 않은 진짜 이유다. 혹은 자신의 아이디어에 대해 수학적 의견을 물었고, 뉴턴은 떨어지는 물체의 초기 궤적을 '나선경로'로 그려 제안했다. 혹은 이번에도 살짝 비아냥거리며 '타원체 경로'에 가까울 것이라고 뉴턴의 오류를 찾아냈다. 뒤따른 논쟁에 뉴턴은 다시 화가 나고 귀찮아졌지만, 혹이 제시한 문제들과 반론으로 인해 뉴턴은 정확한 설명에 접근해가게 된다. 그리고 결국 뉴턴은 혹의 수학적 역량으로는 더 이상 따라잡지 못할 단계의 설명으로 진행해갔다. 하지만 뉴턴은 이번에도 논쟁을 끝까지 진행시키지 않고 특유의 침묵으로 돌아갔다.

1680년에 혜성이 나타났고, 1682년에는 또 다른 혜성이 출현했다.―이 혜성은 후에 핼리 혜성으로 명명된다. 학자들 사이에서는 천문학의 기운이 강해졌다. 1684년까지 거리제곱에 반비례하는 천체간의 당기는 힘, 즉 만유인력의 핵심인 역제곱법칙까지는 많은 학자들이 접근해 갔다. 1684년 1월 크리스토퍼 렌, 로버트 혹, 그리고 젊은 학자 에드먼드 핼리(Edmund Halley, 1656~1742)가 이 주제로 커피숍에서 토론했다. 훅이 천체운동에 관한 모든 법칙이 곧 증명될 거라고 말하자 렌은 회의적인 태도로 두 달을 줄테니 증거를 가져와보라고 했다. 하지만 훅은 두 달을 그냥 보냈고, 8월이 되자 핼리는 케임브리지에 가서 뉴턴에게 이 문제를 물어보기로 결심했다. 1684년 핼리의 방문은 전설적 사건이 되었다. 핼리는 뉴턴을 찾아가 태양의 인력이 거리의 제곱에 반비례한다면 행성을 움직이는 곡선은 무엇이 될지 물었고 뉴턴은 즉시 타원이 될 것이라고 말했다. 더구나 더 놀랍게도 자신이 이미 그것을 계산했다고 대수롭지 않게 대답했다. 핼리가 계산을 보여달라고 하자 뉴턴은 자료를 뒤적이다가 찾지 못하겠다고 했고 그것을 찾아 수정해서 보내주겠다고 약속했다. 뉴턴이 그때 실제로 자료를 찾지 못한 것인지는 알 수 없다. 논쟁이 될 만한 중요한 문제는 두고두고 곱씹어 확인하는 그의 성격으로 보아 재검토를 위해 일부러 핼리를 그냥 돌려보냈을 수 있다. 이후 뉴턴이 9쪽의 논문을 핼리에게 전달하자 흥분한 핼리는 왕립학회에 공개하도록 허락할 것을 부탁했고 뒤이어 이 내용을 반드시 출판해야 한다고 독려했다. 핼리의 적극적인 지원과 독촉은 위대한 역작 『프린키피아』의 출간으로 이어졌다. 뉴턴은 이 새로운 작업에 이후 3년여 그의 천재성을 쏟아부었고 핼리는 사비까지 털어 출판을 지원했다.

제1권 원고는 1686년 4월 핼리에게 주어졌다. 제목은 『자연철학의 수학적 원리』(라틴어 Philosophiae Naturalis Principia Mathematica, 줄여서 『프린키피아(Principia)』)였다. 1권에서는 핵심개념을 정의하면서 출발했다. 1권의 10개 장에서는 철저하게 수학적인 내용만을 언급하며 물리적인 설명을 거의 배제했다. 유클리드처럼 정의, 공리, 정리를 명확히 제시해서 탄탄한 수학적 기반을 다진 뒤에야 뉴턴은 물리적 문제로 넘어갔다. 그리고 질량, 관성, 부피, 무게, 속도 등의 개념을 명확히 정의하고 그 상호연관성을 명시한 뒤, 유명한 세 가지 운동법칙을 제시했다. 이렇게 기존 물리학 개념들 속의 혼돈을 하나하나 제거하고 난 뒤에야 수학적 중력의 개념을 유도했다. 종합적 논리체계 속에 엄밀한 수학적 정밀함에 기반한 설명이 완성되고 나서야 뉴턴은 다음 단계의 작업으로 나아갔다. 그런 긴 과정을 명확히 거친 뒤 역사상 가장 유명한 짧은 방정식 하나가 제시되었다.

$$P = G\,\frac{m_1 \cdot m_2}{r^2}$$

만유인력 방정식

공식의 의미는 간단하다. 두 물체 사이의 인력(P)은 두 물체의 질량의 곱($m_1 \cdot m_2$)에 비례하고, 거리의 제곱(r^2)에 반비례한다는 것이다. 『프린키피아』 제1권 전체를 할애해서 뜸들이며 이 역사적 공식을 제시한 뉴턴은 『프린키피아』 제2권에서 인력이 작용하는 초점 주위를 따라 움직이는 물체의 정확한 곡선궤도를 수학적으로 보여주는 과정을 다루었다. 그 결과 이제 데카르트의 기계론적 설명을 배제하고 천체의 운동이 설명 가능해졌다. 우주는 보이지 않는 물질입자로 가득 찬 것이 아니라 텅 빈 진공이며, 이 진공을 가로질러 즉시적으로 작용할 수 있는 인력을 기반으로 천체들의 움직임은 정확히 설명될 수 있었다. 『프린키피아』 1권이 저항 없는 매질 속에서 이상적인 운동을 다뤘다면, 『프린키피아』 2권은 저항 있는 매질 속에서의 현실적인 운동

『프린키피아』

1687년 이 책의 출판은 '과학혁명의 완성' 혹은 '과학의 탄생'을 의미한다고 봐도 크게 과장된 표현은 아니다.

을 다루었다. 두 권에 걸쳐 이렇게 명확한 수학적 논증을 제시하고서야 뉴턴은 다음 단계로 넘어갔다.

드디어 『프린키피아』 제3권 '세계의 구조'에서는 1, 2권에서 제시된 법칙들의 우주론적 응용을 보여주었다. 뉴턴은 현재까지 측정된 천체운동 하나하나가 자신의 논리에 부합함을 차례로 보였다. 태양, 지구, 달, 행성, 혜성의 움직임을 정확히 예측하고, 지구의 조석현상까지 설명해냈다. 단 세 번의 혜성 관측지점만으로 혜성궤도를 계산해냈고, 지표면 높이에 따라 달라지는 공기밀도까지 계산해냈으며, 다른 행성들의 중력과 밀도까지 계산했다. 더구나 앞선 학자들의 업적 하나하나가 심판되었다. 코페르니쿠스의 태양중심설은 받아들이되 원궤도와 남아 있는 주전원은 틀렸음이 선언되었다. 케플러의 행성운동의 3

법칙은 만유인력에 의하면 당연히 계산되는 부분법칙임을 증명해 보였고 조수가 달로 인해 발생한다는 착상은 옳았다고 인정되었다. 하지만 여러 신비주의적 개념들은 비판받았다. 갈릴레오의 낙하체와 투사체 운동에 관한 역학적 설명들은 포용되었지만 원관성과 조수가 지구 자전의 증거라는 주장은 부정되며 달의 인력으로 설명되었다. 데카르트의 직선관성은 받아들이되 그의 에테르 입자의 소용돌이로 인한 행성운동 개념은 반박되었다. 한마디로 뉴턴은 재판관이 되어 이전 시대의 업적들의 가치를 체계적으로 심판한 것이다. 그리고 이전의 학자들이 설명할 수 없었던 세차운동과 혜성에 대한 논의가 이어졌다.

이 위대한 『프린키피아』 3권은 하마터면 출간되지 못할 뻔했다. 1686년 모임에서 훅은 뉴턴이 자신의 추론을 언급하지 않은 것에 화를 냈고, 핼리는 뉴턴에게 훅이 중력법칙에 대해 일정한 권리를 주장하려고 한다고 편지를 보냈다. 뉴턴은 이에 극도로 분노하며 "세 번째 책은 발표하지 않을 계획이다."라고 위협했다. 핼리의 설득 끝에 간신히 책이 출판되었을 때 뉴턴은 『프린키피아』 전체에서 훅의 이름이 들어간 부분을 하나하나 삭제했다.—이후 라이프니츠, 플램스티드와 논쟁이 발생한 후 출간된 판본에서는 이들의 이름들도 모두 사라지게 된다. 그런 해프닝 속에 1687년 7월 『프린키피아』 3권이 출판됨으로써 인류사적 전환점이 완성되었다. 핼리는 『프린키피아』의 출판과정을 조율하고, 출판비용을 보조했을 뿐 아니라, 서문에서 뉴턴을 적절히 칭송하며 든든한 우군이 되어주었다. 특히 얼마 전 나타났던 혜성이 76년 주기를 가지고 지구로 다시 돌아올 것임을 만유인력에 기반해 정확히 예측해내기도 했다. 덕택에 핼리는 핼리혜성이라는 가장 유명한 혜성에 자신의 이름을 남겼다. 뉴턴 역시 "가장 날카롭고 광범위한 식견을 가진 에드먼드 핼리 씨가…… 나를 도와주었다. 이 책이 출판될 수 있었던 것 자체가 그의 간곡한 부탁 때문이었다."고 적절한 감사의 표현을 했다.

『프린키피아』는 라틴어로 쓰여졌을 뿐 아니라 숙련된 수학자도 이해하기 어려운 난해한 내용이었다. 더구나 뉴턴은 자신이 만든 미적분을 사용하여 더 쉽게 쓸 수도 있는 내용을 고의로 어렵게 기술했다는 의심을 피하기 힘들다. 뉴턴은 "수학을 조금 안다고 거들먹거리는 자들에게 함부로 다루어지지 않도록 했다."라고 동료에게 보내는 편지에서 언급했다. 『프린키피아』를 읽기 위해 미리 무슨 책을 읽어야 하느냐는 질문에 뉴턴은 대수롭지 않게 대답했다. "유클리드 원론을 읽은 후 원뿔 곡선의 모든 요소를 이해해야 한다. 그리고…… 존 드 위트…… 드 라 하이어…… 바로우 박사…… 바르톨린…… 데카르트 기하학…… 프란시스 스쿠튼…… 가센더스 천문학…… 머케이터 천문학…… 정도면 충분하다." 위압적인 읽기목록을 아주 자세히 나열한 목적은 한 마디로 '너는 읽을 수 없다'는 말을 하고 싶어서였을 것 같다.—참고로 유클리드 원론만 총 13권이다. 뉴턴은 자신의 책이 많은 사람에게 쉽게 읽히는 방법에 대해서는 전혀 신경 쓰지 않았다. 그는 여러 면에서 갈릴레오와 달랐다.

'모든 것을 설명하는 무시무시한 이론'이 만들어지자 뉴턴은 국제적 유명인사가 되었고, 생존기간 동안에도 신에 근접한 사람으로 받아들여지곤 했다. 한 귀족은 감탄하며 '뉴턴 경이 음식을 먹고 음료를 마시고 잠을 자느냐며 정말 그가 우리와 같은 사람인지' 물었을 지경이었다. 이제 뉴턴은 왕과 저녁식사를 함께하고, 영국의 거물급 정치인들이나 존 로크 같은 진보적 학자들과 사귀게 되었다. 충분히 그럴만한 업적이었다. 우주의 모든 곳에서 성립하기에 가히 만유인력이라는 이름이 적절했다. 이제 천상과 지상이 동일한 법칙에 의해 설명되었다. 더구나 앞선 이들이 관찰한 모든 결과를 만족시키는 종합 이론이 완성되었다. 그래서 우리는 뉴턴의 업적을 '뉴턴 종합(Newton Synthesis)'이라고 부른다.

· 신비주의의 승리 ·

그러나, 그렇게 만유인력의 승리를 축하하는 것이면 충분할까? 많은 현대인들이 어린 시절 만유인력에 대해 듣고 '믿어버린' 결과 거의 묻지 않는 질문이 있다. 도대체 '무엇으로' 지구가 달을 당긴다는 말인가? 사실 뉴턴은 한 번도 만유인력의 원인을 설명한 적이 없었다. 까마득한 거리를 떨어져 있고 아무것도 연결되어 있지 않은 상태인데도 무조건 지구가 달을 잡아당긴다는 이 기이한 설명을 어떻게 받아들일 것인가? 『프린키피아』의 성공 이후 하위헌스와 라이프니츠 등 대륙의 많은 일급 학자들은 만유인력의 개념에 즉시 당혹감을 느꼈다. 특히 라이프니츠는 뉴턴을 신랄하게 비판하는 말들을 많이 남겨놓았다. 다음은 그중 하나다. "그(뉴턴)는 신비주의적 원리들을 도입하기 위해 수학이라는 거대한 문화적 위상을 사용했으며, 완벽하게 기계론적 우주로 설명하기를 포기했다." 여기서 라이프니츠가 비판하고 있는 '신비주의 원리'는 무엇일까? 다름 아닌 뉴턴의 핵심 업적인 만유인력이다. 만유인력은 17세기의 유행 사조인 기계적 철학으로는 도저히 받아들일 수 없는 결론이었다. 당대의 학자들이 정확하게 간파했듯이 만유인력은 너무나 신비주의적 해석이었고 라이프니츠는 모순의 핵심을 간파한 말을 남긴 것이다.

뉴턴이 제시한 만유인력은 이름조차도 이질적이었다. 그가 사용한 만유인력에 해당하는 단어는 'attraction'이다. 흡인력, 매력 등을 뜻하는 이 영어단어는 때에 따라 인간의 감정을 표현하는 데도 사용할뿐더러, 무엇보다 이 용어는 17세기 당시 연금술에서 물질과 물질 사이의 친화력을 설명할 때 사용하는 용어이기도 했다. 한 마디로 '꼴사나운' 단어였다. 마치 최고의 물리학 논문에 '풍수지리'나 '음양오행' 같은 단어가 튀어나오는 꼴이랄까? 뉴턴은 감히 이류학문인 연금술의 용어를 최고도의 과학인 역학에 사용한 것이다.─한자어 번역과정에서 신중히 의역된 '만유인력(萬有引力)'은 원어인 'attraction'보다 훨씬 훌륭한 번역어인 셈이다. 반대는 상당했으나, 그러함에도 이후 200여 년 간 만유인력은 압도적 찬양을 받았다. 어떤 변칙 사례도 발견할 수 없었고, 정확하고 완벽한 예측능력을 보여주었기 때문이다. 이처럼 기계적 철학이 만개한 17세기에 학문의 최고봉에 자리한 것은 신비주의 철학의 냄새를 물씬 풍기는 만유인력이었다. 역설적인 이 상황에 제대로 반론이 제기된 것은 20세기 아인슈타인에 이르러서였다.

그리고 한 발 더 나아가 생각해보면 뉴턴은 개념상의 문제뿐만 아니라 연구방법론에서도 이질적이라는 사실을 알 수 있다. 『프린키피아』에 나타난 만유인력의 설명방식은 과거의 설명방식과는 뚜렷이 구분되는 특징을 가지고 있다. 뉴턴은 『프린키피아』 서문에서 분명한 입장을 밝히고 있다. "나는 가설을 설정하지 않는다." "내가 의도하는 것은 이런 힘들에 대한 수학적 관념을 제공하는 것일 뿐이지, 그것들의 원인이나 소재를 밝히고자 함이 아니다." 즉 경험적으로 검증할 수 없는 설명(가설)을 배격하겠다는 것이며, 어차피 만유인력의 원인을 검증할 수 없다면 아예 가정조차도 하지 않겠다는 말이다. 즉 뉴턴은 만유인력의 본질과 원인을 한 번도 묻지 않았다. 단지 현상을 수학적으로 기술하는 데 만족하고 있을 뿐이다. 이것은 놀라운 변화다. 이런 식의 서술은 중세라면 학자로서 비겁하고 무책임한 행동으로 받아들여졌을 것이다. 중세시절 의미 있는 질문은 '달이란 무엇인가?', '인간이란 무엇인가?'와 같은 유형의 질문이었다. 그러나 뉴턴 이후 질문은 '달과 지구 사이의 만유인력의 크기는?', '원자는 무엇으로 구성되어 있는가?', '인간의 DNA는 유인원과 어떻게 다른가?' 같은 것들로 바뀌어갔다. 뉴턴의 기본적 질문은 궁극적 의미와 목적에 관한 '왜?'가 아니라 과정에 대한 설명인 '어떻게?'였다. 연구 질문의 유형 자체가 바뀐 것이다. 그리고 이런 태도는 과학의 이미지를 형성했고, 오늘날 과학자들의 보편적 입장이 되었다. 이렇게 자연철학은 과학으로 변화해 가면서 더 이상 본질을 묻지 않게 되었다. 그런 것은 밝힐 수 없는 것이 되었고, 현대과학은 과정을 다루는 것에 보편적으로 만족하고 있다. 많은 부분 그 변화에 대한 책임은 뉴턴에게 있다.

· 데카르트의 어깨 위에서 ·

뉴턴이 자기 자신에 대해 표현한 두 가지 겸손한 표현들은 오늘날도

회자되고 있다. 자신을 '진리의 대양 앞에서 조개껍질을 줍고 있는 소년'에 비유한 바 있으며, 나아가 "내가 만약 더 멀리 볼 수 있었다면, 그것은 내가 거인들의 어깨 위에 서 있었기 때문이다."라는 더 유명한 말도 남겼다. 뉴턴이 말한 거인들은 물론 이전 시기의 학자들을 통칭하고 있겠으나, 특히 뉴턴 직전의 학자들인 케플러, 갈릴레오, 데카르트 등을 의미한다고 볼 수 있다. 그리고 그중 뉴턴이 가장 오랜 시간 올라서 있었던 어깨를 고르라면 분명 데카르트의 어깨였다고 말할 수 있다. 뉴턴은 데카르트의 해석기하학을 독파한 뒤 자신의 수학으로 나아갔고, 데카르트의 우주론을 섭렵한 뒤 만유인력으로 나아갔다. 광학연구 또한 데카르트의 실험과정을 흉내 내며 개량하는 과정에서 돌파가 이루어졌다. 이 두 사람의 관계는 너무나 밀접해서 서로가 완전히 다른 맥락에서 언급되는 오늘날의 상황이 놀라울 따름이다. 그러면 뉴턴에게 영향을 준 데카르트의 업적들을 조심스럽게 되짚어보자.

먼저 데카르트가 뉴턴에게 준 가장 중요한 선물을 꼽는다면 아리스토텔레스의 목적론적 세계관을 완전히 부정한 기계적 철학이라는 관점 자체일 것이다. 아리스토텔레스의 목적은 완성된 형상을 말한다. 아리스토텔레스는 이 형상을 영혼이라 칭했다. 씨앗은 나무의 영혼을 가지고 있기 때문에 나무로 자라나고, 어린아이는 인간의 영혼을 가지고 있기 때문에 당연히 인간이 되어간다. 아무리 어린아이라도 내재한 인간성을 가지기 때문에, 인간으로서의 모든 가능성을 함축하고 있기 때문에 인간이 된다. 데카르트와 스피노자를 비롯한 17세기 철학자들의 핵심 공격 목표가 바로 이 목적인(目的因)이다. 그들은 우주에서 목적을 추방시키고 싶었다. 너무나 인간 중심적인 오만한 사고로 보였기 때문이다. 바다는 물고기를 기르기 위해 있고, 태양은 식물을 키우려고 위해 존재하며, 이 많은 동식물들은 고작 인간에게 먹히려고 존재한단 말인가?

한편 그것은 기존 신학과 교회에 대한 불만도 내포하고 있었다. 신은 겨우 인간에게 감사인사나 받으려고 이 우주를 창조했는가? 긴긴 시간을 기다려 겨우 심판의 날이라는 단일한 순간적 이벤트를 위해 이 역사가 흘러가고 있는가? 데카르트는 이런 중세적 논리들을 철저히 거부했다. 데카르트에게 있어 신과 자아를 제외한 모든 물질적 존재는 역학 법칙에 따르는 기계일 뿐이었다. 거대한 자동기계로서 자연이라는 이미지가 만들어졌고, 세계에 존재하는 물질과 운동의 양은 일정하고 영원하므로 질량불변의 원칙이 철학적으로 정립되었다. 자연이 역학 법칙으로 설명되어지자 자연에 대해 목적이나 의지, 섭리 등의 개념들을 제시하는 중세 신학관은 철저히 부정될 수 있었다. 그리고 '생각하는 나'를 강조함으로써 중세 전체주의적 질서에서 벗어나 근대의 시민사회적 개인주의가 시작되었다. 특히 과학이 종교의 영역으로부터 완전히 분리되어 독립적 영역이 된 것은 많은 부분 데카르트의 기계론으로부터 비롯된 셈이다. 기계인 자연에게는 더 이상 목적을 물을 필요가 없었다. 그런 것은 자연의 설계자 신에게나 물을 만한 것이고 신학의 영역에서 다루면 된다. 목적론을 떠나보낸 유럽 지식인들이 후일 종교를 떠나기 시작했던 것은 우연이 아니다. 데카르트는 아리스토텔레스와 결별코자 그가 말했던 '성질의 세계'를 '수학적 양의 세계'로 바꿨다. 우주 내의 입자들은 기본적으로 동질이다. 모든 질적인 요소는 양적인 요소로 환원해서 설명할 수 있다.—우리는 열에 대한 설명에서 그 극적인 성공사례를 살펴볼 수 있었다.

자, 그렇다면 사실 자연에 대한 기술에서 필요한 것은 수학뿐이다. 이렇게 뉴턴이 자신의 과학을 완성하기 위한 가장 중요한 무기가 완성된 셈이었다. 뉴턴은 이후 데카르트의 설명들을 멋지게 이어갔다. 지구 주위를 달이 돌고 있는 것은 '지구이기 때문에' 돌고 있는 것이 아니다. 그곳에 위치한 것이 지구가 아니라 동일한 질량의 다른 행성이었어도 달은 돌았을 것이다. 질량을 가진 모든 것의 당연한 운명일 뿐이다. 그곳에 지구의 가치, 달의 성질이 개입할 곳은 없다. 기계적 철학 자체는 만물을 질량으로 환원하여 바라보는 수학적 만유인력이라는 설명의 기원이라 할 만하다.

다음으로 반드시 언급되어야 할 것은 데카르트의 해석기하학이다. 데카르트는 새로운 수학적 도구인 해석기하학을 창시해냈다. 공간상의 모든 위치와 운동을 좌표축으로 표현함으로써 그는 기하학과 대수학을 결합시켰다. 이제 어떤 방정식도 기하학으로 표현 가능하고 어떤 기하학적 형태도 방정식적 표현으로 대체할 수 있게 되었다. 뉴턴은 바로 이 기반 위에서 행성들의 기하학적 타원궤도를 만유인력이라는 대수학적 방정식으로 표현해냈다. 해석 기하학이 없었다면 만유인력 방정식은 당연히 존재할 수 없었다.

또 하나 데카르트의 직접적인 기여는 직선관성의 개념을 제시했다는 것이다. 앞에서 살펴봤듯이, 갈릴레오는 관성의 초보적 개념을 제시했지만, 그의 관성은 원관성이었다. 그는 던져둔 모든 물체는 외부의 방해로 멈추지만 않는다면 관성에 의해 궁극적으로 원 궤적을 그리게 되리라 보았다. 그래서 달은 지구와 동일한 원소로 구성되어 있음에도 불구하고 지구 주위를 돌게 되는 것이며, 돌맹이라 할지라도 높은 곳에 올라 충분한 속도로 던져진다면 달처럼 지구를 돌게 될 것이다. 하지만 데카르트는 이 '틀린' 관성을 바로 잡았다. 그는 "물체는 정지상태나 등속직선운동 상태를 계속 유지하려는 경향이 있다"는 현대적 직선관성의 개념을 명확히 제시했다. 그 결론에 따른다면 행성의 자연스러운 경로는 원이 아니라 직선이 될 것이다. 그렇다면 달의 원궤도 운동은 다른 설명을 필요로 한다. 데카르트가 제시해놓은 이 의문에 뉴턴은 결국 '매순간 지구가 달을 잡아당기기 때문'이라는 이유를 제시하며 달의 공전을 합리적으로 설명해낸다. 천동설이 지동설의 토대였던 것처럼, 데카르트는 뉴턴의 토대였다. 그리고 지동설이 천동설을 대체했던 것처럼, 뉴턴은 최소한 과학에서만큼은 데카르트를 완전히 대체했다.

· 데카르트를 넘어서 ·

뉴턴의 만유인력이 제시된 뒤 데카르트의 '과도기적' 설명들은 사라져갔다. 그래서 우리는 잠깐의 시간 동안 제시되었던 데카르트의 우주론을 들어볼 기회가 거의 없게 되었다. 앞서 살펴본 것처럼, 데카르트의 우주론은 아리스토텔레스주의와 최종적으로 결별하기 위한 그의 열망이 잘 드러나 있었다. 데카르트의 생각으로 우주공간은 물질로 꽉 차 있는 곳이며, 그러기에 인접한 입자들은 서로 충돌하며 영향을 주고 운동을 전달한다. 다른 어떠한 감각적 속성 없이 크기, 모양, 운동 등으로만 물질을 정의해서 온냉건습(溫冷乾濕) 등의 질적인 개넘을 끌어낼 수 있을 것이라 믿은 데카르트는 물질공간을 채운 작은 원소들의 충돌로 자연현상을 충분히 설명할 수 있을 것으로 보았다. 갈릴레오의 원 관성을 부정하면, 달의 운동에 대해 추가적인 설명이 필요하게 된다. 데카르트는 물론 이 부분을 자신의 기계론적 철학에 근거해서 체계적으로 설명했다.

데카르트에 의하면, 플래넘(물질공간) 속의 행성들이 자전하고 있기 때문에 주변의 보이지 않는 입자들은 이 자전의 영향으로 거대한 소용돌이를 만들며 따라 돌게 된다. 달은 관성에 의해 직선 경로로 날아가다가 이 소용돌이에 의해 방향이 바뀌며 밀려나게 된다. 방향을 바꿔 날아가던 달은 다른 행성이 만들어낸 소용돌이의 영향으로 다시 지구 쪽으로 밀려나게 되고, 달은 이렇게 이리저리 밀리면서 지구 주위를 끊임없이 비틀거리며 돌게 되는 것이다. 즉 입자들과의 끝없는 충돌이 달이 지구를 공전하게 되는 이유다. 이처럼 달과 행성을 곡선 궤도에 붙잡아두고 있는 것은 입자 소용돌이의 압력이다. 데카르트는 동일한 논리를 통해 밀물과 썰물도 설명가능하리라고 보았다. 달 또한 자전하고 있고, 따라서 달의 자전이 만들어낸 입자의 소용돌이는 지구의 바닷물을 내리 누르게 된다. 결국 달이 있는 쪽의 바다가 낮아져 썰물이 발생하게 된다는 논리였다. 우리는 이미 알고 있지만 이는 관찰 사실에 부합하지 않는다. 사실 달이 있는 방향으로는 밀물이 발생한다. 철저하게 물질과 운동만으로 이루어진 우주를 상상하고 적절한 행성운동의 원인을 제시했다는 점에서 데카르트는 분명 뉴턴의 전범이라 할 만하다. 하지만 데카르트의 설명들은 스스로가 제시한 기계적 설명에는 잘 맞았지만 분명히 관찰사실에 부합하지 않는 틀린 설명이었고, 무엇보다 결코 수학화될 수 없다는 한계를 가지고 있었다.

　이 상황에서 뉴턴은 데카르트의 물질공간을 부정했다. 별과 별, 행성과 행성 사이에는 '텅 빈' 공간이 있을 뿐이다. 그러니 달이 지구를 도는 이유는 새롭게 제시되어야 했다. 뉴턴은 데카르트의 설명을 매순간 지구가 달을 잡아당긴다는 설명으로 대체한다. 조수 운동 역시 달의 인력에 의해 바닷물이 달 쪽으로 당겨진다는 논리에 의해 다시 설명되었다. 그렇다면 달이 있는 쪽으로 밀물이 발생하게 될 것이다. 뉴턴의 설명은 기계적 철학에는 부합하지 않는 신비주의적 해석이었으나 관찰사실과 정확히 일치했고, 무엇보다 명확한 수학화에 성공했다. 달리 표현해본다면 엄밀한 기계적 설명이라는 데카르트 설명 틀의 중요한 한 축을 버린 결과 정확한 수학적 예측이라는 결실을 얻어냈다고 볼 수 있다. 결국 데카르트의 설명에서 물질공간(Plenum)

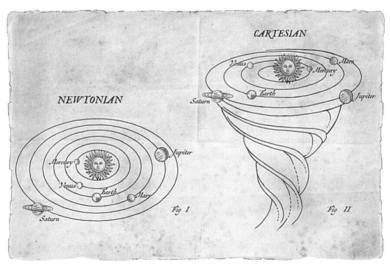

뉴턴의 우주와 데카르트의 우주를 비교하는 그림

과 기계적 소용돌이(vortex)들의 압력을 텅 빈 우주공간과 인력으로 대체한 것이 뉴턴이 한 일이라고 요약해볼 수 있다. 돌이켜볼 때 뉴턴이 행한 일은 데카르트의 '틀린' 설명들을 징검다리 삼지 않고는 탄생하기 쉽지 않았다.

이처럼 뉴턴은 역학과 우주론에서 결국 데카르트를 뛰어넘었지만, 가장 근본적인 부분에서는 데카르트와 공유하는 부분이 많았다. 복잡한 자연을 단순하게 분해해서 이해하는 방식이나, 운동에서 자연현상의 근원을 찾고, 그 운동을 수학적인 언어로 풀어내려고 했던 점 등은 두 사람 모두에게서 발견되는 경향이다. "자연은 정확한 수학적 법칙에 의해 지배되는 완전한 기계"라는 데카르트의 생각은 수많은 비판 속에 현대과학의 핵심적 가정 중 하나로 자리 잡고 있다. 그것을 가능케 한 사람이 아이작 뉴턴이었다. 데카르트의 운동 개념을 이어받아, 뉴턴도 자연현상의 핵심을 운동으로 이해했다. 하지만 운동을 표현하는 방식에서는 데카르트보다 한 걸음 더 나아가서, 입자의 운동에 수학적 성격을 합친 "힘"이라는 개념을 가져와, 운동을 정량적으로 분석했다. 다시 말해서 "힘"을 운동의 원인으로 설정하여, 힘의 수학적인 표현을 찾아내고, 거기서부터 가속도, 속도, 물체의 움직이는 궤적 등을 계산하는 역학의 방법을 정식화했다. 두 사람은 차이점보다 공유하는 것이 훨씬 더 많았다. 데카르트가 제시한 기계적 철학의 이상은 신비주의자 뉴턴에 의해 안전하게 근대 학문 체계 속에 자리 잡았다.

달의 공전과 조수현상에 대한 데카르트와 뉴턴의 설명

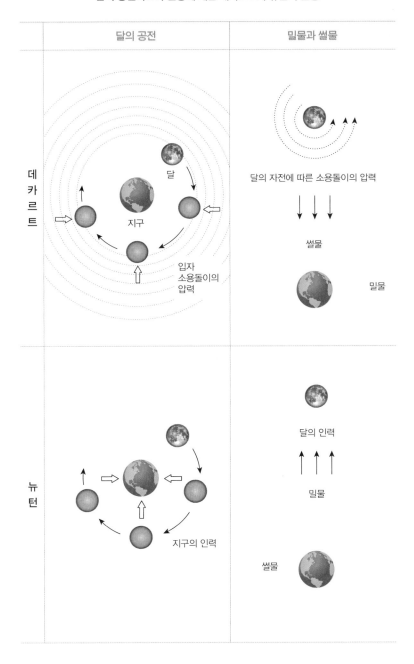

	달의 공전	밀물과 썰물
데카르트	달 지구 입자 소용돌이의 압력	달의 자전에 따른 소용돌이의 압력 썰물 밀물
뉴턴	지구의 인력	달의 인력 밀물 썰물

· 신경쇠약 ·

뉴턴과 스위스의 젊은 수학자 니콜라스 파시오 드 듀일리에(Nicholas Fatio de Duillier, 1664~1753, 이후 파시오로 표기)의 관계는 특별했다. 1687년 23세의 파시오는 영국을 방문해 왕립학회 일원이 되었고, 2년 후 1689년에는 네덜란드의 하위헌스를 왕립학회에 모시고 오기도 했다. 이 때 뉴턴을 만났고, 이후 둘은 급격히 가까워졌다. 둘은 20년 이상의 나이차를 뛰어넘어 철학, 연금술, 종교 전반에 관한 견해를 나누었다. 보통의 친구관계 이상의 교류는 분명했다. 뉴턴은 편지에서 한 방을 쓰게 된 것을 기뻐하기도 했고, 성인이 된 뒤 누구와도 나눈 적 없었을 각별한 표현들을 주고받았다. 파시오가 15개월간 유럽여행을 떠났다가 1691년 돌아왔을 때 뉴턴은 부두까지 마중 나갔다. 편지의 상당부분은 뉴턴 사후 누군가에 의해 삭제되었다. 몇몇 학자들의 분석을 쫓아 현대적 관점의 동성애를 떠올리는 것은 조금 성급할 듯하지만, 정황상 둘은 서로 깊게 빠져 있었던 것은 분명하다. 이후 1693년 파시오가 스위스로 돌아가며 둘의 관계가 단절되는데 이로 인해 뉴턴은 큰 정신적 충격을 받았다.

1693년부터 뉴턴은 최소 1~2년간의 신경쇠약을 앓았다. 원인과 증상의 정도에 대해서는 여러 설들이 있다. 물론 발병의 한 이유는 파시오와의 관계파탄을 생각해볼 수도 있을 것이다. 어쨌든 증세가 심해지자 친구들은 뉴턴을 잠시 감금했고, 1694년에는 네덜란드에서 하위헌스가 이 소문을 들었을 정도다. 그는 이 시기 자신의 『프린키피아』도 알아보지 못했다고 전한다. 하지만 뉴턴은 곧 정상을 찾았고 그 사이 실수했던 부분들에 대해 간곡한 사과편지를 지인들에게 보냈다. 로크에게 보낸 사과편지에서 "제가 당신에게 편지를 썼을 때는 2주 동안 하루에 한 시간밖에 자지 못했으며 5일 밤 동안은 한숨도 자지 못했던 상태였습니다. 저는 당신에게 편지를 썼던 것은 기억하지만…… 어떤 말을 했는지는 기억하지 못합니다."라고 썼다.

뉴턴의 병의 원인은 연금술 연구의 결과로 수은 등의 유독약품 중독이었을 확률이 있다. 하지만 후에 완쾌되었다는 점에서는 설득력이 떨어진다. 수은 중독의 경우는 불면증, 기억상실, 과대망상증 등 뉴턴과 같은 증세가 있을 수 있지만, 손 떨림이나 치아유실 등의 증상을 겪으며 결코 회복되지도 못한다는 점에서 뉴턴의 경우와는 다르다. 또 하나 생각해볼 것은 『프린키피아』 같은 고도의 정신적 활동으로 인한 두뇌의 과로현상이었을 수 있다. 천재들에게 흔히 발견되곤 하는 광기들은 대부분 단기간에 과도한 정신력을 소모했기 때문에 발생했다. 19세기 니체 같은 경우는 결코 회복되지 못했고 정신병원에서 죽기도 했다. 더구나 뉴턴은 가족 없이 홀로 생활하고 수시로 식사하는 것을 잊어버리는 사람이었다. 뉴턴이 겪은 신경쇠약의 가장 신빙성 있는 원인은 정신적 과로일 확률이 높다. 이 신경쇠약의 원인이 무엇인지는 정확히 알 수 없지만 뉴턴은 1695년경에는 정상을 되찾았다.

· 조폐국장 ·

50대 이후 뉴턴은 정력적인 사회활동을 시작했다. 뉴턴의 일생에서 가장 의아한 부분일 수도 있는데 35년을 보낸 케임브리지의 학자적 고독과 안락함을 떠나 왜 런던의 관료사회로 진출하려고 했는지 이해하기 힘들 수 있다. 뉴턴이 53세의 나이에 관료의 길에 들어선 이유는 몇 가지 추측을 해 볼 수 있다. 일단 전반적인 학문적 역량의 감퇴를 스스로 느꼈을 것이다. 이제『프린키피아』와 같은 업적을 다시 이루기는 힘들 것이라는 것을 스스로 알았을 것이다. 그리고 신경쇠약을 겪은 이후 이제 건강상 문제로 고도의 집중을 요하는 학문을 떠나 있을 바람이 생겼을 수도 있다. 안정적인 권위를 가진 지금 세속의 명예를 추구해보고 싶은 심리도 물론 병행될 수 있다. 이런 전반적 심리 변화 중에 1695년 휘그당이 정권을 잡았고, 휘그당원 뉴턴은 조폐국 관리인 자리를 받아들였다. 일단 케임브리지를 떠난 뉴턴은 이후 30년 이상을 살았지만 죽기 전 딱 한 번만 케임브리지를 방문했고, 케임브리지에 있는 사람들에게는 안부 편지 한 장 보낸 적이 없었다. 그가 애착을 느끼는 것은 정말 자연 그 자체뿐이었을지도 모른다.

관료로서의 뉴턴은 흔히 할 수 있는 예상과는 다르게 매우 성공적이었다. 연봉은 많았고 출근하는 것 외에 거의 일이 없었던 직위였지만 뉴턴은 어떤 작업을 하더라도 대충하는 법이 없는 사람이었다. 뉴턴은 영국의 화폐주조 능력을 비약적으로 발전시켰다. 당시 영국은 조악한 화폐 제조술로 인해 위폐가 많았고, 동전의 가장자리를 깎아내는 일도 흔하게 행해졌다. 화폐가치가 불신되자 폭동이 일상화했다. 뉴턴은 화폐 주조과정을 치밀하게 분석해서 병목현상을 제거했고, 주조과정을 최적화하며 화폐의 정밀도도 높였다. 사실상 영국을 통화불안의 위기에서 구한 것이다. 1699년 조폐국장이 죽자 뉴턴은 그 지위를 자연스럽게 계승했다.

여기에 뉴턴의 병적 지배욕과 잔혹함을 보여주는 일화도 더해진다. 조폐국 관리인은 위폐범을 체포하는 권한을 가지고 있었다. 이전의 관리인들이 이 권한을 사용한 경우는 거의 없었다. 하지만 뉴턴은 이 법적 권한을 사용했고, 개인적 정보망을 만들어 위폐범을 잡아들이고, 직접 심문했고, 심지어는 그 죄수의 교수형을 끝까지 담담하게 참관했다. 뉴턴은 자신의 첩보망을 조직했고, 직접 선술집을 드나들며 정보를 모으기도 했다. 그는 조폐국장 시기 28명을 교수형시켰다. 중년 이후 뉴턴의 모습은 일반적으로 알려진 이미지와 많이 다르다.

이 시기의 더 놀라운 일화도 있다. 1697년 스위스의 요한 베르누이(Johann Bernoulli, 1667~1748)는 난해한 문제를 유럽의 수학자들에게 출제했다. 물론 제대로 풀 수 있는 사람은 자신을 제외하면 거의 없을 거라고 본 자신감에서 나온 행동이었다. 뉴턴은 이 문제를 화폐주조로 바쁜 와중 늦은 밤에 들어와 새벽까지 몇 시간 만에 풀어버리고 익명으로 출판했다. 베르누이는 풀이를 보고 바로 뉴턴임을 알아보았다. 그리고 "발톱을 보고 사자인 줄 알았다"라는 말을 남겼다. 유럽의 최고지성들에게 뉴턴은 이 정도의 인정을 받았던 인물이다. 뉴턴 스스로는 자신의 학문적 역량이 줄어들었다고 느낄 수 있었겠지만 여전히 그는 유럽 최고의 학자였다.

· 1704년, 『광학』 ·

또 하나의 위대한 저작 『광학(Optiks)』은 1704년에 출판되었다. 그 이전 출판이 가능했을 것임에도 뉴턴은 훅의 사망을 기다린 것 같다. 자

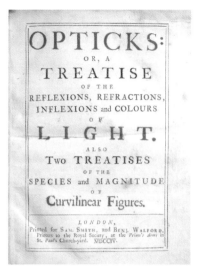

『광학』

라틴어가 아닌 영어로 기술된 『광학』은 내용과 구성 면에서도 『프린키피아』와 큰 차이를 보인다.

신에게 대적할 유일한 인물이 사라지자 뉴턴은 『프린키피아』와는 전혀 다른 방법론으로 또다시 놀라운 자신의 업적들을 정리해냈다. 『광학』은 라틴어가 아닌 영어로 썼고, 수학은 거의 나오지 않으며 철저하게 실험적인 견지에서 서술되었다. 후일 뉴턴 지지자들은 『프린키피아』의 위대함을 칭송하면서도 훨씬 쉬운 『광학』의 문장을 주로 인용했다. 60대의 뉴턴은 더 시간이 가기 전에 평생 동안에 걸친 자신의 광학연구를 정리하고자 했을 것이다. "가설을 통해 빛의 속성들을 설명하는 것은 이 책에서 나의 의도가 아니다." 이번에도 『프린키피아』처럼 여전히 자신의 중립성을 강조하며 논쟁을 피해가려는 문장들을 덧붙였다. 몇 가지 예외를 제외하면, 『광학』은 대부분 30년 전에 이미 완성한 연구를 정리한 것이다. 그런데도 『광학』의 충격은 프린키피아의 충격과 맞먹었다. 30년이 지났음에도 독보적인 내용이었던 것이다. 60세를 넘었음에도 불구하고 뉴턴은 무언가에 대한 연구를 시작하기만 한다면 자신에 필적할 사람은 존재하지 않는다는 것을 다시 한 번 보여주었다.

앞선 이들의 업적을 종합하고 발전시켜 전혀 새로운 창조적 이론으로 나아가는 뉴턴의 솜씨는 이 책에서도 유감없이 발휘된다. 당시 색에 대한 일반적 설명은 색이 빛(흰색)과 어둠(검은색)의 혼합으로 나타나는 현상이라는 것이었다. 예를 들어 빨간 색은 순수한 백색광에 어둠이 약간만 첨가된 것이며, 어둠을 점점 더 늘여 나가면 색이 바뀌다가 완전한 어둠이 되기 직전의 마지막 단계가 파란색이라는 식이었다. 뉴턴 이전에 데카르트는 이미 프리즘을 사용한 다양한 광학실험을 수행했다. 그는 프리즘에 빛줄기를 통과시켜 5cm 떨어진 종이 위에 투사해서 빨간색 점과 파란색 점을 관찰했었다. 혹은 물이 담긴 유리비커에 빛줄기를 통과시켰고 종이와의 거리를 늘여 60cm 떨어진 종이 위에 투사시켰다. 그리고 불규칙적으로 산란된 색의 무늬들을 얻은 바 있다. 뉴턴은 실험들을 다시 종합했다. 뉴턴은 데카르트처럼 프리즘에 빛줄기를 통과시켰지만 혹의 경우처럼 그 거리는 늘였다. 하지만 큰 암실을 만들어 6.6m 떨어진 벽에 투사하는 거대화된 실험을 수행했다. 그 결과 뉴턴은 길이 20cm의 연속 스펙트럼의 무지개를 관찰할 수 있었다. 이처럼 뉴턴은 여러 분야에서 '데카르트의 어깨 위에' 올라 업적을 이루어냈다. 이런 오랜 실험 결과들에 기반해서 『광학』 본문에서 뉴턴은 먼저 기본적인 굴절과 반사를 설명한 뒤 여러 색과 흰색에 대한 논의를 진행한다. 그리고 자신의 프리즘 실험을 설명하며 각각의 색이 순수하고 백색이 혼합광임을 증명하는 과정을 보였다. 일단 분리된 색들은 아무리 반사와 굴절을 거듭해도 똑같은 색이고 이 각 색깔의 빛을 모으니 다시 백색광이 된다는 것이다.

가설을 설정하지 않겠다고 몇 번이고 언급했던 뉴턴이었지만 『광학』의 내용은 분명히 빛의 입자론을 대변하고 있다. 뚜렷이 언급하지 않았지만 혹과 하위헌스가 주장했던 파동 개념에는 반대 입장을 전제한 것이다. 기나긴 빛의 파동-입자 논쟁의 시작점이기도 했다. 뉴턴은 파동적 설명이 가지는 장점을 알고 있었지만 빛이 '직선으로 퍼져 간다'는 점에서 입자론의 편에 섰다. 파동이라면 빛이 꺾일 수 있어야 하지 않겠는가? 그리고 광선은 직진, 굴절, 반사, 회절한다. 상이한 색이 있으므로 이 능력도 빛의 종류에 따라 편차가 있다. 뉴턴은 이것을 빛 입자의 크기가 달라서 발생하는 현상으로 추론했다.—이처럼 사실 뉴턴의 주장에도 가설은 이미 포함되어 있었다. 위대한 뉴턴의 설명이었고, 틀리지 않아 보이는 논거들이었기에 18세기에 입자설은 강한 영향력을 가지게 된다. 이로 인해 빛의 파동설을 담고 있는 하위헌스의 『빛에 대한 논고』(1678)는 100년간 잊혀졌다. 『광학』의 재미있는 아이러니 하나는 본문 전반에서 빛의 입자설을 지지한 셈이지만 책에서 열심히 설명된 간섭(interference) 현상은 사실 파동으로서 설명 가능한 것이었다는 사실이다. 하지만 후에 오일러(Leonhard Euler, 1707~1783)가 파동설을 추종하고, 영(Thomas Young, 1773~1829)이 유명한 회절 실험을 하고, 프레넬(Augustin Jean Fresnel, 1788~1827)의 실험이 이어진 결과 19세기의 분위기는 파동설로 기울었다. 그리고 20세기에 아인슈타인(Albert Einstein, 1879~1955)은 빛이 입자적 파동이요 파동적 입자라는 파동-입자 이중성(wave-particle duality)의 개념을 제시했고, 오늘날 양자론은 아예 빛과 물질에 대한 설명에서 입자와 파동을 상보적인 관점으로 바라보고 있다.

그리고 『광학』은 광학적 현상만 설명한 것이 아니라 생물학적 내용을 포함하고 있다. 눈의 동작구조, 생물체의 감각과 물질대사, 전기학, 마찰, 부패현상, 정신과 물질의 관계에 대한 추리까지 실려 있다.

또한 『광학』에서도 연금술의 영향을 찾아볼 수 있다. 『광학』에서 물체는 빛으로, 빛은 물체로 변환될 수 있다고 추측했다.─이것은 현대 과학의 관점에서 보면 그리 틀리지 않은 얘기다.─그리고 인력과 척력의 개념 하에 모든 역학 법칙이 연결된 것으로 보았다. 금속이나 광물도 동식물과 마찬가지로 '생식'한다고 기록했으며, 잘 익은 금속의 열매가 금이라는 사유도 발견된다.

특히 『광학』 3권 '질문들'이라는 부분에서 언제나 조심스러워 표현되지 못했던 자신의 '가설'들을 제시하며 상상력을 유감없이 보여줬다. 책 말미에 뉴턴은 원자론적 관점을 분명히 피력한다. "이 모든 것을 고려할 때, 신은 태초에 물질을 단단하고 무겁고 투과할 수 없도록 창조했다. 아주 단단해서 닳거나 쪼개질 수 없고, 태초에 신이 만든 것을 보통의 힘으로 나눌 수 없다." 다분히 연금술의 경험에서 우러나온 결론으로 보인다.

뉴턴은 자연은 그 자체로서 조화롭고 자기 충족적이라고 보았다. "모든 물체들이 미묘하지만 활동적인 전기적 기운을 가지고 있는 것이 아닐까? 이 전기적 기운으로 빛이 발생하고 굴절되고 반사되고 전기적 인력과 척력이 작용하는 것은 아닐까?" 이처럼 전자기에 대해서는 사실상 오늘날의 생각과 유사한 추론을 보여준다. 신학적 표현도 등장한다. "무한공간은, 살아 있고 지성이 있으며 모든 곳에 존재하는 비물질적인 존재의 감각기관이 아닐까?" 이런 유형의 표현들에 대해 라이프니츠는 "이 남자는 형이상학에서는 그다지 성공하지 못했다." 라고 표현했다. 라이프니츠의 분석이 한편 옳을지라도 『광학』은 신과 진리에 대해 뉴턴의 갈급한 마음만큼은 잘 나타나 있다. 하지만 이런 부분들은 질문의 형태를 넘어서지 않았고, 주장의 형태를 띠지도 않았다. 그는 자신의 생각을 넌지시 흘리긴 했지만 신중했고, 절대 선을 넘지 않았다.

『광학』은 『프린키피아』와는 또 다른 형태의 모범이었다. 많은 부분이 실제 실험 행위의 정밀한 묘사에 할애되었다. 그리고 결론과 응용이 뒤따랐다. 결국 『광학』은 뉴턴이 빛에 대해 얼마나 매력을 느꼈는지 생생하게 전해주는 책이 되었다. 후세인 중 이 정도 빛에 대한 몰입을 보여준 사람은 아마도 아인슈타인이 유일할 것이다.

· 왕립학회장 : 학회의 폭군 ·

뉴턴은 1701년까지 겸임 중이었던 루카스좌 석좌교수를 사임했다. 몇 년 동안 학교를 찾아간 적도 없음에도 교수지위가 유지되고 있었다는 것이 오늘날로서는 놀라운 일이다. 1702년 앤 여왕이 왕위에 오른 것은 뉴턴의 지지기반인 휘그당의 퇴출을 의미했다. 정계에서 뉴턴의 운신 폭은 줄어들었다.―그렇지만 앤 여왕은 1705년 뉴턴에게 기사작위를 주긴 했다.―그러나 1703년 때마침 숙적 훅이 죽으면서 뉴턴은 왕립학회장이 되었다. 뉴턴이 회장이 되는 시점에는 1670년대 200명 선이었던 왕립학회 회원이 절반으로 줄어들어 있었고, 파산 위기였다. 뉴턴은 훅이 회장이었던 왕립학회에는 런던에 있으면서도 출석하지 않았었다. 하지만 훅의 사후 회장이 되었을 때는 20년간 세 번을 빼고는 모든 모임에 참석하며 학회를 자신의 스타일로 개조해 놓았고, 중요 직책에는 에드먼드 핼리 등 자신의 사람들을 임명했다. 그의 임기 동안 회원은 다시 두 배가 되었고 재정적으로도 안정되었

플램스티드

다. 또한 그는 학회를 개인적 권력기구로도 사용했다. 정적인 플램스티드와 라이프니츠를 탄압할 때 그의 왕립학회 회장으로서의 지위는 주효했다. 왕립학회가 이사할 때 훅의 초상화가 사라졌고, 수소문해보니 뉴턴이 일꾼들에게 줘서 태워버리라고 한 것 같다는 전설들쯤은 애교 같은 것이었다. 그는 무엇을 해도 확실한 해결이라는 결과를 얻었고, 그 방법은 독재적이었다.

뉴턴은 말년에 그리니치 천문대(Greenwich observatory) 초대 천문대장이던 존 플램스티드(John Flamsteed, 1646~1719)와 충돌한다. 가해자는 명백히 뉴턴이었다. 훅과의 논쟁은 훅이 어느 정도 가해자였고, 라이프니츠와의 논쟁의 경우는 분명 라이프니츠의 미숙한 대응도 인정될 수 있지만, 이 경우 원인은 분명 뉴턴 쪽에 있었다.『프린키피아』의 자신의 주장을 세련되고 정확하게 인정받고자 뉴턴은 플램스티드의 자료를 성급하게 받고자 했다. 플램스티드는 자신의 작업이 완전해질 때까지는 자료를 발표하지 않는 성격이었다. 스스로도 그런 성격이었으면서도, 뉴턴은『프린키피아』2판의 빠른 발간을 위해 아직 완성되지도 않은 자료를 거듭 요구했다. 플램스티드는 완성된 항성목록을 스스로 만들고자 했고, 뉴턴은 플램스티드를 자료 제공자 정도로 생각한 것이 비극이었다. "나는 당신의 계산결과를 바라는 것이 아니라 가공되지 않은 관찰결과를 바랄 뿐입니다. 만약 당신이 이 연구를 계속하고 싶다면 부탁하건대 당신의 관찰결과를 보내주십시오." 1694년의 이 편지는 명백한 협박이었다.

실제로 뉴턴은 1704년 앤 여왕의 남편 조지 왕을 만나 플램스티드를 우회적으로 압박했고, 왕명을 거역할 수는 없었던 플램스티드는 꽤 고의적인 태업으로 출판을 미뤘다. 뉴턴은 격노했고, 왕립학회 회의에 플램스티드를 불러 논쟁하며 원색적인 욕설을 퍼부었다. 뉴턴은 플램스티드에게 무조건 항복을 요구했다. 결국 사실상의 협박으로 자료를 얻은 뉴턴은 『프린키피아』 2판에서 좀 더 완벽한 달 관찰 자료를 활용할 수 있었다. 그럼에도 뉴턴은 이 과정의 플램스티드의 기여를 한 번도 언급하지 않았다. 플램스티드가 원했던 『대영항성목록』은 그가 죽고 나서야 출판될 수 있었고, 뉴턴의 악랄함에 대해 비판한 플램스티드의 서문은 100년 이상이 지난 뒤에야 제대로 책에 실릴 수 있었다.

뉴턴의 공격을 받은 또 다른 희생자로는 또 한 명의 천재 라이프니츠(Gottfried Wilhelm Leibniz, 1646~1716)를 들 수 있다. 뉴턴과 라이프니츠는 미적분의 우선권 논쟁으로 20년 이상을 싸웠다. 그리고 뉴턴은 라이프니츠가 죽은 후에도 그를 원색적으로 경멸하는 표현을 많

라이프니츠

이 남겼다. 이 논쟁은 결국 영국과 대륙 수학자들의 자존심 논쟁으로 번져 18세기 영국에서는 라이프니츠의 미적분 방법론을 쓰지 않았다. 이것은 영국의 수학이 18세기 내내 대륙에 비해 뒤쳐지는 결과를 낳고 말았다. 오늘날 학자들이 연구한 바에 의하면 분명히 두 명의 업적은 독자적인 것이다. 물론 아주 기본적인 아이디어를 라이프니

츠가 영국을 방문했을 때 얻은 듯도 하지만, 이를 발전시켜 훨씬 발전된 미적분을 만들어낸 것은 온전히 라이프니츠의 공로로 보아야 한다.

1684년 라이프니츠가 발표한 미적분은 쉽게 사용할 수 있도록 고안되었고 유럽대륙의 많은 학자들이 받아들였다. 그러나 뉴턴은 결코 이를 믿지 않았다. 신이 같은 역할을 할 선지자를 동시에 두 명이나 보내지는 않을 것 아닌가? 1712년에 왕립학회에서는 이 논쟁을 평가할 위원회를 만들었다. 회장이 뉴턴이던 시기였으니 당연하게도 뉴턴에게 유리한 결과가 발표되었다. 라이프니츠 역시 정정당당하지는 않았다. 약간의 감사를 뉴턴에게 표하는 정도였다면 큰 무리 없이 지나갔을 일들도 그는 자신의 작품이라고 고집한 측면이 있고 겉으로는 뉴턴에게 존경을 표하면서도 익명으로 뉴턴을 신랄하게 비난했다. 1716년 라이프니츠가 죽고 10년 뒤인 1726년 출판된 『프린키피아』3판에서 뉴턴은 라이프니츠의 이름을 모두 지워버렸다. 뉴턴 자신이 죽기 1년 전이었다. 이렇게 『프린키피아』 1판에서 훅이, 2판에서 플램스티드가, 3판에서는 라이프니츠가 차례로 사라져갔다. 뉴턴은 원한을 잊는 법이 없는 사람이었다.

미적분 우선권 논쟁

라이프니츠는 라이프치히에서 1646년 태어나 변호사, 외교관, 행정관으로 활동했다. 8개 국어를 했다고 알려진 라이프니츠의 천재성에 대한 전설은 수없이 전해져 내려온다. 형이상학으로부터 수학에 이르기까지 그의 업적은 거대하다. 당장 현재 우리가 사용하고 있는 미적분이 라이프니츠의 방법론이다. 미적분 우선권 논쟁의 과정은 복잡하다. 뉴턴은 유동률(미분)법을 최소한 1672년에는 분명히 완성하고 있었다. 「무한급수에 의한 해석학에 관하여」라는 논문을 1669년 존 콜린스가 받아놓았는데 1676년 영국에 온 라이프니츠가 읽었다. 이 논문은 1711년에야 인쇄된다. 1684년 무한에 대한 라이프니츠의 저서에서 라이프니츠는 뉴턴을 분명히 언급하고 있다. 반면 뉴턴은 1687년의 『프린키피아』에서도 미적분을 언급하지 않았다. 분명히 미적분을 사용하면 훨씬 쉬운 기술이 가능함에도 그는 그렇게 하지 않은 것이다. 뉴턴이 표현하고 우리가 알고 있는 바로는 뉴턴은 책을 일부러 어렵게 만들기 위해 고전적 방법을 사용한 것이었다. 하지만 이것은 분명 다양한 해석이 가능한 여지가 있다. 뉴턴의 입장을 받아들일 때 뉴턴은 정적들이 자기 저술을 왈가왈부하는 것이 두려워 취한 선택이었지만 오히려 후일 훨씬 큰 논쟁의 여지를 만든 셈이다. 존 월리스는 1693년 『대수에 관한 논고, 역사와 실제』를 저술하면서 미적분을 뉴턴의 연구로 표현했다. 그리고 1664~1665년으로 그 완성시점을 당겨 잡았다. 라이프니츠의 우선권은 부인하면서 표절을 비난했다. 1696년 대륙에서는 라이프니츠의 방식으로 표현된 미적분 교재가 출판됐다. 뉴턴은 언급되었지만 라이프니츠가 미적분을 훨씬 더 쉽고 빠르게 만들었다는 표현이 덧붙었다. 맞는 말이었다. 대표적으로 현재까지 300년 이상 사용되고 있는 미적분 기호들은 라이프니츠의 것이다. 뉴턴은 이런 상황으로 심기가 불편해졌고, 영국학자들이 동원되어 미적분은 명백한 뉴턴만의 업적이라고 떠들기 시작했다. 1711년 4월에 왕립학회 회장 뉴턴은 자신이 40년 동안 지속적으로 미적분법에 몰두했다고 설명했다.—사실 이렇게 1666년이라는 기적의 해에 대한 설명들은 미적분 계산법의 최초 발견자가 뉴턴임을 분명하게 하는 과정에서 강화된 측면이 있다.

1713년 라이프니츠 진영의 간헐적인 반대주장들은 영국 학문의 권력을 틀어쥔 뉴턴 진영에 비해 힘이 너무 약했다. 그나마 베르누이 가문과 프랑스 수학자 진영 정도가 라이프니츠의 우군이었다. 뉴턴은 이 논쟁에 직접 나서지 않고, 왕립학회 내에 표절 문제를 거론할 위원회를 소집했다. 위원들은 뉴턴파로 채워졌고, 당연하게도 뉴턴에게 유리한 보고서가 나왔다. 라이프니츠로서는 최악의 정치적 상황도 발생했는데, 자신이 모시던 하노버 공이 영국 국왕으로 가게 된 것이다. 그는 고립되어버렸고 조지 왕이 된 옛 주군은 라이프니츠에게 뉴턴에게 사과편지를 쓰라고 명령했다. 그렇게 라이프니츠는 자신의 주군이 영국의 대표자로서 뉴턴 편에 서는 것까지 망연자실 지켜봐야 했다. "뉴턴 자신이 싸우기를 원하기 때문에 저는 기꺼이 그에게 맞설 것입니다." 1716년 라이프니츠는 만감을 숨기고 호기롭게 반응했다. 하지만 라이프니츠는 그해 돌연 사망했다. 모욕감 속에 죽은 라이프니츠의 장례식에는 목사와 라이프니츠의 비서를 포함해 단 네 명만이 참석했다고 전한다. 권력의 비릿한 내음이 묻어 있는 초라한 장례식이었다. 학자들은 모두 뉴턴의 눈치를 봤다. 1726년『프린키피아』3판에서 뉴턴은 라이프니츠의 업적을 인정하던 그나마의 문장들조차 최종적으로 삭제했다.

· 신학자 뉴턴, 그리고 죽음 ·

말년의 뉴턴은 신학 연구에 강하게 심취했다. 특히 솔로몬 성전의 정확한 형태를 알아내는 일에 많이 집착했다. 그는 성경의 솔로몬 성전의 형태에 대한 기술은 자연에 대한 궁극적 지식의 상징이라고 믿었다. 1670년대에는 「이방인들의 종교 기원에 대한 논문」에서 뉴턴은 유대인이 아닌 고대인들이 숭상했던 신들은 사실 고대의 왕과 영웅들이 신격화된 것으로 보았다. 1690년대 이 논문을 교정하기 시작했으나, 1716년까지도 출판하지 않았다. 끔찍하게 오랜 시간을 끈 듯이 보이지만 그렇잖아도 비판에 예민하고 신중한 뉴턴이 종교에 관한 연구라면 훨씬 더 조심했을 것이니 당연한 일이기도 했다. 노년에 썼던 책은『성경의 두 가지 중요한 조작에 관한 역사적 기술』—당연히 성경에 조작이 있고 자신은 그 조작된 내용이 무엇인지 안다는 의미다—, 『개정 고대왕국 연대기』—유대문명이 그리스 문명보다 오래되었음을 증명하는 목적에서 썼다—, 『예언서 해석』—요한계시록, 다니엘 서, 에스겔 서 등 성경의 예언서에 대한 주석서다—등이 있다.

『고대왕국 연대기』는 그리스, 이집트, 앗시리아, 바빌론, 페르시아, 유대의 고대사를 다루고 있는데, 역사가로서 오류는 많았으나 절대 진리로 확신한 성경과 수학적 세계관 속에 만들어진 작품이다. 분명한 것은 뉴턴이 이런 결론에 도달할 때까지 엄청난 고대사적 지식을 손닿는 데까지 섭렵했을 것이라는 사실이다. 더 황당무계하게 느껴지는 것은 『성경의 두 가지 중요한 조작에 관한 역사적 기술』과 『예언서 해석』이다. 사실 뉴턴은 아리우스주의자였다. 아리우스주의는 기독교 신학의 핵심인 삼위일체(trinity)를 부정한다. 즉 예수 그리스도는 가장 뛰어난 인간이지만, 결코 신이나 신의 아들은 아니라고 해석한다. 아이러니하게도 삼위일체를 믿지 않는 뉴턴은 평생 트리니티 칼리지(삼위일체 학교)의 교수였다. 예수 그리스도의 신성을 부정하는 소수 종파의 일원으로서 뉴턴은 뚜렷한 자기 확신을 가지고 있었다. 그는 현재 기독교가 여러 측면에서 왜곡되어 있다고 보았다.

뉴턴이 쓴 신학서의 분위기를 살펴볼 수 있는 사례를 잠시 살펴보자. 구약성경의 다니엘서에는 다음과 같은 내용이 나온다. 유태인들이 바빌론에 포로로 잡혀갔던 시기, 바빌론의 느부갓네살 대왕의 궁정에서 지내던 다니엘은 느부갓네살의 꿈을 해몽했다. 다니엘서 2장에서 느부갓네살은 꿈 속에서 거대한 신상을 보았다. 그 신상은 머리는 금, 가슴과 팔은 은, 배와 다리는 구리, 종아리는 철, 발은 철과 흙의 혼합으로 이루어졌다. 그리고 공중에 돌이 나타나 이 신상을 산산조각으로 부숴버린다. 다니엘은 이 내용을 다음과 같이 풀어냈다. 현재 느부갓네살의 제국이 금으로 된 머리이고, 그 다음 현재보다 못한 왕의 시대가 오는데 은으로 된 가슴과 구리로 된 배와 다리이며, 넷째

나라는 철처럼 강한데 후일 철과 흙을 섞은 것처럼 분열되고, 마지막 때에 이런 나라들이 사라지고 신의 권능으로 멸망하지 않을 새로운 국가가 설 것이라는 해몽이었다.

그렇다면 그 꿈속에서 본 신상에는 시간에 따라 나타나게 될 세계의 제국들이 겹겹이 쌓여 있는 셈이다. 즉 시간이 한순간의 공간에 배열된 것이다. 다니엘서의 꿈의 내용은 영겁의 역사가 한순간 눈앞에 펼쳐진 것이니 신의 계획은 이렇게 결정되어 있는 것이었다. 뉴턴은 이것이 성경의 핵심본질이라고 보았다. 즉 다니엘서처럼 성서전체가 상징 언어로 함축되어 있는, 시간의 흐름에 따른 세계진화의 지침서인 셈이었다. 따라서 원칙적으로 해독 가능한 것이고, 뉴턴은 『예언서 해석』에서 바로 그 작업에 착수했던 것이다. 하지만 뉴턴에 의하면 이런 성경의 내용은 원칙적으로만 해독 가능한 것일 뿐, 결코 완전하고 분명하게 해석되지는 못한다. 최종적 해석은 세상의 종말에 이루어지는 것이다. 뉴턴은 신학적 설명에서 양면적 선택의 가능성을 남겨놓은 셈이다. 뉴턴은 이 연구과정에서 천지창조가 기원전 4004년, 노아 홍수가 기원전 2348년이라고 명시하기도 했다. 이런 내용들을 살펴보면 뉴턴은 분명히 자신만이 이 예언서들을 올바로 해석할 수 있는 유일한 사람이라고 보았던 듯하다. 그래서 시대적 선지자로서 이 일을 해내야 할 의무를 수행했던 것이다. 다행인지 불행인지 뉴턴은 이 책들의 출판을 포기하거나 출판 전에 사망했다. 뉴턴은 역사가로서도, 신학자로서도 또 다른 『프린키피아』를 남기고자 했지만, 오늘날 우리의 판단으로는 그리 성공적이지 못했다.

하지만 이런 작업들을 수행하는 과정 중에도 뉴턴은 과학에 손을

웨스트민스터의 뉴턴 영묘

놓은 것은 아니었다. 1716년—이미 74세였다—에는 『광학』 재판이 나왔는데 초판에 없는 몇 가지 생각이 추가되어 있다. 『프린키피아』도 1687년의 1판에 이어 1713년과 1726년에 걸쳐 차례로 개정판이 출간되었다. 1726년은 죽기 1년 전으로 84세의 노령이었다. 그런데도 『프린키피아』 3판 역시 변화가 있었다. 내용은 조금씩이나마 무언가 전진했다. 노년까지 그는 전반적 노쇠현상으로 느려지기는 했을지언정 수준이 낮아지지는 않았음을 분명히 보여주었다. 그는 정말 쉬지 않았다. 자신이 설정한 평생의 연구과제에 대해서 잠시 다른 것을 했을지는 몰라도 생각을 끝내거나 포기한 적은 없었다. 몇 가지 인간적 약점에도 불구하고 이 책들만으로도, 또 그 책들의 진화과정만으로도, 그는 위대한 뉴턴으로 불리기에 손색이 없다. 여러 사람의 의견을 종합해 보건데 그는 80대의 나이에도 기억력만 약간 흐려졌을 뿐 자신의 전성기 때 연구들을 정확히 이해하고 있었다. 1727년 3월 방광결석으로 고생하던 그는 사망했고, 웨스트민스터 대성당(Westminster Abbey)에 안장되었다. 생존기간과 사후기간을 통틀어 뉴턴만큼의 대접을 받았던 과학자는 현재까지 뉴턴이 유일하다.

· 인간 뉴턴의 다양성 ·

오늘날까지 강력한 영향을 미치는 뉴턴의 업적은 미적분법, 광학, 만유인력이라는 세 개의 업적으로 요약할 수 있을 것이다. 덧붙여 후세인에게 마뜩찮게 보일지는 몰라도 신학자, 연금술사, 고대사가였다. 공직에서는 조폐국장(1695)이었고, 휘그당 하원의원(1688)이었고, 왕립학회 회장(1704)이었다. 왕립학회장으로는 죽을 때까지 25번이나 매년 재선출되었고, 앤 여왕에게 기사작위(1705)를 받아 살아서 누릴 수 있는 지식인의 모든 영광은 다 누릴 수 있었다.

뉴턴은 미적분의 발견으로 시간의 흐름 속에서 순간을 잡아챘고, 속도나 가속도 등의 복잡하게 얽힌 시간적 변화량들을 노획한 뒤, 무한을 계산 가능하게 길들였다. 그렇게 뉴턴은 아무도 가보지 못한 곳에 도달했고, 그 결과 인류는 공간을 넘어 시간을 척도할 수학적 도구를 손에 넣었다.

만유인력의 발견은 그 이상의 것이었다. 로버트 훅, 크리스토퍼 렌, 에드먼드 핼리 등 당대의 많은 학자들이 역제곱 법칙에는 도달했었다. 그만큼 뉴턴의 사과까지는 특별한 것이 아니다. 하지만 가장 많이 나아갔다고 할 수 있는 훅은 언제나 총명하고 재빨랐지만, 아무 것도 끝을 보지 않고 다른 것으로 넘어갔다. 그는 다빈치처럼 아이디어맨의 특성이 강했다. 하지만 뉴턴은 『프린키피아』를 완성했다. 그것이 뉴턴의 특별함이다. 갈릴레오의 경우 기술적 도구를 사용해 실험적 모델로 모방하면서 천문학적 실재를 보여주고자 노력했다. 그 스스로 수학적 물리학의 출현에 큰 업적을 남겼지만 그의 천문학, 즉 지동설에서는 그리 수학적이지 않았다. 동시대 케플러의 수학적 업적, 즉 케플러 3법칙에 비하면 상당 부분 수학적 설명이 결여되어 있었다. 하지만 이제 케플러의 3법칙은 뉴턴역학에 의해 만유인력 이론의 당연한 부분법칙이 되었다. 지동설은 완벽하게 뉴턴의 수학적 역학에 흡수된 것이다.

그럼에도 만유인력의 아이러니는 그 핵심개념이 신비주의적 철학의 연장선상에 있다는 것이다. 그것은 용어부터 지극히 연금술적인 힘이었다. 17세기 기계적 철학의 최전성기에 뉴턴은 신비주의적인 원격 작용을 동원해 우주론적 설명을 완성해냈을 뿐 아니라 당대에 이 개념을 유행시키는 데 성공했다. 너무나 이질적인 이론이었음에도 완벽한 예측능력을 보였기에 만유인력은 받아들여졌다. 『프린키피아』에 나타난 합리적 지성의 신비주의 탐닉을 우리는 어떻게 바라봐야 할까? 하지만 뉴턴 스스로도 자기 설명의 문제점을 분명히 간파하고 있었음은 언급될 필요가 있다. "비물질적인 어떤 것의 매개 없이, 활성이 없는 물질이 다른 물질과 접촉하지 않고도 영향을 줄 수 있다는 것은 납득하기 어렵다. 그러기 위해서는 중력이, 에피쿠로스가 말했던, 물질 자체에 내재한 근본적인 것이라야 한다. 하지만 나는 그런 해석을 받아들일 수 없고, 그래서 사람들이 내재적 중력의 개념을 주창한 것이 나라고 생각하지 않기를 바란다……중력은 어떤 일정한 법칙에 따라 작용하는 매개체가 원인이 되어야 한다. 한데 이 매개체가 물질적인 것이냐 비물질적인 것이냐 하는 것은 독자의 판단에 맡기겠다." 중력의 원인에 대해 뉴턴은 '설명하지 말라'고 한 것이 아니라 단지 독자의 판단에 맡겼을 뿐이다. 그럼에도 후학들은 뉴턴의 설명에

탄복한 나머지 뉴턴이 가졌던 최소한의 질문조차 잊어버리고 그를 따르기에 급급했다.

　뉴턴과 마찰을 일으킨 대표적 세 사람으로 훅, 라이프니츠, 플램스티드를 들 수 있다. 이들과 불화를 겪은 후 뉴턴의 책에서는 본문과 참고문헌 전체에서 그들의 이름이 차례로 사라졌다. 훅과의 논쟁은 대체로 훅이 공격한 쪽이었고, 라이프니츠의 경우도 시비의 빌미를 만든 것은 라이프니츠임이 거의 확실시된다. 하지만 어떤 방법으로 해석해도 플램스티드의 경우는 뉴턴이 악역이고 플램스티드는 불행한 피해자다. 위대한 뉴턴의 전기를 쓰려던 사람들은 이 문제에서 모두 당혹감을 느껴야 했다. 이야기 자체가 언급되지 않는 것이 뉴턴의 명예에 도움이 되는 쪽이라 얇은 판본의 뉴턴 위인전에는 대부분 빠져 있는 이야기들이다. 훅, 라이프니츠, 플램스티드에 대한 가혹한 대응들은 고압적 독재자로서 뉴턴의 부정적 면모도 보여주었다. 정리하면, 뉴턴은 비밀스럽고, 내성적이고, 유머감각 없고, 비판을 참아 넘기지 못해 수시로 격노했고, 비판자들에게는 야비하고 매몰찼다. 설명일 뿐인데, 비난에 가까운 문장이 되어버린다. 전기 작가 윌리엄 크로퍼는 "지독히 못생겨서 모든 이가 혐오스러워하지만, 무대에 오르면 천사같이 노래 부르는 가수"로 비유했다. 1965년에 과학사가 알렉상드르 코이레는 뉴턴을 '최초의 과학자라기보다 최후의 연금술사'에 가깝다고 적절히 묘사했다.

　뉴턴의 후기 저술들에서는 뉴턴 저작의 확고한 형식이 완성되어 있다. 공리, 정의, 명제라는 엄격한 체계 속에 서술하면서 논리적·수학적 논증 속에 주관적 색채는 절대 허용하지 않았다. 이런 뉴턴의 서술

형식은 물리학의 모범이 되었고, 곧 전 학문의 교본이 되었다. 그리고 오늘날 우리는 어느 정도씩 이런 서술법에 질린 세대가 됐다. 온 세상의 교과서가 뉴턴의 문체로 가득 차버렸다고 해도 과언이 아니다.

뉴턴의 운동은 절대공간과 절대시간이 전제된다. "절대공간은 그 본질에 근거해서, 외부적 대상에 관계없이 항상 동일하고 움직이지 않는다." "절대적이고 진정한 수학적인 시간은, 그 자체로 그것의 본질에 의해, 어떤 외형적 대상과 관계없이 동일하게 흐른다." 이런 전제는 증명된 바 없었다. 뉴턴은 당연한 공리로서 이 내용을 제시했을 뿐이다. 결국 후일 아인슈타인은 이런 전제 자체를 부정하며 자신만의 새로운 돌파구를 열었다.

뉴턴은 자신의 연구과정의 흔적을 지우고 결과만 남겼다. 비밀스런 모임에 참석했던 전력은 수많은 소설적 상상력의 원천이 되었다. 그렇잖아도 이토록 신비로웠던 뉴턴은 후일 계몽사상가 볼테르에 의해 한 번 더 포장되었다. 볼테르는 뉴턴을 이성, 실험, 수학의 칼날로 순수이성의 최고봉에 위치한 현인으로 묘사했다. 그 결과 뉴턴의 신비스럽고 기괴한 행동의 맥락은 많은 부분 감춰졌다. 연금술사로서의 뉴턴의 연구 자료는 1930년대가 되어서야 세간에 알려졌고, 그의 신학 연구는 대다수 사람들의 기억에서 사라졌다. 만유인력의 강한 신비주의적 특성은 거의 언급되지 않은 채 인류는 200여 년 동안 뉴턴의 이 '과도기적' 법칙을 잘 사용했고 지금도 실용적 측면에서는 여전히 활용되고 있다.

아인슈타인은 재출간된 『광학』 서문에서 뉴턴을 이렇게 표현했다. "그에게 자연은 펼쳐진 책이었고, 거기에 씌어진 글을 그는 힘들이지 않고 읽을 수 있었다……. 그의 창조의 기쁨과 치밀한 정확성은 단어 하나하나와 그림 하나하나에 분명하게 드러난다." 후일 모든 측면에서 뉴턴이 성공적이었던 것은 아님이 밝혀졌지만, 베이컨과 데카르트의 이상은 뉴턴에 의해 현실적인 과학자 상으로 정리될 수 있었던 것은 분명하다. 뉴턴에 의해 아리스토텔레스의 세계는 산산이 부서졌고, 과학은 유럽문명의 전면에 부상했다. 그렇게 뉴턴은 다양한 측면에서 앞선 시대를 정리하며, 다음 시대의 지적 영감의 원천이 되었다.

· 달에 대한 오래된 질문 ·

아리스토텔레스에게 달은 천상의 존재이며 따라서 천상의 고귀한 제5원소로 구성되어 있다. 그러므로 제5원소 그 자체의 속성—스스로 영원불변하며 따라서 영원불변한 등속원운동을 하는 존재—에 의해서 달은 지구 주위를 돈다. 그러나 갈릴레오에게 지구와 달은 동일한 원소로 구성된 유한한 존재였다. 그렇다면 달은 새로운 운동 원인을 가져야 했다. 갈릴레오는 관성의 개념을 제시했고, 모든 물체는 던져지면 원 방향으로 돌게 되는 관성을 가진다고 설명했다. 따라서 달은 원관성에 의해 지구 주위를 돌게 된다. 여기서는 추가적인 힘을 제시할 필요는 없었다. 하지만 데카르트는 갈릴레오의 관성개념에 개량을 가한다. 관성은 직선방향으로 작용하는 것이다. 그렇다면 관성에 달은 우주로 내팽개쳐질 뿐 결코 지구를 돌 수 없다. 달이 지구 주위를 돌게 하는 힘은 따로 제공되어야 했다. 데카르트는 자신의 기계적 철학과 원소관에서 새로운 설명을 찾아냈다. 우주를 가득 채운 보이지 않는 미세한 에테르 입자들은 별과 행성들이 자전할 때 그 주위를 따라 돌며 소용돌이를 일으키게 된다. 마땅히 달은 주변에서 발생하는 소용돌이에 이리저리 밀리면서 비틀비틀 지구 주위를 돌게 된다. 한편 진전된 설명일지 몰라도 수학적 예측은 불가능했고, 한 번도 발견된 적 없는 미세한 입자들을 받아들여야만 성립하는 설명이었다. 그러자 뉴턴은 과감히 보이지 않는 에테르를 버렸다. 뉴턴의 우주는 텅비게 되었고, 뉴턴은 달이 지구 주위를 도는 다른 설명을 해내야 했다. 매순간 지구가 달을 잡아당긴다는 개념이 데카르트의 직선관성 논리와 합쳐지자 달의 궤도는 만족스럽게 설명되었다. 이제 달은 매순간 지구로 '떨어지는 힘'과 '우주 공간으로 날아가려는 관성'의 조화 속에 수학적 예측이 가능한 상태로 지구를 돌게 됐다. 그 만유인력의 승리는 200년을 지속했다. 하지만 아인슈타인은 일반상대성이론으로 전혀 다른 설명을 제시하는 데 성공했다. 지구의 질량으로 인해 지구 주변에는 중력장, 즉 공간의 왜곡이 발생하고 달은 그 휘어진 공간을 따라 '직선'으로 날아간다. 다만 공간의 휘어짐으로 인해 달은 지구를 돌게 된다. 이제 텅 빈 공간을 통해 다른 물질을 잡아당기는 신비적 힘은 사라졌다. 완벽해 보이던 설명이 전혀 다른 철학적 설명과 더 정확한 수학적 예측으로 대체되었다.

같은 상황 설명이 조수운동에도 적용되었다. 인류에게 신비한 바다의 운동이었던 조수운동은 갈릴레오에 의해 최초의 원인이 제시되었다. 지구의 공전과 자전으로 인해 바닷물은 부등속의 힘을 받게 되고, 이로 인해 대양의 바닷물들은 이리저리 출렁이게 되는데 이것이 우리가 알고 있는 밀물과 썰물이다. 데카르트는 자신의 기계적 철학과 우주론에 부합하도록 조수를 설명해냈다. 달의 자전으로 인해 발생하는 소용돌이는 해수면의 바닷물을 내리누르는 압력으로 작용하게 될 것이다. 그렇다면 달이 있는 쪽의 해수면이 내려가면서 다른 쪽의 해수면을 높이게 될 것이다. 구체적 관찰이 없을 경우 이 설명은 어느 정도의 설명력이 있었다. 하지만 데카르트의 설명은 실제 상황과 부합하지 않는다. 뉴턴은 당연히 달의 인력이 바닷물을 잡아당기는 상황을 제시했고, 조수는 만족스럽게 '수학적으로' 설명되었다. 더구나 태양의 인력까지 설명에 가세해 사리와 조금 같은 현상까지 추가적으로 설명할 수 있었다. 하지만 아인슈타인은 20세기 초에 뉴턴의 이 모든 설명을 그대로 흡수할 수 있는 이론을 만들었다. 바닷물의 출렁임은 중력장의 마법 안에서는 충분히 설명되었다. 그 무엇도 서로를 당길 필요가 없었다.

돌이켜볼 때, 달만큼 오랫동안 많은 문인과 철학자들을 사로잡은 존재도 드물 것이다. 밤마다 나타나 우리를 따라다니는데 태양과는 달리 그 모양은 수시로 바뀐다. 그런데도 언젠가 다시 제 모습으로 돌아왔다. 사라지지도 않고 다가오지도 않으며 언제나 적당한 거리를 유지한다. 우리의 역법은 달로 인해 정착되었고, 선명한 보름달은 많은 전설 속에 강력한 이미지를 제공했다. 인류가 기억하는 역사의 시작부터 달은 인류의 동반자였다.

달은 왜 지구를 도는가? 밀물과 썰물은 왜 일어나는가? 초등학교 시절 아주 쉽게 암기된 답이 있다. 달은 지구가 '잡아당기기' 때문에 지구 주위를 돌며, 바닷물을 달이 '잡아당기기' 때문에 밀물과 썰물이 일어난다. 그것은 뉴턴에 의해 제시되고 현대인들의 대중교육에 선택되어 있는 답안이다. 하지만 우리는 아리스토텔레스, 갈릴레오, 데카르트, 뉴턴, 아인슈타인이 모두 똑같은 질문에 다른 답을 했다는 사실을 마주하면 당혹스러워진다.

놀랍게도 각각의 설명은 각 시대 상황 속에서 각각 적절한 합리성과 설득력을 갖추고 있었다. 단일한 문제에 대한 합리적인 추론과 답은 여러 가지가 있었다. 그리고 각 시대는 특정한 관점을 선택해왔다. 이 사례를 마주하면 어느 시대가 '비과학적'이거나 비합리적인 시대였다고 말할 근거는 매우 희박해진다. 진리는 하나일지라도 그 표현법은 여러 가지일 수 있는 것일까? 뒤의 설명에 의해 앞의 설명은 전혀 무의미해진 것일까? 달이 지구를 도는 이유는 또 다른 설명에 의해 대체될 수 있는 것일까? 쉽게 답할 질문이 아니다. 어쩌면 과학이 우리에게 선물한 것은 자부심이 아니라 겸허함이 아닐까?

덧붙인다면 현대 이론물리학은 이제 달과 지구 사이의 인력을 중력자(graviton)라는 입자의 주고받음으로 설명하고 있다. 재미있게도 뉴턴의 신비적인 원거리력도 아니고, 그렇다고 데카르트의 에테르 입자도 아니다. 하지만 분명히 또 다른 관점에서 기계적 철학의 입자적 관점을 엄밀히 적용시키고 있는 셈이다. 달이 차고 기울 듯 달에 대한 과학적 설명도 그런 것일까? 매일 밤마다 나타나 우리의 감수성을 자극했고, 인류의 진보를 가속시켜 왔던 달은 지금도 매력적인 과학적 수수께끼의 대상이고 여전히 철학의 보고이자 문학의 친구이다.

· 태양이 멈추다 ·

아리스토텔레스는 기하학적 이상을 위해 현상을 구제할 것을 요구했다. 프톨레마이오스는 이상에 조그만 흠집을 내고서야 경험과 실용성을 구제했다. 하지만 코페르니쿠스는 익숙한 세계관을 버리고 수학적 이상의 추구로 되돌아갔으며, 케플러는 수학적 이상을 경험과 화해시키고 심지어 원인의 문제까지 답을 추구해 나갔다. 갈릴레오는 역학으로 우주론적 설명의 돌파구를 만들어나갔고, 데카르트는 완벽한 원인의 설명을 위해 경험과 관찰, 정확한 수학적 논증을 포기했다. 그리고 마침내 뉴턴은 현상(경험)과 수학적 아름다움과 역학적 설명과 자신의 사상을 모두 한꺼번에 구제하는 데 성공했다. 하지만 그 대가는 원인에 대한 설명의 포기였다.

베이컨과 데카르트로 대표되는 17세기의 학문적 방법론과 뉴턴주의는 결국 현대학문체계를 만들어낸 씨앗이 되었고, 이 방법론적 전통은 현대과학을 형성했다고 보아도 과언이 아니다. 뉴턴의 이론들은 19세기에도 강력한 인상을 발휘하며 과학자들에게 감탄과 영감을 주었다. 뉴턴적 사유에 대한 구체적 도전은 20세기에야 가능했다. 그만큼 뉴턴이 만든 세계는 거대했다.

피타고라스와 플라톤의 수학, 아리스토텔레스의 관찰과 귀납, 데모크리토스 등의 원자론과 기계론, 그리고 연금술은 철저하게 분리되고 때에 따라 상호 대립하는 고대로부터의 학문전통이었다. 그러나 뉴턴은 이 모든 전통을 통합하는 거대한 그릇이 되었다. 그렇게 완전히 다른 전통들의 대통합이 과학혁명이었다. 그리고 이 과학혁명의 확장이 바로 우리가 현대과학이라고 부르는 것이 되었다. 다음 시대의 학문은 어떤 형태의 통합이 필요할 것인가? 지구가 태양을 돈다는 지극히 당연해 보이는 논리가 받아들여지기까지 얼마나 많은 시간과 노력이 필요했는가? 그리고 과연 그럴만하지 않았는가? 진정 우리가 진지하게 숙고해봐야 할 중요한 문제다.

뉴턴은 수학과 실험을 종합하고 만유인력이란 신비주의를 17세기 기계론 철학의 꼭대기에 올려놓았다. 역설의 절정을 만들고 그는 이성의 최고봉이라는 명예를 안았다. 뉴턴의 인생은 모자이크 같은 역사적 잡종으로 이루어졌다. 아리스토텔레스로부터 이어지고 베이컨이 강조한 실험과 관찰을 강조하는 전통과, 플라톤이 씨앗 뿌리고 데카르트가 만개시킨 연역적 수학을 강조하는 학풍을 한 몸에 체현한 뉴턴이었다. 그는 르네상스 이래로 면면히 이어져 내려오는 도구제작자의 모자를 쓰고, 연금술로부터 이어지는 신비주의 전통의 신발을 신은 채, 실험과 수학이라는 두 거대한 전통을 융합하며, 원자론 이래의 입자론적 전통을 겸비한 상징인물로서 나타났다. 사상에서, 과학에서, 방법론에서, 심지어 신학과 역사와 정치에서, 뉴턴은 거대한 긴장과 갈등의 중심핵에서 위대한 종합을 이루어냈다. 시대적 잡종의 절정을 보여주며 그의 방법론은 곧 미래 시대를 망라한 유행이 되었다. 부표가 사라졌던 학문의 바다에 뉴턴이라는 등대가 세워졌고 이후 200년간 견고한 성채로 군림했다. 이제 지동설은 반석 위에 놓였다.

태양은 영원히 멈춰 섰고 지구가 새로운 시대를 향해 움직이기 시작했다.

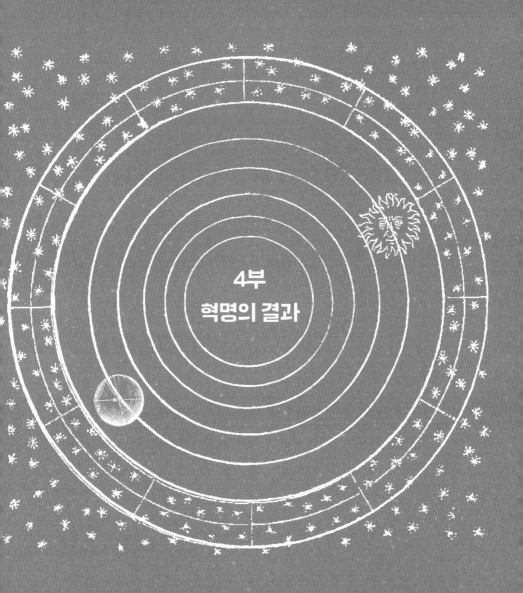

4부
혁명의 결과

09

뉴턴이 남긴 세계

· 찬미자 볼테르와 계몽사상 ·

"그는 우리에게 미로를 빠져 나갈 수 있는 한 가닥 실을 주었다."
뉴턴에 대한 찬사를 쏟아냈던 대표적 철학자로는 볼테르(Voltaire|
Francois-Marie Arouet, 1694~1778)를 들 수 있을 것이다. 계몽사상
(Enlightenment)의 아버지로 불리는 볼테르는 뉴턴과 스치듯이 작은
인연이 있었는데 그에게는 거대한 사건이었던 모양이다. 후일 볼테르
라는 필명으로 유명해지게 될 프랑스 청년 프랑수아 마리 아루에는
1726년 5월 조국에서 추방당해 영국 땅을 밟았다. 청년 볼테르는 신
분제에 차별받고 종교간 알력이 극에 달해 있던 자신의 조국의 상황
과는 크게 대조되는 영국의 현실을 보게 된다. 영국 국교회가 주도권
을 쥔 것은 사실이지만 영국에서는 이외에도 수십 개의 종교교파가

평화롭게 공존하고 있었고, 신분제는 남아 있었지만 영국의회는 특권층의 입장이 아닌 다양한 지역과 계층의 의견을 대변하고 있었다. 무엇보다 왕의 권력은 프랑스에 비해 아주 약했고, 상호견제와 권력분립으로 인해 극도로 비이성적인 정책이 제시되는 일은 거의 없었다. 볼테르의 눈에는 이런 영국적 특성들이 선명하게 부각되어 보였고, 그 속에서 장차 도래할 새로운 세계의 이상적 모델을 떠올릴 수 있었다. 1727년 3월 영어를 익히며 열심히 영국을 배워가던 볼테르는 유럽 최고의 지성이라 불리던 뉴턴을 만나고 싶었다. 하지만 안타깝게도 볼테르가 뉴턴을 찾아간 날은 뉴턴이 사망한 날이었다. 볼테르는 천재 뉴턴을 만나볼 기회를 잃었지만 그는 곧 더 놀라운 경험을 하게 된다. 뉴턴의 장례식이었다. 여섯 명의 고관대작이 뉴턴의 관을 메고 왕족과 귀족들이 묻혀 있는 유서 깊은 사원인 웨스트민스터에 정중히 매장하는 모습은 볼테르에게 깊은 인상을 남겼다. 일개 학자에게 영국은 이 정도의 명예를 베풀고 있었다. 볼테르의 머릿속에서 이 장면은 자신의 조국 프랑스의 비참한 현실과 너무나 대조되는 모습으로 느껴졌다. 이 인상적인 경험 이후 볼테르는 뉴턴을 새로운 시대의 상징인물로 만드는 작업을 진행해갔다.

1733년 볼테르는 『철학서신』에서 종교적 관용, 의회정치, 과학과 학자를 우대하는 분위기는 영국적 장점이자 장차 프랑스가 따라 배워야 하는 것으로 묘사했다. 이를 한마디로 요약하면 '뉴턴처럼'이라는 슬로건으로 대표될 수 있었다. 볼테르는 프랑스의 상류계급은 편견과 독단에 빠져 있고, 하류계급은 무지와 미신에 젖어 있다고 보았다. 볼테르는 이 사회의 모순을 타파하고 편견과 무지 속에 빠진 사람들을

4부 혁명의 결과

파리의 팡테옹

프랑스 국립묘지라 할 수 있는 팡테옹 내부의 볼테르의 묘와 동상은 사실상 그가 프랑스의 국부임을 잘 보여준다. ⓒ 남 영

구원하게 할 해법이 뉴턴과학이라고 단언했다. 볼테르는 뉴턴을 역사상 가장 위대한 인물로 묘사하며 새롭게 등장할 시민사회는 뉴턴이라는 이상적 모델을 모범으로 삼고, 정치는 왕정에서 의회라는 합의체로 진행해 가야 함을 역설했다. 그 과정에서 볼테르는 뉴턴의 모든 것을 미화했다. 근대성의 상징으로서 뉴턴의 이미지는 이렇게 탄생했다.

볼테르는 단순한 뉴턴 찬양에 그치지 않았다. 뉴턴과 비교될 만한 모든 학자들의 이론에도 비판을 가했다.『철학서신』14번째 편지에서 볼테르는 데카르트와 뉴턴의 생애와 이론을 이렇게 비교했다. "……파리 사람들은 우주가 미묘한 물질의 소용돌이로 이루어져 있다고 본다. 그러나 런던에서는 이러한 생각을 발견할 수 없다……. 데카르트 주의자들에게 빛은 공기 속에 존재하지만, 뉴턴주의자들은 빛이 태양에서 6분 30초 만에 지구에 도달하는 것이라고 본다……. 영국에서는 중력이 심지어 화학도 지배한다……. 아이작 뉴턴의 생애는 매우 달랐다……. 그의 대단한 행운은, 자유로운 나라에서 태어났다는 것뿐만 아니라, 현학적 과장이 사라지고 이성이 계발되는 시대, 사회가 그의 적이 아니라 제자가 될 수 있는 시대를 만났다는 것이다…… 영국에서 이 두 사람에 대한 평가는 데카르트가 꿈꾸는 사람이라면, 뉴턴은 현자라는 것이다……. 만일 그(데카르트)가 몇 가지 실수를 범했다면 그것은 맨 처음 새로운 영토를 발견한 사람이 단번에 모든 것을 파악할 수 없는 것과 마찬가지다……. 나는 데카르트의 다른 저작들이 오류로 가득 찼음을 부정하지 않겠다……. 그 후 그의 철학은 독창적인 소설에 지나지 않았고, 무지한 사람들에게나 그럴 듯하게 보일 뿐이었다……. 하지만 그런 오류에도 불구하고 그는 존경받을 만하다. 그는 틀렸다. 하지만 적어도 방법론적이었고 논리적인 정신을 갖추고 있었다……. 나는 어쨌든 우리들이 실제로 감히 그의 철학과 뉴턴의 철학을 비교할 수 있다고 생각하지 않는다. 전자가 스케치라면, 후자는 걸작이다." 표면적으로는 데카르트에 대한 약간의 예우를 지키고 우선권을 인정하고 있지만, 구체적 내용 면에서는 교묘한 혹평에 가깝다. 물질로 가득 찬 데카르트의 세계와 텅 빈 뉴턴의 우주는 당연히 양립할 수 없었다. 데카르트는 달 주변 입자의 '압력'으로 조수가 발생한다고 했고, 뉴턴은 달의 '인력'으로 조수가 발생한다고 보았다. 볼테르는 데카르트의 설명을 '전제적인' 프랑스적 특징으로, 뉴턴의 설명을 '자유로운' 영국적 특성으로 파악했다. 볼테르는 데카르트를 오류 투성이로, 뉴턴을 진리의 화신체로 서술했다. 하지만, 앞서 살펴본 바 대로 데카르트라는 시작점이 없었다면 뉴턴의 업적은 성립되기 어려 웠다는 점에서 볼테르의 글은 되새김질이 필요하다.

볼테르의 풍자소설 『캉디드』는 라이프니츠주의에 대한 강력한 비 판을 담고 있다. 역시 뉴턴과학을 옹호하기 위한 볼테르의 작업 중 하 나로 볼 수 있는데 『캉디드』에서 볼테르는 라이프니츠를 풍자한 팡 글로스 박사의 입을 통해 이 세계는 '가능한 최선의 세계'라는 라이프 니츠의 경구를 신랄하게 비웃었다. 『캉디드』의 주인공 캉디드는 석 학 팡글로스의 제자다. 작품의 서두에서 팡글로스는 이런 강연을 한 다. "모든 것은 필연적으로 최선의 목적을 위해 존재한다는 것을 입증 할 수 있다. 코는 안경을 걸치기에 알맞고, 다리는 분명 양말에 알맞으 며, 돌로는 성을 쌓기 좋고, 돼지는 1년 내내 우리에게 고기를 공급하 는 것을 보라……." 작품 말미에 수많은 사선을 넘고 만난을 헤쳐 나 온 캉디드가 스승과 다시 만났을 때, 팡글로스는 철없는 낙관론을 계 속해서 이어간다. "모든 가능한 세계 중 최선의 세계인 이 세계에서 는, 사건은 서로 관련되어 있네. 만일 자네가 웅장한 성에서 쫓겨나지 않았더라면…… 만일 자네가 종교재판에 회부되지 않았더라면…… 만일 자네가 아메리카 대륙으로 건너가지 않았더라면…… 만일 자네 가 금을 모조리 잃어버리지 않았더라면, 여기서…… 파스타치오 열매 를 먹지는 못했을 걸세." 작품 전체에 걸쳐서 팡글로스의 어리석은 발 언들에 의해 라이프니츠 철학은 여지없이 웃음거리가 된다. 이 작품 에서는 라이프니츠에 대한 최소한의 예우조차 느껴지지 않는다. 『캉

에밀리 뒤 샤틀레

마담 샤틀레는 볼테르의 연인이자 후원자였다. 동시에 그녀는 『프린키피아』를 프랑스어로 번역했을 뿐만 아니라 다양한 과학적 업적들을 남긴 과학자이기도 했다.

디드』는 뛰어난 작품이지만, 냉정히 판단할 때 볼테르는 라이프니츠 과학을 비판할 수준은 결코 아니었다. 볼테르는 뛰어난 사상가였지만 과학에서는 아마추어였다. 하지만 볼테르도 볼테르의 추종자들도 그 사실을 깨닫지는 못했던 듯하다.

볼테르는 『뉴턴철학의 요소들』을 집필해 뉴턴과학을 프랑스에 소개해서 최종적으로 데카르트 체계를 대체하고자 했고 소기의 성과를 얻었다. 재미있는 것은 명확한 목표의식에도 불구하고 막상 볼테르의 수학적 재능은 『프린키피아』를 이해할 만한 수준이 되지 못했다는 것이다. 『프린키피아』의 몇 페이지를 넘기던 볼테르는 끔찍한 난이도에 책장을 덮어버렸다. 그럼에도 『프린키피아』는 프랑스어로 번역될 수 있었는데, 실제 번역한 사람은 볼테르의 연인이었던 에밀리 뒤 샤틀레(Emilie du Chatelet, 1706~1749) 후작 부인이었다. 마담 샤틀레는 그 이외에도 많은 과학적 업적을 18세기에 남겨놓았다. 당시 많은 사람들은 『프린키피아』의 번역을 여성이 해냈다는 사실 자체를 믿지 않고 볼테르가 핵심 작업에 개입했을 것이라 생각했다고 한다. 사실 볼테르는 바로 그 핵심에 접근할 재능이 없었다. 여성의 과학적 재능이 어느 정도 올바르게 인정받는 시대는 그로부터도 최소한 150년은 지나야 했다.[9]

....

9 1903년 퀴리부부는 노벨상을 받았다. 하지만 퀴리부인도 남편의 조수에 불과했다는 평판을

4부 혁명의 결과

떨어지는 사과를 보고 만유인력을 떠올렸다는 뉴턴의 사과 이야기는 구전으로 전해진 것이고 뉴턴이 몇몇 사람에게 얘기한 것은 분명하다. 하지만 과연 뉴턴의 진정성이 담긴 진지한 이야기였는지는 분명치 않다. 이 이야기를 유명하게 만든 사람도 바로 볼테르였다. 그는 뉴턴의 조카딸에게서 이 이야기를 들었고 프랑스에 뉴턴주의를 퍼뜨리면서 뉴턴의 사과를 유명하게 만들었다. 아마도 뉴턴은 집 안에 사과나무가 없었어도 만유인력에 도달했을 것이다. 계몽사상가들이 극찬하며 우상화한 뉴턴은 여러 면에서 뉴턴의 실제 모습과 거리가 있었다.

볼테르의 '과도한' 열정에 의해 프랑스에서 뉴턴의 이미지는 서서히 자리를 잡았다. 그리고 볼테르의 뒤를 잇는 계몽사상가들은 뉴턴의 이름을 철학, 도덕, 종교, 정치 등의 전 분야에 끌어다 쓰기 시작했다. 이처럼 뉴턴이라는 이상적 모델을 따르자는 사조를 통칭 뉴턴주의라 부른다. 결국 뉴턴주의는 계몽사상의 핵심 요소가 되었다.

볼테르를 잇는 계몽사상가들은 이 시기 현대시민사회의 핵심이 된 규약들을 구체화됐다. 그들은 이성이 지식 확실성의 기초라는 합리주의(Rationalism), 물질만을 존재의 본질로 보는 유물론(Materialism), 지식의 기초는 관찰과 실험에 있다고 보는 경험주의(Empiricism), 과거처럼 미래는 투명하게 결정되어 있다고 보는 결정론(Determinism)에 기반하고, 사회는 인간 다수의 행복의 총량을 늘이는 것을 목표로 해야 한다는 공리주의(Utilitarianism)를 기본 신조로 삼았다. 짧게 생각하면

....
들어야 했다는 점에서 마담 샤틀레와 크게 다른 운명은 아니었다.

계몽사상가 볼테르(좌)와 대혁명 후 팡테옹으로 이장되는 볼테르의 관(우)

볼테르는 1727년 뉴턴을 방문했으나 못 만나고 장례식만 볼 수 있었다. 볼테르는 1738년에 마담 샤틀레와 『뉴턴철학의 요소들』을 출판해서 큰 명성을 얻는다. 책 전체에서 뉴턴역학, 미적분, 역사철학을 망라해서 다루고 있지만, 분명히 뉴턴은 유형화되고 변형되었다. 볼테르가 서술한 이성적이며 수학적인 새로운 인간형 뉴턴의 완벽한 모습은 새로운 시민사회 모범시민의 모습을 상징했다. 프랑스에서의 뉴턴 유행은 분명 볼테르의 작품이다. "온 파리가 뉴턴의 이름으로 메아리치고, 파리 전체가 뉴턴을 연구하고 공부했다."고 볼테르는 자랑스럽게 말했다. 귀납, 실험, 수학, 그리고 무엇보다 이성의 사용이 강조되었다. 볼테르는 뉴턴의 모범을 따르면 사변철학에 불과한 가상디나 데카르트의 주장들을 효과적으로 제거할 수 있을 것으로 보았다. 그렇게 이상적 근대인 뉴턴의 이미지가 탄생했다. 그리고 볼테르는 뉴턴의 우주론과 역학을 정치철학에 적용하여 계몽사상으로 진행해갔다.

계몽주의는 이성만을 중시하는 전체주의적 강령이라고 오해할 여지가 있다. 하지만 계몽주의는 비합리적 권위에는 이성적 비판을 행했지만, 개인들에 대해서는 감정에 대한 호소로 새 시대 건설의 동력을 얻고자 했다. 그 결과 계몽주의는 개인을 강조하고 인간 평등을 옹호하며 합의의 중요성을 일깨우는 큰 역할을 해냈다.

"당신의 의견에 결단코 동의할 수 없을지라도, 나는 당신의 말할 권리를 위해 목숨을 걸겠다."[10] 볼테르의 이 외침은 근대정신의 위대한 상징이었다. 평생에 걸친 저술로 볼테르는 새로운 시대정신을 프랑스와 유럽에 펼쳐놓는 데 성공했다. 어쩌면 볼테르가 칭찬했던 뉴턴은 사실상 볼테르 자신의 이상화된 모습이었을지 모른다. 노년의 볼테르는 뉴턴만큼이나 수많은 지식인들의 존경을 받는 인물이 되었다. 파리를 방문했던 벤저민 프랭클린(Benjamin Franklin, 1706~1790)은 볼테르의 축복을 받을 수 있도록 대서양 건너에서 손자를 데려왔을 정도다. 볼테르는 프랑스 대혁명 11년 전인 1778년에 죽었다. 대혁명 후인 1791년, 국민의회는 루이 16세에게 압력을 행사해서 볼테르의 유해를 국가적 위인들만이 묻힐 수 있는 팡테옹(Pantheon)으로 이장했다. 10만 명이 호송대열을 이뤘고 60만 명의 인파가 거리를 메웠다고 전해진다. 두 해 뒤 루이 16세는 단두대에서 처형당했고 볼테르가 옹호한 공화정의 시대가 열렸다. 볼테르가 대혁명을 봤다면 자신의 사상이 꽃피는 것을 기뻐했을까? 아니면 피비린내 속에서 자신의 이상이 왜곡되어버린 것을 슬퍼했을까? 볼테르의 뉴턴과 현실의 뉴턴이 다르듯, 볼테르의 혁명과 현실의 혁명도 많이 달랐다.

· 조너선 스위프트와 풍자소설 『걸리버 여행기』 ·

조너선 스위프트(Jonathan Swift, 1667~1745)는 1667년 아일랜드 더블린에서 태어난 영국인이었다. 뉴턴보다 25년 연하인 그는 유복자

....

10　볼테르의 명언으로 많이 인용된다. 하지만 볼테르가 이 말을 했는지는 역시 확실치 않다. 볼테르가 확실치 않은 뉴턴의 사과를 유명하게 만든 것처럼, 볼테르 스스로도 다른 이들에 의해 많이 각색되었다.

란 면에서 뉴턴과 공통점이 있다. 1694년 성공회 신부 서품을 받았고, 1700년 더블린에서 사제가 된 뒤, 1702년에는 신학박사학위를 받았다. 1721년에 『걸리버 여행기』를 집필을 시작해서 59세의 나이인 1726년에 작품을 완성했고 발간 즉시 유럽 전역에서 베스트셀러가 되었다. 1742년경부터 치매로 판정받았으며 1745년 전 재산을 정신병원에 기부하라는 유언을 남기고 죽었다. 스위프트의 걸작 『걸리버 여행기』는 오늘날 아동청소년용 소설로 많이 읽히고 있지만, 사실은 정치권력의 위선을 풍자하고 국가 간 탐욕과 인류문명의 졸렬함을 고

『걸리버 여행기』

이 책은 아동용 소설이 아니라 어른들을 위한 풍자소설이었다. 특히 스위프트는 이 작품에서 뉴턴주의에 대해서도 비판적인 입장을 보여주었다.

발한 성인용 풍자소설이다. 영국인이지만 영국의 식민지배에 시달리던 아일랜드의 현실을 보면서 스위프트는 반골정신이 충만한 필력을 길러 나갔던 것으로 보인다.

『걸리버 여행기』는 1699년에서 1715년 사이의 16년에 걸친 4부작의 네 차례 여행에 관한 이야기로 구성되어 있다. 그래서 뉴턴 말년의 영국의 상황에 대해 이해하면 훨씬 재미있게 읽을 수 있는 글이다. 여행기의 주인공 레뮤엘 걸리버는 1부에서 소인국 릴리퍼트(Lilliput), 2부에서 거인국 브롭딩나그(Brobdingnag), 3부에서 하늘의 성 라퓨타(Laputa)와 주변국가, 4부에서는 말의 나라 휘늠(Houyhnhnm)을 여행한다.

스위프트는 영국 정치의 현실들을 소인국의 하찮은 사건들에 비유해서 통렬히 풍자하고, 거인들의 입장에서 유럽문명이 진행하고 있는 정책들이 얼마나 유치하고 어리석은 것인지 질책한다. "너희 조국에 사는 생물들이란, 탐욕 덩어리임에 틀림없다. 영국에 사는 것들은 조물주가 땅위를 기어다니도록 운명 지은, 볼품없고 조그마한 벌레들의 집합체에 불과하다." 거인국 국왕의 입을 빌려 스위프트는 직접적 독설을 퍼붓는다. 3부에서는 상당히 구체적이고 다양한 풍자대상들이 등장한 뒤, 4부 말들의 나라에 대한 묘사에서 스위프트는 새로운 이상향을 제시하며 대영제국에 대한 조롱을 넘어 인류 전체에 대한 비판으로 작품을 승화시켰다.

스위프트가 당시 왕립학회로 대표되던 과학자 집단에 대해 어떤 생각을 가지고 있었는지는 3부의 라퓨타 이야기에 잘 나타나 있다. 걸리버는 하늘을 떠다니는 성 라퓨타에 끌어올려진 뒤 그곳의 지배자들과 조우한다. 라퓨타의 지배자들은 계획자들이라고 불리는데 수학자나 과학자들에 해당한다고 할 수 있다. 그곳의 교수들은 오이에서 햇빛을 끌어내는 등의 이상한 실험들로 분주한데 이는 마치 뉴턴의 광학실험을 연상케 한다. 라퓨타에서는 식사시간에 모든 음식들이 기하학적 모양으로 만들어져 나온다. "등변삼각형 모양의 양고기가 나오고…… 하인들은 빵을 원뿔형이나 원통형, 혹은 평행사변형이나 다른 여러 가지 수학적 형태로 잘라냈다." 수학에 심취해 현실을 몰각한 지적 백일몽에 취한 계획자들은 왕립학회 회원들의 모습과 겹쳐 보인다. 더구나 라퓨타 섬은 거대한 자석에 의해 떠올려져 뉴턴이 관찰했던 행성이나 위성들처럼 지구 위를 이리저리 방황하며 떠돌아다니고 있다. 베이컨의 벤살람 왕국처럼 과학자들에 의해 운영되는 국가지만 벤살람과는 대조적으로 그 느낌은 한심하기 짝이 없다. 라퓨타는 뉴턴과 왕립학회에 대한 철저한 풍자와 조롱의 백미였다. 그리고 뒤이어 등장하는 글룹둡드리브 섬에서는 총독의 강신술로 불려 나온 아리스토텔레스의 유령이 직접 수학 위주의 당대 학문 풍토에 경고를 보낸다. "자연의 새로운 체계라는 것은 단지 새로운 유행에 불과하다. 유행은 시대에 따라 변하는 것이다. 수학적 원리로부터 새로운 체계를 증명한다고 주장하는 자들도 짧은 시간 동안만 번성할 것이다." 스위프트는 오만불손한 왕립학회 회원들에게 수학의 유행이 한때에 불과하니 겸손할 것을 에둘러 조언한 셈이지만, 아직까지는 이 유행이 사라지지 않았고 여전히 맹위를 떨치고 있다. 어쩌면 우리 모두가 현대과학문명이라는 라퓨타 위에 올라 방황하고 있기 때문일지도 모른다.

· 낭만주의와 비판자들 ·

계몽사조를 뉴턴에 대한 찬양이라고 본다면, 낭만주의는 뉴턴에 대한 비판이라고 볼 수 있다. 낭만주의(romanticism)란 말을 들으면 오늘날 우리는 보통 감성적인 연애담이나 환상적 영웅담을 떠올린다. 낭만적(romantic)이란 말의 어원은 고전 프랑스어 'romanz'에서 나왔다. 라틴어에서 갈라져 나온 로망스 방언들을 가리키는 단어인데 사실 불어, 이탈리아어, 스페인어, 포르투갈어 등 유럽 언어의 거의 절반이 모두 이에 속한다. 중세에 로망스(romance)는 로망스어로 쓰인 기사 이야기를 뜻했고, 대부분 무언가를 찾아 떠나는 영웅들의 모험담을 운문 형식으로 구성했다. 이렇듯 낭만적이란 표현은 주로 강력한 감정적 경험을 의미한다. 하지만 역사적 낭만주의는 18~19세기에 발생한 일련의 지적 흐름을 의미한다. 18세기 후반 독일의 문화이론가들이 이 용어를 특유의 새로운 사고방식을 가리키는 의미로 사용했기 때문이다. 그들이 이 용어를 사용했을 때는 논리와 이성의 한계를 넘어선 경험의 영역을 찬양하고, 직접 감정의 영역에 호소하는 예술과 문학 형식을 옹호하는 것을 의미했다. 무미건조한 공식의 나열을 떠난 진정성, 체계적 분류가 아닌 통합적 지식, 기계적 결정론이 아닌 인간적 자발성을 강조하고 당연히 인간사회의 답답한 통제와 규칙을 떠난 야만, 황무지, 있는 그대로의 자연을 찬양하는 물결을 변호했다.

　이런 분위기는 어느 정도 계몽사상에 대한 반작용으로 시작되었다. 18세기 내내 계몽사상에 의해 이성적 문명과 수학적 과학에의 찬양이 과도하게 강조되었다. 그러자, 지식인들의 감성은 크게 옥죄어졌고, 미국 독립(1776)과 프랑스 혁명(1789)이라는 정치적 격변에 뒤이은 산업혁명은 거대한 현실적 충격으로 다가왔다. 기존의 원칙을 믿을 수 없게 되었고 불확실성 속의 불안은 다른 도피처를 찾게 했다. 그리고 곧 낭만주의라는 거대한 하나의 물결이 되었다. 그래서 때에 따라 낭만주의는 계몽주의에 반대하는 물결, 한마디로 반뉴턴주의적 경향을 의미하는 것으로 해석되기도 한다. 하지만 낭만주의는 전제정치와 미신으로부터 인간을 해방하려던 계몽사상 본연의 목표 자체를 반대한 것은 아니었다. 낭만주의는 인간 해방이라는 동일한 목표를 계몽주의적 흐름과는 다른 방법으로 수행하려고 한 개혁운동이었고, 그런 의미에서 낭만주의는 오히려 계몽정신의 완성을 목표로 했다고 볼 수 있다.

이런 분위기의 대표적 기원으로 볼 수 있는 사람이 루소(Jean-Jacques Rousseau, 1712~1778)다. 그는 계몽주의가 합리주의적이라는 생각을 깨뜨렸다. 루소는 낭만주의적 흐름의 대표 사상가로서 외로움을 즐기며 개인주의를 극한까지 몰고 간 인물이다. 루소의 자서전『고백』은 개인과 자연을 강조하는 루소의 시선이 잘 나타나 있는 책이다. "내가 보여주려는 인간은 바로 나 자신이다." "나는 이 세계의 누구와도 닮지 않았다. 그들보다 잘나지는 않았지만 적어도 난 누구와도 다르다." "나는 내게 공포를 주는 급류, 바위, 전나무, 어두운 숲, 산, 가파르게 올라가는 길, 눈앞의 낭떠러지가 필요하다." 루소는 '자연상태'를 억압이 덜하고 더 평등한 상태를 가능하게 하는 본보기로 보았다. 그리고 사유재산이야말로 부패한 사회의 표식이었다. 루소의 사상은 홉스나 로크 같은 근대 초기 사상가들의 사회계약론과는 이런 부분에

4부 혁명의 결과

미국 독립선언

"모든 인간은 평등하게 창조되었고 신에 의해 양도할 수 없는 천부적 권리를 부여받았다. 그중에는 생명, 자유, 행복을 추구할 권리가 포함되어 있음이 자명한 진리임을 우리는 확신한다." 미국독립 당시 사상적 풍토는 베이컨의 경험주의를 필두로 존 로크의 사회계약론과 아이작 뉴턴의 과학적 합리주의 영향 속에 있었다. 독립선언서의 문장들 안에 그 분위기는 명백히 녹아들어 있다.

서 근본적 차이가 있다. 홉스는 '인간은 인간에 대하여 늑대'이기에 자연상태는 '만인의 만인에 대한 투쟁' 상태라고 보았다. 이 상황을 종식시키기 위해 우리는 사회를 만든 것이기에 자연상태는 야만적이고 불만족스러운 형식이다. 로크 또한 무정부상태보다는 어떤 형태든지 정치적 지배를 받아들이는 것이 낫다고 보았다. 하지만 루소는 "우리는 타고난 자유상태를 사회적 노예상태와 교환해버린 것이다."라고 선언했다. 그래서 루소는 『에밀』에서 개인은 인간 본연의 '때 묻지 않은' 상태를 유지할 수 있는 자연환경 속에서 권위와 억압 없이 성장할 때 발전할 수 있다는 독특한 교육론을 제시한다. 이렇게 루소는 자아를 순수한 것으로, 스스로 도덕적 판단을 할 수 있는 존재로 승격시킴으로써, 사회시스템 내부에서 기계적 부분품으로 동작해야만 적절한 인간이라는 판단을 뒤집었다. 루소의 "자연으로 돌아가라!"는 말은 곧 뉴턴주의에 대한 환멸을 내포하고 있는 셈이다. 루소의 철저하게 배타적인 개인주의는 자아의 강조라는 낭만주의 흐름에 지속적으로 영향을 주었다.

이 흐름은 19세기로 이어져, 블레이크와 셸리로부터 키츠, 바이런, 위고, 보들레르, 멜빌에 이르기까지 차고 넘치는 문인과 예술가들이 낭만주의의 계승자가 되었다. 이처럼 낭만주의적 흐름은 뉴턴주의와 계몽주의라는 흐름과의 정반합 과정에서 나타났고 오늘날 우리의 사고체계 속에서 일정한 영향을 미치며 계속되고 있다. 낭만주의는 도도하게 지속된 긴 역사적 이야기지만, 여기서는 칸트와 괴테의 사례에서 낭만주의의 반뉴턴주의적 관점을 살펴보도록 하겠다.

· 칸트의 관념론 ·

임마누엘 칸트(Immanuel Kant, 1724~1804)는 루소에 맞먹는 낭만주의의 초석이라 할 수 있다.[11] 『순수이성비판』에서 칸트는 인간 정신에 여러 범주들이 내재하기 때문에 이것들이 우리가 세계를 지각하는 방식을 선험적으로 결정한다고 주장한 바 있다. 이 범주들은 공간, 시간, 원인, 결과 등의 개념들이다. 우리는 이 개념들을 '배워서' 아는 것

....

11 사실 칸트를 뉴턴 반대자의 맥락 정도로 짧게 소개하는 것은 그의 존재감에 비하면 큰 결례일 수 있다. 개설서로서의 이 책의 맥락을 따른 가벼운 소개 정도로 독자가 이해해주기 바란다.

이 아니다. 즉 경험에 앞서 이미 아는 것이
다. 경험에 앞서는 범주를 제시했다는 점에
서 혁명적 개념이었고 경험을 강조한 베이
컨 주의에 대한 강력한 반동인 셈이다. 칸
트 스스로도 이것을 철학에 있어 '코페르니
쿠스적 전환'이라고 보았다. "따라서 우리

칸트

는 자신의 인식에 부분적으로 책임이 있고, 자기 존재의 부분적 창조
자다." 인간이라는 존재는 백지에 쓴 경험의 총합체가 아니며, 그만큼
우리는 권리와 의무를 가진 주체적인 결정권자라는 선언이었다. 세상
은 결정론적이지 않고 인간은 사회의 기계적 부품 같은 존재가 아님
을 강력히 암시하고 있다.

　칸트가 건설한 철학적 관념론은 우리 외부에서 지각되는 대상은 사
실 우리 정신의 내용과 연관된 관념일 뿐이라는 것을 명백히 했다. 현
실적인 것은 근본적으로 심리적이라는 것이라는 신념으로서, 객관적
이고 물질적인 것에서 근본을 찾는 유물론과는 분명한 대척점에 있
는 관점이다. 칸트는 그 자체로 존재하는 세계인 본체(noumena)와 우
리가 경험으로 파악하는 물리적 세계를 분명히 구분했다. 어쩌면 칸
트는 보이는 현실 그 너머 이상적 형태가 있다는 플라톤의 전통 내에
있다. 칸트의 관념론은 철학적 인식론에서 낭만주의 혁명의 도화선이
되었다.

　"공간과 시간은 경험적으로 실재적이지만 초월적으로는 관념적이
다.""만일 우리가 주관을 제거해버리면 공간과 시간도 사라질 것이
다. 현상으로서 공간과 시간은 그 자체로서 존재할 수 없고 단지 우리

안에서만 존재할 수 있다." 시간과 공간의 실재성에도 의문을 품었던 칸트의 생각들은 독일 철학의 흐름 속에 이어지다가 후일 아인슈타인에게도 결정적 힌트가 되었다. 그리고 결국 아인슈타인은 상대성이론으로 뉴턴의 세계를 무너뜨린다.

· 괴테의 『색채론』 ·

뉴턴 반대자 중 또 하나의 유명인을 꼽는다면 요한 볼프강 폰 괴테((Johann Wolfgang von Goethe, 1749~1842)를 들 수 있다. 『젊은 베르테르의 슬픔』(1774)에서 괴테는 청년 베르테르라는 낭만주의적 영웅을 완성했다. 베르테르는 이미 정혼자가 있는 샤를로테를 사랑한다. 예민한 감수성의 소유자인 베르테르는 세계와 자신 사이에서 고통 받으며 속물적 사회 속에서 이루어질 수 없는 사랑에 몸부림친다. 그리고 고결한 천성의 베르테르는 세상과 화합하지 못하고 결국 자신을 파괴한다. 독일적 허무주의의 절정인 작품이었고, 많은 젊은이들은 괴테의 이 자전적 소설을 읽으며 베르테르를 '따라' 죽었다. 오늘날도 유명인에 대한 모방 자살을 '베르테르 효과'라고 부르게 된 이유다. 따라 죽을 용기가 없었던 젊은이들은 베르테르의 푸른 코트와 노란 바지를 따라 입으며 새로운 패션의 흐름을 만들었다. 물론 괴테는 글 속에서 자신의 분신을 죽인 뒤, 장수하며 독일 낭만주의의 다음 단계로 이행했다. 『젊은 베르테르의 슬픔』에 나타나는 괴테의 젊은 시절 계몽주의에 대한 감성적 반항은 그 정도에서 멈추지 않고 나이가 들어서는 『색채론』이라는 직접적 뉴턴 비판으로 나아간 것이다.

괴테(왼쪽), 베르테르(가운데), 파우스트(오른쪽)
베르테르와 파우스트는 괴테의 두 분신이었다. 또한 괴테는 강력한 반뉴턴주의자이기도 했다.

괴테는 1786년 이탈리아 여행을 하며 고대와 고전에 눈뜨게 되었다. 그리고 고전주의는 건강한 것이며 낭만주의는 병든 것이라고 선언했다. 스스로 낭만주의에서 '치료되었다'고 느꼈고 낭만주의를 고집하는 사람들을 경멸했다. 30년을 집필했던 걸작 『파우스트』는 그런 작업의 결과물이다. 이 과정 속에서 괴테는 자연철학(과학) 연구에 착수했다. 생명에 '계획'이 있고 생명체들 사이에 연결된 사슬이 있다는 스스로의 고전주의적 믿음을 입증하기 위한 시도였다. 현란한 다양성 속에는 분명 통합된 질서가 있다. 그 보이지 않는 질서 속에 모든 존재는 다양성 속의 통일성을 유지하며 변화해간다. 모든 것의 시작이며 통합된 형태의 원형 식물이 있고 이것이 변형되면서 다른 모든 식물이 발전해 나왔다는 괴테의 이론은 19세기 중반이 되면 진화론으로 진행해갈 것이었다.

그런 괴테는 『색채론』에서 특히 뉴턴의 광학을 강하게 비판했다. 뉴턴에 의하면 모든 색은 양적인 것으로 환원된다. 색채의 다양성이 서로 다른 굴절각도로 정의되는 광선이라는 뉴턴의 설명에 괴테는 동의할 수 없었다. 괴테는 원초적으로 규정될 수 있는 색이 분명히 있다고 보았다. 르네상스 회화와 이탈리아의 화려한 옷, 유럽 자연경관의 찬란함에 경탄했던 괴테는 뉴턴에 의해 이런 것들이 무미건조해지는 것을 좌시할 수 없었다. 괴테는 빛의 질적인 측면을 본질로 보고자 했다. 뉴턴은 빛과 자연을 수학과 실험도구로 길들였지만, 괴테는 현상 그 자체로 묘사했다. 괴테는 양으로 치환되는 실험방법의 적용 자체가 마땅찮았다. 훈련된 인간의 눈을 버리고 도구를 사용하는 것은 진보가 아니라 퇴보로 보았다. 괴테에게 자연은 도구로 괴롭힐 필요가 없는 것이었다. 즉, 그런 도구로 바라보니 그렇게 보이는 것이었다. 괴테는 『색채론』에서 백색광이 개별적인 7색의 결합이라는 뉴턴의 이론을 정면으로 부정했다. 괴테에게 빛은 통일된 실체였고, 또 그래야만 했다. 괴테는 『색채론』 전체에서 『광학』의 모순을 언급하며 경박하다고 판단했다. 관점의 차이라는 말로 두 천재의 주장을 화해시키는 것이 비겁할 수도 있겠지만, 둘 중 어느 쪽이 맞음을 논하는 것 또한 어리석은 일이 될지도 모른다. 괴테의 분석을 어떻게 받아들이건 괴테의 사상, 문학, 과학이야말로 잘 통일되고 연결된 실체였던 것은 분명하다. 파우스트 박사는 바로 괴테 자신의 분신이기도 했던 것이다.

이 생각은 괴테의 뒤를 쫓았던 헤겔(Georg Wilhelm Friedrich Hegel, 1770~1831)에게 영향을 주었다. 헤겔은 후일 뉴턴을 '야만'으로 비난했고, 심지어는 불성실하고 서투른 실험가라고까지 평했다. 아마도 여기까지가 과학에 대해 직접적으로 부정적인 평가를 한 학자세대의 마지막이라 할 수 있을 것이다.

20세기에 접어들면 과학은 전 학문 분야를 평정하고 과학자 사회

바깥에서 어떤 비판도 불가능한 존재가 됐다. 과학 자체의 문제가 발생해도 과학 내에서 상황을 해결해야 한다는 분위기는 일반적이 되어갔다. 오늘날 괴테 같은 시도는 제도권 학문 체계에서는 사실상 불가능하다. 현대적 관점에서 괴테의 『색채론』은 해프닝 정도겠지만, 미래의 관점에서 오늘날의 상황을 바라보면 현대과학의 과도한 위상이 훨씬 위험스러운 것일지도 모른다.

· 기계적 철학의 확장 ·

과학혁명 후 인류의 발전과정은 하나의 철학적 흐름이었던 과학이 모든 학문 분야를 지배하는 승리자가 되어가는 과정이었다. 정량화는 모든 학문의 지침이 됐고, 인문학과 사회학은 자신들의 명칭 뒤에 과학을 붙이기 시작했다. 과학은 모든 학문의 독재자가 되어갔다. 과학 분야 내에서 변화는 기계적 철학의 확장과정으로 요약될 수 있다. 과학 전 분야는 서서히 수학화, 기계화 되었으며 각 분야별로 파급속도는 차이를 보였다.

　18세기가 되면 과학혁명기 역학과 천문학의 눈부신 승리를 바라보며 다른 많은 분야에서 뉴턴의 방법론을 포섭하고자 노력하기 시작했다. 화학에서 그 역할을 수행한 사람은 앙투안 라브와지에(Antoine Laurent Lavoisier, 1743~1794)를 대표로 들 수 있다. 그는 1787년 출간된 『화학명명법』에서 옛 화학용어들을 대체하는 새로운 명명법을 제시했다. 이 책은 성공적이었고, 현재 사용되는 화학술어의 기초가 되었다. 과거 표현법의 사례를 든다면 '불의 공기', '생명의 공기'처럼 기체

라브와지에 부부

의 특성이 기체의 이름으로 불렸다. 하지만 라브와지에는 데카르트주의의 덕목을 지켜 기체명칭에서 형용사적 표현을 완전히 제거하고 다른 이름들을 붙였다. '불의 공기'는 가연성인 수소였고, '생명의 공기'는 당연히 생명체의 호흡에 필수불가결한 산소였다. 바로 이 이름들이 라브와지에로부터 유래했다. 소금 같은 경우도 오늘날 화합물 명명법으로는 염화나트륨이 된다. 소금이 염소와 나트륨이라는 '기계적 부품의 조합'으로 구성되었음을 명확히 보여주는 명칭이다. 뒤이어 라브와지에는 1789년에 『화학교과서』를 출판했는데, 이 책에서 질량불변의 법칙이 전제되었다. 어떤 화학변화가 발생하더라도 반응 전과 반응 후의 질량은 동일할 것이라는 선언이었다. 이제 화학은 반응 전의 질량과 반응 후의 질량을 정량적으로 분석하면서, 화학반응식은 방정식의 형태를 모방하게 되었다. 그리고 원소표를 정리하면서 원소의 개념은 '화학분석이 도달한 현실적 한계'로 규정되어 언제고 화학분석이 발전하면 원소는 더 작은 부분품으로 기술될 수 있는 여지도 남겨두었다. 이렇게 라브와지에는 데카르트 주의라는 기계적 철학의 이상으로 연금술을 길들이는 데 성공했고 그 결과 현대적 화학이 탄생했다. 오늘날의 화학은 아예 분자의 형태를 기계적 구조로 모델링하는 것이 표준적 연구방법론이 되었다.

생물학에 기계적 철학이 침투하는 과정은 아주 늦게 시작되었다. 19세기까지도 생물학은 분류학적 측면이 강했고, 정량적 설명은 거의 제시되지 못했다. 하지만 20세기에 접어들면 생물학은 강력한 정량적 방법론을 유전학에 적용하기 시작했다. 1900년에 재발견된 멘델의 유전법칙은 유전이 수학적으로 계산 가능한 물질적 기초에 의해 예측될 수 있음을 잘 보여주었다. 1953년에는 더더욱 기적 같은 일이 생물학에 발생했다. 생명 그 자체의 고유한 특성이 DNA 분자구조 모형이라는 기계적 모형으로 제시된 것이다. 이중나선 모양의 DNA 구조야말로 생명체에 대한 기계적 설명의 정점이었다. 이제 이 나선의 일부분을 바꾸면 생명체의 특성이 바뀔 수 있었다. 데카르트가 이야기한 기계로서의 생명, 부품 조합으로서 생명구조와 마주하게 된 것이다. 오늘날 기계적 철학은 그 어느 때보다도 견고하게 생물학을 붙잡고 있다. 오히려 가장 신비주의적인 개념이 가장 많이 남아 있었던 생물학 분야가 물리, 화학적 방법론을 20세기에 집요하게 받아들인 결과 극단적 기계론적 관점을 내포한 생명과학으로 변화했다. 그래서 21세기에 들어선 지금 생명과학은 가장 데카르트적 관점의 과학 분야가 되었다. 이제는 생명과학자들이 가장 기계적 설명을 많이 제시하는 과학자 집단으로 보인다. 현대 물리학은 에너지 개념, 상대론, 양자역학 등을 거치면서 순수한 데카르트적 설명에서 꽤 멀어졌다는 점에서 참으로 아이러니한 일이다.

서양의학의 기계화 과정은 시민혁명 이후 외과의의 권위가 강화되면서 통계학, 세균학, 면역학 등이 의학의 중요한 일부로 편입되면서 이루어졌다. 18세기까지 동아시아에 비해 어떤 면에서 뒤떨어졌다고

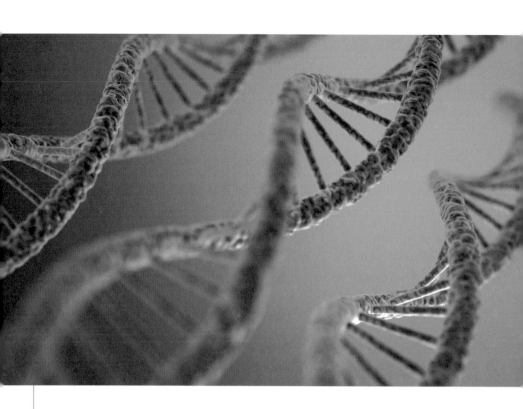

이중나선 형태의 DNA 구조 모형

데카르트가 이 사진을 보았다면 얼마나 기뻐했을까?

볼 수 있는 유럽 의학은 19세기에 불연속적 변화를 겪었다. 의학의 기계화 과정에 결정적 영향을 미친 역사적 사건은 프랑스 혁명과 그로 인해 비롯된 혁명전쟁과 나폴레옹 전쟁이었다.

일반적으로 의사는 오늘날의 내과의에 해당했고, 인간의 몸을 기계적 형태로 파악하고 치료하는 외과의사들의 지위는 내과의사들에 비해 매우 낮았다. 사형집행인이나 이발사에 해당하는 사람들이 외과의에 해당하는 상당한 해부적 지식을 갖추고 치료행위를 하는 경우도 많았다. 하지만 대전쟁의 와중에서 외과의사의 지위가 격상되고 해부학이 의사의 필수통과지점이 되는 변화가 일어났다. 전쟁터에서 내과의들의 지식은 별 쓸모가 없었다. 하지만 외과의들은 칼이나 붕대 같은 간단한 도구만으로 수많은 시민 병사들을 살려냈다. 내과와 외과는 어깨를 나란히 할 수 있는 대등한 입장이 되어갔고, 의학을 배우려는 사람들은 해부학이라는 필수통과지점을 지나지 않으면 의학의 전문가로서 인정받을 수 없게 되었다. 이런 측면에서 19세기 서양의학 발전을 특징짓는 것은 외과지식의 확장에 따른 외과의의 권위 강화라고 요약할 수 있다.

또 프랑스 대혁명 이후 공화정부는 공공병원을 세우기 시작했다. 다수의 환자들이 유사한 증상을 겪는 것을 통계적으로 관찰할 수 있는 수준이 되자 국가적 관점에서 병을 바라볼 수 있게 되었다. 결국 통계학이라는 수학이 의학의 중요한 일부분으로 편입되면서 환자는 '통계적 의학'의 판단 대상이 되었다. 그리고 뒤이어 19세기에 공고해진 세포설, 세균과 면역 개념의 성립이 의학혁명을 완성시켰다. 세포설은 세포라는 부품으로 생명체를 바라볼 수 있게 해주었고, 면역의 개념은 '병이라는 자물쇠에 백신이라는 열쇠'라는 개념으로 병의 치료를 가능케 했다.

그리고 거대 병원 시스템이 도입되자, 이전 시기 의사와 환자가 개인 대 개인의 인간적 관계로 상호작용하던 관행들이 빠르게 사라졌다. 서로가 서로를 평가하던 시대에서 이제 일방적으로 의사가 판단하는 시대로 접어들었다. 의사는 '누구를' 살렸나가 아니라 확률적으로 '몇 명을' 살렸나가 중요해졌다. 이제 환자는 의사를 선택할 수 없었다. 모든 것이 의사의 권한 속으로 빨려들어갔다. 의사는 환자가 아니라 질병을 연구했다. 환자는 그 질병을 키우는 실험실 같은 것이 되었다. 희귀병을 앓는 사람들은 신품종 같은 조사관찰의 대상이 되었다. 의학의 비인간적 변화는 실용과 효율의 측면에서는 분명히 성공적이었다.

19세기 이전 군인 사망자는 전사자와 병사자의 비율이 1:5 정도였다. 병영 내에는 수시로 전염병이 발생했다. 가벼운 상처를 입은 병사들도 결국 감염으로 죽어갔다. 감염과 전염병의 전파과정이 밝혀져 있지 않았기 때문이다. 그래서 군대는 일단 모아두면 저절로 줄어들게 마련이었다. 그래서 전쟁의 규모와 원정 거리에는 한계가 있었다. 하지만 19세기가 되면, 전사자와 병사자의 비율은 5:1로 바뀐다. 그러자 수백만 명을 징병한 유럽 열강은 안정적으로 긴 시간 동안의 대규모 전쟁을 수행할 수 있었고, 바다 건너 머나먼 땅으로 젊은이들을 '손실 없이' 이동시켜 전투에 투입할 수 있게 되었다. 의학의 발전으로 유럽은 전 세계에 대한 제국주의적 팽창이 가능해졌다. 우리의 상식과는 다르게 유럽의 팽창은 대포보다는 '기계적 의학'에 기댄 것이다.

오늘날은 의사의 판단에 따라 범인은 교도소가 아니라 정신병원에 갈 수 있다. 막강한 엘리트직으로서 의사는 과학의 권위로 법적 권위 위에 군림하는 시대가 되었다. 해부학과 거대 병원에 의해 강화된 의사의 권위 아래 인간의 몸은 '기계'가 되었고, 지금도 의사들의 해부적 지식은 지적 권위의 상징으로 작용하고 있다. 기계적 철학과 뉴턴주의의 적용 결과, 의학에서는 근대사회의 변화 방향과는 대조되는 변화가 일어났다. 개인주의가 퇴보했고, 환자는 고립되었으며, 의사는 국가권력의 대변자로 격상되었다. 뉴턴주의적 사유들의 파급효과는 이처럼 거의 전 학문 분야에서 발생했지만, 그 양상은 분야의 수만큼 다양했다.

· 뉴턴주의의 끝없는 승리 ·

뉴턴역학은 뉴턴 사후에도 끝없는 승리의 드라마를 써내려갔다. 뉴턴의 시대에 학자들은 똑같은 진자가 고위도보다 적도 근처에서 더 느리게 흔들리고 있음을 발견했다. 뉴턴의 중력이론을 따른다면 이 결과는 적도에서 인력이 더 작다는 것이다. 뉴턴은 적도지역이 극지방보다 지구 중심에서 더 멀리 떨어져 있음을 보여주는 것이라고 해석했다. 그렇다면 지구는 완전한 구체가 아니라 극지방이 약간 평평한 타원체라는 의미였다. 1735년 프랑스 왕립과학아카데미는 이를 입증해보고자 시도했다. 적도가 정말 '불룩하다면' 자오선은 적도에서 더 굽어 있을 것이고, 자오선의 1도 호의 길이는 적도에서 더 짧아질 것이다. 확인을 위해서는 적도지방과 극지방 탐사라는 거대한 탐험이

핼리혜성

핼리혜성은 1835년, 1910년, 1986년에 어김없이 돌아왔고, 우리는 2062년 이 혜성을 다시 보게 될 것을 의심하지 않는다.

필요했다. 루이 15세를 설득해 왕립과학아카데미는 적도 근처 페루와 북극해의 라플란드로 몇 년 일정의 탐험대를 파견했다. 규모 면에서 국가적 사업이었다. 그리고 1736년 12월의 라플란드의 측정치와 2년 뒤 페루에서 나온 측정치는 예상대로였다. 극지방의 자오선 측정치는 더 길었다. 뉴턴 사후 뉴턴의 중력이론대로 지구의 양극은 평평함이 증명됐다.

『프린키피아』 3권의 백미는 혜성에 관한 내용이었다. 여기서 뉴턴은 혜성이 아주 길쭉하지만 닫힌 타원형 궤도를 그리고 지구에 가깝게 접근할 때만 관측되는 천체라고 주장했다. 따라서 같은 혜성이 주기적으로 출현할 것이라는 예측을 내놓았다. 에드먼드 핼리는 뉴턴의

지구와 비교해 본 해왕성

해왕성은 19세기 뉴턴역학의 승리였다. 해왕성은 그 존재와 질량, 궤도까지 정확히 예측된 후 발견된 최초의 천체였다.

이론을 입증하기 위해 모든 혜성관측 기록을 엄밀하게 조사했다. 그리고 1682년의 혜성 경로가 1607년과 1531년에 나타난 혜성들의 경로와 유사하다는 결론을 내렸다. 핼리는 이 세 혜성이 같은 혜성이라면 그 혜성은 1758~1759년 사이에 다시 나타날 것이라고 예측했다. 뉴턴도 핼리도 세상을 떠난 후, 학자들은 이때가 다가오자 흥분했다. 그리고 마침내 그 혜성이 1759년에 다시 나타났을 때 핼리혜성이라는 이름이 붙여졌다. 이후 핼리혜성은 1835년, 1910년, 1986년에 어김없이 돌아왔고, 우리는 2062년 이 혜성을 다시 보게 될 것을 의심하지 않는다.

1781년 천문학상 놀라운 발견이 이루어졌다. 토성 바깥에서 새로운 태양계의 행성이 발견된 것이다. 오행성과 지구로 이루어진 태양계의 구조가 갑작스럽게 확장되었다. 천왕성(Uranus)으로 이름 지어진 이 행성은 전 유럽의 화제 거리였고, 몇 년 후 발견된 새로운 금속은 천왕성을 기념해서 우라늄(Uranium)으로 이름 지어졌다. 하지만 잠시의 열광 후 천왕성의 발견은 과학자들을 더 곤혹스럽게 만들었다. 천왕성의 궤도 운동이 뉴턴역학에 어긋나고 있었던 것이다. 1845년까지 이 행성은 예측치보다 2′ 벗어나 있었다. 19세기 천문학의 정밀도로 볼 때 도저히 관측오차로 돌릴 수 없는 수치였다. 수십 년간 신중히 관측데이터를 분석해온 과학자들은 결국 뉴턴역학이 틀렸거나, 아직 발견되지 않은 행성이 천왕성 바깥에 더 있든지 둘 중 하나라는 결론에 이르렀다. 물론 과학자들은 후자 쪽에 무게를 두었다. 1845년 엄청난 계산이 필요한 새로운 행성을 찾는 작업에 영국과 프랑스에서 두 명의 학자가 독자적인 시도를 했다. 고도로 복잡한 작업이었고, 계산은 1년 이상 걸렸다. 그리고 두 사람은 똑같은 예측 결과를 얻었다. 1846년에 새로운 행성은 정확히 예측된 위치에서 발견되었고 해왕성(Neptune)이라는 이름이 붙여졌다. 해왕성은 사전에 존재와 질량, 그리고 궤도까지 정확히 예측되고 발견된 최초의 행성이다. 19세기 과학자들은 다시 한 번 뉴턴에게 경외심을 느꼈다. 뉴턴 사후 100년이 지난 후에도 뉴턴역학은 여전히 무서운 예측능력을 보이며 인류를 감탄시켰다.

· 수학적 결정론의 절정 : '라플라스의 악마' ·

17세기의 학자들은 극소수를 제외하면 신을 직접적으로 부정하지 않았다. 무신론의 혐의를 강하게 받았던 데카르트와 스피노자는 사실 강하게 신의 본성을 찾았던 학자들이었고, 뉴턴도 라이프니츠도 자신이 확신한 신을 서사적으로 묘사하기 위해 열심이었다. 하지만 19세기에 오면 학자들의 태도는 분명히 달라졌다. 프랑스의 대표적 천재 수학자 피에르 시몽 라플라스(P. S. Laplace, 1749~1837)는 뉴턴적 천체 역학 연구의 정점에 도달한 책 『천체 역학』을 저술했다. 보나파르트 나폴레옹은 라플라스의 책을 살펴본 뒤 이렇게 물었다. "이 책에서 신에 대한 언급을 찾을 수가 없소." 라플라스의 답은 유명하다. "폐하, 저는 그런 가설을 도입할 필요가 없었습니다."

뉴턴에게는 자연의 경이로운 질서가 신의 존재를 증명하는 것이었다. 그리고 신 앞에 모든 것은 결정되어 있었다. "물질이 없는 빈 공간을 채우는 것은 무엇이며,……. 태양과 행성들이 서로 끌어당기는 힘은 어디서 오는가? 자연이 어떤 것도 헛되이 행하지 않음과 세상의 모든 질서와 아름다움은 어디서 유래하는가?……어떻게 동물들의 육체는 그렇게 예술적으로 고안되었으며, 그 각각의 부분들은 어떤 목적에 기여하는가? 눈은 완성된 광학이 없이, 귀는 음향에 대한 학문이 없이 만들어졌는가?……이 모든 것이 그렇게 되어져 있음을 보면 비물질적이고 살아 있으며 지적이고 어디에나 존재하는 그 무엇이 있음은 자연현상에서 분명하지 않은가? 그 존재는 무한공간이라는 자신의 감각기관에서 그것의 가장 내면에 있는 사물을 꿰뚫어보고 현재 속에서 그것을 완전히 이해한다." "신은 세계와 역사의 통치자다……. 그는 영원에서 영원까지, 무한에서 무한까지 존재하시며, 존재하거나 존재할 수 있는 모든 것을 다스리시고 모든 것을 아신다."

분명 뉴턴의 신은 결정론적 신이었다. 시간이 지나 이런 결정론적 시각은 결국 고전역학적 결정론의 최고봉인 '라플라스의 악마'로 연결된다. 라플라스는 이렇게 표현했다. "주어진 한순간 자연의 모든 존재의 위치와 운동 상태를 아는 것이 가능하다면…… 그에게는 어떤 것도 불확실한 것은 없고, 미래는 과거와 마찬가지로 그의 눈앞에 나타날 것이다." 모든 입자의 위치와 운동 상태를 알고 있는 악마가 있다면, 결정된 미래를 눈으로 보는 듯 생생히 예측할 수 있는 것이다. 라플라스의 어법은 이미 17세기 학자들과는 달라져 있었다. 하지만 사실 라플라스는 신이라는 단어만 싫어했지 뉴턴과 같은 신을 믿은 셈이다. 결정론적 신은 이처럼 무신론과 종종 잘 연결된다. 근대인들의 자신감은 이제 신의 부재조차 개의치 않고 거침없는 표현들로 나아갔다. 이것은 모든 입자의 위치와 운동만 알면 우리는 미래의 우주의 상황을 정확히 예측할 수 있다는 라플라스의 결정론적 세계관으로 요약될 수 있다. 이제 신이 있다면 신은 수학의 신이었고, 성경이 아니라 방정식으로 묘사 가능한 대상이었다. 곧 많은 과학자들은 이런 생각을 자연스럽게 받아들였다. 후일 양자역학이 모든 것을 뒤흔들어놓기까지 이 결정론적 해석은 과학자들의 신앙 같은 것이 되었다.

그러나, 정확히 표현하자면 앞서 살펴본 것처럼 뉴턴은 결코 강한 결정론자는 아니었다. 뉴턴의 신학적 입장은 분명히 신은 결정하셨을지 몰라도 인간은 이를 결코 '완전히' 알 수 없다는 것이다. 라플라스의 사례처럼, 뉴턴의 후예들도 데카르트의 후예들만큼이나 창시자보다 너무 많이 나아갔다.

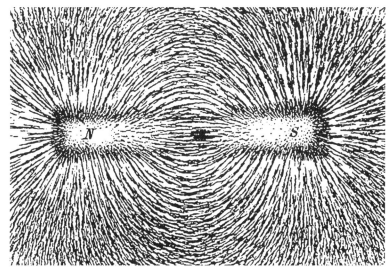

자석 주변에 쇳가루를 뿌려보면 우리는 눈으로 전자기장을 '볼' 수 있다.

· 또 다른 흐름 : 장의 물리학 ·

한편 앞서 살펴본 낭만주의의 영향은 여기서 그치지 않았다. 그 철학
적 맥락은 19세기에 새롭게 대두된 과학의 맥락 안에서도 자라났다.
19세기에 나타난 전자기학은 분명 데카르트주의와 대척점에 서 있었
다. 분명 전자기는 기계적 입자로 설명되지 않았다. 마이클 패러데이
(Michael Faraday, 1791~1867)는 전자기장(electromagnetic field)이라는 새
로운 관점을 제시하며 장(場, field)이라는 혁신적 개념을 과학에 도입
했다. 그리고 뒤를 이어 맥스웰(James Clerk Maxwell, 1831~1879)은 이
패러데이의 개념을 세련된 공식으로 정량화했다. 맥스웰 방정식은 현
대전기문명의 기반이 되었다. 눈에 보이지 않는 힘의 흐름으로 전자
기를 파악하는 이 관점은 낭만주의의 절정기인 19세기에 나왔고, 실
제 낭만주의적 이상에 잘 들어맞는다.

우리는 초등교육 때 자석 위에 유리판을 올려놓고 그 위에 쇳가루를 뿌리면, 보이지 않던 전자기장을 눈으로 확인할 수 있었다. 전자석은 전기가 전선 안으로만 흐르는 물이나 입자들의 흐름이 아니라는 것을 분명히 알려준다. 그래서 장(field)은 우리에게는 이미 익숙한 개념이다. 하지만 패러데이의 전자기장 개념도 처음 등장했을 때는 많은 반대에 부딪혔다. 사실 전자기학은 이미 탄생 시부터 뉴턴역학과 충돌하고 있었다. 많은 학자들은 전자기도 뉴턴의 만유인력과 유사한 개념으로 설명하고자 노력했다. 하지만 결국 패러데이와 맥스웰의 전자기학이 선택되었다. 맥스웰 방정식은 케플러의 타원궤도만큼이나 실험결과와 잘 일치했고, 실용적으로 유용했기 때문이다. 특히 19세기의 대서양 해저전신은 패러데이-맥스웰의 해법을 적용하고서야 제대로 동작할 수 있었다.

이런 이유로 19세기 후반의 불편한 동거관계가 수십 년 동안 지속되었다. 서로가 모순임에도 뉴턴역학은 천문학과 역학에 계속 활용되었고, 패러데이와 맥스웰의 업적은 전기산업에 무리 없이 적용되었다. 마치 천동설과 지동설이 공존하던 16세기 말의 상황과 유사했다. 20세기 초반이 되어서야 이 아이러니한 상황은 해결된다. 아인슈타인은 장(field)의 개념을 확장해 중력장(gravity field)의 개념을 제시하며 뉴턴의 체계를 붕괴시켰다. 이제 뉴턴의 'attraction'이 패러데이의 언어 'field'로 대체된 것이다.

새로운 혁명

· 아인슈타인과 상대성이론 ·

"하비흐트에게…… 왜 자네의 박사학위 논문을 보내주지 않는가? 가련한 친구야. 자네는 내가 관심을 가지고 그 논문을 즐겁게 읽어줄 1.5명 중의 한 사람이라는 것을 모르는가? (논문을 보내주면) 그 대신 나는 자네에게 4편의 논문을 약속하네. 첫째 논문은 빛의 복사와 에너지 성질에 대한 것으로, 자네가 논문을 먼저 보내주면 자네도 그것이 얼마나 혁명적인지를 알게 될 걸세. 두 번째 논문은 원자의 진짜 크기를 결정하는 것이라네……. 세 번째 논문은 액체에 떠 있는 1000분의 1mm 수준의 물체가 열운동에 의해서 관찰 가능한 무작위적 운동을 하는 것이 틀림없다는 사실을 증명한 것이지……. 네 번째 논문은 현재로서는 엉성한 초고 상태지만, 시간과 공간의 이론을 변형한 움직

청년기의 아인슈타인

이는 물체의 전기동력학에 대한 것이라네."

스위스 베른 특허청의 젊은 특허 심사관 아인슈타인이 독서토론모임인 '올림피아 아카데미'의 동료 콘라트 하비흐트에게 보낸 1905년 5월 말의 편지다. 친구에게 짐짓 거드름을 피며 보낸 이 편지의 내용은 모두 사실이었다. 네 개의 논문은 모두 완성되었다. 당시 아인슈타인은 특허청에 취업한 지 3년째 되던 해로 첫째아들은 막 돌이 지난 무렵이었다. 매일 특허청에 출퇴근하는 공무원 신분인 아인슈타인은 1905년 3월부터 6월까지 매달 논문 한 편씩을 써내는 저력을 발휘한다. 더구나 하나같이 엄청난 잠재력을 가진 논문들이었다. 3월의 광양자설 논문은 빛의 파동―입자 이중성을 제시하며 빛의 파동―입자 논쟁에 종지부를 찍은 논문이다. 4월의 논문은 아직 원자의 존재조차도 모호하던 시절에 원자의 크기를 유추해냈다. 5월의 논문은 브라운운동에 대한 수학적 기술이었다. 그리고 편지를 쓸 무렵 아직 미완성이던 네 번째 논문은 6월에 완성되었고, 후일 학자들은 이 논문에 특수상대성이론이라는 이름을 붙였다.

그래서 학자들은 이 1905년을 또 다른 '기적의 해(miracle year)'로 명명했다. 1666년의 뉴턴처럼 아인슈타인도 1905년 3월부터 6월까지 충격적 돌파를 이뤄냈다. 특히 그 마지막 논문은 아인슈타인을 현대 과학의 상징으로 만들어버렸다. 이 논문은 물리학의 근본가정을 송두리째 바꿨다. 그리고, 곧 양자역학과 함께 20세기 물리학의 양대 산맥이 되었으며, 이전의 물리학을 통칭 '고전물리학'이라고 부르는 지경

태양을 멈춘 사람들

에 이르게 했다.

특수상대성이론의 결론은 짧게 요약하기 쉽지 않다. 극단적으로 요약해본다면, 광속 불변의 원칙을 전제한 특수상대성이론은 빠르게 움직이는 물체의 질량은 늘어나고, 부피는 줄어들며, 시간은 느리게 흐른다는 것을 보여주었다. '시간의 연장'이나 '공간의 축소' 같은 기이한 개념이 전면에 등장했다. 칸트가 제기했던 절대 시간과 공간에 대한 철학적 의문을 아인슈타인은 방정식으로 답해주었다. 그 결과 시간과 공간을 상대적인 것으로 바꾸고, 광속이라는 궁극적 한계속도를 설정하고, '쌍둥이 패러독스' 같은 기이한 상상들을 유행시켰다. 이 과정에는 아인슈타인이 올림피아 아카데미에서 철학과 과학의 경계에 있는 저작들을 읽고 토론하는 과정이 큰 영향을 미쳤다. 스피노자, 흄, 칸트, 마흐 등의 문제의식들은 앳된 청년에게 뉴턴을 극복할 수 있는 용기를 주었다.

거기서 끝나지 않았다. 9월에는 6월에 보낸 특수상대성 논문에 대한 세 페이지의 짧은 추서(덧붙임)를 학회지에 보냈다. 그 마지막 페이지에는 '$E=mc^2$'이라는 역사적 방정식이 제시되었다. 이 방정식에 의해 질량(m)과 에너지(E)는 상호 변환 가능한 양이 되었다. 그리고 질량에 광속(c) 제곱이 곱해진 양이 에너지이니 극미량의 질량만 에너지로 바뀌어도 엄청난 에너지를 발생시킬 것이라는 암시도 포함되어 있었다. 방정식의 의미는 후일 잔인하게 확인되었다.—40년 뒤 히로시마에 떨어진 원자폭탄은 불과 몇 그램의 질량을 에너지로 바꿨고, 이 방정식대로 엄청난 에너지가 방출되며, 한 도시가 파괴되면서 수십만명이 목숨을 잃었다.

현란한 결론들이었다. 특수상대성이론의 충격파는 물리학 전반에 미쳤다. 뛰어난 물리학자들조차 상황을 파악하는 데 시간이 필요했고, 학계는 혼란기를 겪었다. 그럼에도 아인슈타인은 10년 뒤 이 기적에서 더 나아갔다. 1915년 아인슈타인은 훨씬 난해한 일반상대성이론을 완성했다. 행렬과 텐서까지 동원된 일반상대성이론의 장 방정식에서는 이번에도 충격적인 개념들이 도출되어 나왔다. 강한 중력장이 공간을 굽히고, 시간과 공간은 물질 없이는 존재하지 않았다. 빛은 중력장 속에서 휠 수 있기 때문에 빛도 빠져나올 수 없는 블랙홀 같은

아인슈타인
그는 '과학'과 '혁명'과 '천재성'의 상징이 되었다. 사실상 모든 면에서 뉴턴의 자리를 정확히 대체한 것이다.

천체들의 존재가 예측되었다. 대중들은 혼란스러워졌다. 19세기까지 과학은 그래도 상식적 관찰을 '설명'해주었지만, 상대성이론 이후 이제는 과학이 상식을 뒤엎는 기괴한 시대가 되었다.

무엇보다 놀라웠던 것은 일반상대성이론은 중력에 장(field)의 개념을 도입함으로써 뉴턴의 원거리력의 개념, 즉 만유인력을 완전히 제외시키고 현상을 설명하는 데 성공했다는 것이다. 이제 뉴턴역학에서의 공간을 넘어 즉시 작용하던 인력은 물체를 둘러싼 공간상의 변화로 완전히 대체되었다. '공간이 휘었다'라는 아리송한 개념은 물리학에서 흔한 표현이 되기 시작했다. 새로운 패러다임에 기초한 중력이론의 탄생한 것이다. 특수상대론에서는 절대 시공간 개념을 붕괴시켰던 젊은이가 이번에는 30대의 나이에 일반상대성이론으로 중력의 개념을 재정립했다. 200년간 지속된 뉴턴의 시대가 끝나고, 놀라운 혁명이 새로운 과학의 시대를 열었다.

· 움직이는 지구 ·

1905년, 메이지 유신 이후 빠르게 서구화한 일본은 러일전쟁에서 승리하며 강대국으로 발돋움했고, 대한제국을 실질적 식민지로 만든 을사늑약을 체결했다. 같은 해, 지구 반대편에서 베른의 특허청 직원인 아인슈타인은 빛과 시공을 버무린 새로운 철학을 만들어냈다. 한편 아름답고, 한편 잔혹한 시대였다.

1910년, 일본은 공식적으로 대한제국을 합병했다. 31세의 젊은 청년 안중근은 이토 히로부미를 암살한 죄목으로 처형당했다. 같은 해,

안중근과 동갑내기인 아인슈타인은 이제 명망 있는 젊은 학자가 되어 대학에 자리 잡았다. 몇 년 전 스스로 '생애 가장 행복한 상상'이라고 말했던 '등가원리'에 도달했었던 그는 시공과 중력에 대한 사유를 심화시켜갔다. 유럽의 한 지식인이 고귀한 과학적 사유를 마음껏 진행할 자유를 누릴 때, 동아시아의 한 지식인은 자신의 모든 것을 버리고 침략자와 싸워야 했다. 지구의 한편이 낮일 때, 다른 한편은 밤이었다.

1915년, 제1차 세계대전은 절정으로 치닫고 있었다. 수백만 명의 젊은이가 참호 속에서 비참하게 죽어갔다. 같은 해, 이 명분 없는 대전쟁의 중심 국가였던 독일의 수도 베를린에서, 일반상대성이론이 탄생했다. 대량살상의 시대에, 이토록 형이상학적인 이론이 바로 그 대량살상의 진원지에서 등장했다. 인류사의 아이러니였다.

200년 만에 아인슈타인이라는 새로운 뉴턴이 나타났다. 그는 전통을 흡수하되 결코 그 맛에 길들여지지 않았다. 17세기 학자들이 아리스토텔레스를 버렸듯이 그는 과감히 뉴턴역학을 버렸다. 그리고 전자기학에서 패러데이가 제시하고 맥스웰이 정량화한 장의 개념을 중력의 문제에까지 확장시켜 중력장이라는 과감한 개념으로 나아갔다. 그는 패러데이-맥스웰이 만든 재료에 칸트와 마흐에게서 받은 영감들을 버무렸다. 그리고 취리히 공대 시절 스승인 헤르만 민코프스키 (Hermann Minkowski, 1864~1909)의 다차원 수학을 토핑으로 올렸다. 그 결과 그는 절대적이었던 뉴턴의 시공을 이리저리 구부리고, 만유인력이 동작하던 텅 빈 공간을 광속의 제한을 받는 중력의 장으로 채워내는 데 성공했다. 아인슈타인은 새로운 혁명을 완성했다.

17세기 유럽지성의 최고봉에 만유인력이 자리 잡은 것처럼, 20세기 인류지성의 최고봉에 상대성이론이 나타났다. 그것은 케플러의 표현을 빌린다면, '하찮은 벌레 같은' 우리가 신의 마음을 여기까지 이해할 수 있었다는 표석이 되어주었다. 인류가 가진 가능성의 상징으로서. 현대 인류사의 비극 속에서 심판의 날을 연기할 수 있었다면, 이런 지성들이 아직은 인류에게 미련을 가져볼 여지를 마련해주었기 때문이리라. 상대성이론 이후 한 세기가 흘러갔지만, 아직까지 인류는 이 거대한 업적에 필적하는 과학적 혁명을 만들어내지는 못한 듯하다. 뉴턴과 아인슈타인을 이어 누군가 다른 멋진 집을 지을 수 있을까? 그때는 언제가 될까? 혹 인류는 또다시 가혹한 대가를 치르게 될까? 한편 두렵고, 한편 기대되는 미래다. 외롭게 방황하거나, 혹은 역동적으로 움직이는 지구 위에서 과학의 모험은 계속되고 있다.

★ 나가며 ★

책을 마치면서 내가 얻은 것에 대해 밝힐 필요가 있을 것 같다. 책을
쓰기 시작할 무렵까지도 내 머리 속에는 다음과 같은 생각들이 맴돌
고 있었다.

코페르니쿠스는 혁명을 시작하는 데 전혀 어울리지 않는 인물이었
다. 그는 겁 많고, 고집 세고, 무엇보다 우유부단했다. 튀코 브라헤는
다혈질에 광폭했고, 자신이 다스리는 백성들의 노동력을 착취했다.
갈릴레오는 끊임없이 과도한 명성을 추구했고, 그 방법은 치졸했으
며, 그로 인해 치명적인 위기를 맞았었다. 더구나 시종일관 오만했고
자신의 잘못을 인정할 줄 몰랐다. 뉴턴은 권력에 집착했고, 자신의 권
력을 사용하여 반대자들을 탄압했으며, 입에 담기 힘들 만큼의 모욕
을 동료연구자들에게 쏟아냈고, 원수진 일은 상대가 사망한 뒤에라도
쉽게 잊는 법이 없었다.

수많은 과학자들이 위선과 오만과 비굴함을 보여주었으나 동시에

놀라운 창조성을 함께 보여준 예는 수없이 많다. 어린 시절 보아온 위인전들과는 다르게 존경할 만한 인간성에서 존경할 만한 천재성이 나오는 것은 아니다. 때로는 이런 자에게서 이런 업적이 나오다니 신은 이다지도 능력의 배분에 불공평한 것일까 하는 생각에까지 이르는 경우도 있다. 그럼에도 이들은 과학혁명의 중요한 승리자들이라는 사실을 우리는 어떻게 바라봐야 할까? 아무리 선의를 가지고 표현한다 해도 그들은 결코 훌륭한 인격자로서 서술할 수는 없는 사람들인데, 그럼에도 무엇이 이들로 하여금 놀라운 업적을 이룰 수 있게 했을까?

메디치 가에 아부하고, 교황청을 속이고, 당대의 충분히 가치 있는 권위들을 고의로 무시하며 진행된 갈릴레오의 업적들은 인류를 위한 선의의 결과물인가? 훅을 짓밟고, 플램스티드를 절망시키고, 라이프니츠를 모욕한 프린키피아의 천재는 무엇이 그를 천재이게 만든 것일까? 인간에 대한 신뢰가 없이도 인류를 위한 업적은 샘솟을 수 있는 것인가? 그들이 우리와 다를 수 있음은 단지 우연과 행운의 결과인가?

책의 원고를 어느 정도 완성할 무렵, 분명 수많은 악덕 속에서도 창조성이 꽃피는, 확인하기 싫은 모순을 바라봐야 하는 혼란의 와중에서, 그 속에서 찾아낸 한 가지 분명한 사실은 있었다. 그들은 인간에 대해 오만했는지는 모르나 자연에 대해서는 결코 경외심을 잃는 법이 없었다는 점이다. 어쩌면 인간 세상에 절망했기에 자연을 바라보기 시작했는지도 모른다. 그렇게 생각해보면 그들의 행동들은 어느 정도 이해가 된다. 인류애적 사명감으로 똘똘 뭉친 삶을 살지는 않았더라도 그들은 무한한 흠모를 어떤 대상에 쏟았음은 분명한 사람들이다.

태양을 멈춘 사람들

그것이야말로 과학자의 창조성의 본질일 것이다. 이 미덕 하나를 믿으며 그들의 이야기를 마치고자 한다.

달리 생각해보면 그들의 이중적인 모습은 전혀 이상하지 않은 일일 것이다. 우리가 아는 역사가 기록된 이래 인간의 내면은 이중적인 두 사상이 치열한 싸움을 전개하는 것이 자연스러운 모습이 아니었던가. 인간 군상 속의 선과 악의 투쟁은 예민한 혁명가들에게서 더 극명하게 나타나고, 우리는 그들을 통해 우리들 자신의 이해를 좀 더 명확히 할 수 있는 것이리라. 밝히건대, 이 책은 영웅들의 있는 그대로의 모습에 상처받지 않을 만큼 세상을 헤아릴 수 있는 사람들을 대상으로 쓰여졌다. 수없는 공과 과를 만드는 과정에서 그들의 치열함을 좀 더 가깝게 느껴보면서, 비릿하고 음습한 현실과 치졸하고 옹졸한 자신의 내면을 확인하면서도 희망을 잃지 않을 수 있는 방법을 나는 감히 발견한 듯하다. 독자 여러분도 같은 느낌을 공유하기를 소망해본다.

2016년 남 영

★ 참고문헌 ★

이 책을 읽고 난 뒤 추가로 살펴볼 수 있는 책들을 소개한다. 쉬운 안내로서 덧붙였지만, 이 책 소개 글은 저자의 주관적 평가일 뿐이다. 과학자들에 대한 책은 이외에도 많이 있으므로 자신의 입맛에 맞는 책들부터 읽어나가기를 권한다.

• 코페르니쿠스, 튀코, 케플러 •

· 데이바 소벨, 장석봉 옮김, 『코페르니쿠스의 연구실』 (웅진지식하우스, 2012)
　『경도』로 유명한 데이바 소벨의 코페르니쿠스 전기.
· 키티 퍼거슨, 이충 옮김, 『티코와 케플러』 (오상, 2004)
　튀코와 케플러에 대한 표준적 전기. 두 사람에 대해 이 이상으로 자세히 기술한 한글 자료는 찾기 힘들다.

• 갈릴레오 •

· 제임스 맥라클란, 이무현 옮김, 『물리학의 탄생과 갈릴레오』 (바다출판사, 2002)
　갈릴레오에 대한 입문서로 좋은 전기. 갈릴레오의 업적들을 쉽고 명확하게 설명하고 있다.
· 마이클 화이트, 김명남 옮김, 『갈릴레오』 (사이언스북스, 2009)
　다빈치와 뉴턴에 대해서도 뛰어난 전기를 써낸 저자의 갈릴레오 전기. 특히 갈릴레오 재판에 집중하며 음모론적 맥락에 대한 흥미진진한 추리들이 실려 있다.
· 데이바 소벨, 홍현숙 옮김, 『갈릴레오의 딸』 (생각의 나무, 2001)
　『경도』로도 유명한 소벨의 대표작. 갈릴레오와 딸 마리아 첼레스테 수녀와의 편지에 주목한 독특한 갈릴레오 전기.
· 마리아노 아르티가스 · 윌리엄 쉬어, 고중숙 옮김, 『갈릴레오의 진실』 (동아시아, 2006)
　갈릴레오는 평생 여섯 번 로마를 여행했다. 이 책은 갈릴레오의 여섯 번에 걸친 로마여행만 추적하는 방식을 사용해서 독특한 갈릴레오 전기를 만들어냈다.
· 웨이드 로랜드, 정세권 옮김, 『갈릴레오의 치명적 오류』 (미디어윌, 2003)

재미있게도 이 책은 갈릴레오의 『대화』에 나온 형식을 그대로 차용해서 세 사람의 대화 형식으로 구성되어 있다. 갈릴레오를 비판적 관점에서 다루면서 현대 이탈리아의 풍광을 소개하기도 하고, 깊은 철학적 논의를 진행시키며 교회의 입장을 옹호하기도 한다.

· 장 피에르 모리, 『갈릴레오』 (시공사, 1999)
많은 사진들과 함께 짧게 잘 정리된 갈릴레오 전기.

· 데카르트 ·

· 김은주, 『생각하는 나의 발견 방법서설』 (아이세움, 2007)
데카르트의 인생과 철학에 대해 쉽고 재미있게 설명한 국내 저자의 책.
· 러셀 쇼토, 강경이 옮김, 『데카르트의 사라진 유골』 (옥당, 2013)
데카르트 사후 그의 유골들은 파란 많은 과정을 겪었다. 데카르트 유골의 수난사를 추적하는 과정을 통해 데카르트 철학의 의미를 되짚어보는 책.
· 아미르 D. 악젤, 김명주 옮김, 『데카르트의 비밀노트』 (한겨레출판, 2007)
데카르트가 남긴 노트의 비밀스러운 내용을 추적하는 형식으로 쓴 데카르트 전기. 데카르트뿐만 아니라 17세기를 전후한 수학의 역사도 재미있게 살펴볼 수 있다.

· 뉴턴 ·

· 요하네스 비케르트, 『뉴턴』 (한길사, 1998)
뉴턴에 대한 중후한 인문학적 해설들이 돋보이는 전기.
· 제임스 글릭, 김동광 옮김, 『아이작 뉴턴』 (승산, 2008)
주로 뉴턴이 '쓴 내용들'에 집중하는 뉴턴 전기. 용어와 개념에 접근하는 뉴턴을 잘 표현하고 있다.
· 데이비드 클라크 · 스티븐 클라크, 이면우 옮김, 『독재자 뉴턴』 (몸과마음, 2002)
독재적이었던 뉴턴에 초점을 맞춘 책. 뉴턴이 플램스티드에게 어떤 인물이었는지 잘 알 수 있는 책.
· 장 피에르 모리, 『뉴턴: 사과는 왜 땅으로 떨어지는가』 (시공사, 1996)
많은 사진들과 함께 짧게 잘 정리된 뉴턴 전기.
· 윌리엄 랭킨, 이충호 옮김, 『하룻밤의 지식여행 뉴턴과 고전물리학』 (김영사, 2007)
아주 짧지만 풍부한 삽화로 깊은 내용까지 접근한 뉴턴 안내서.

· 윌리엄 크로퍼, 김희봉 옮김, 『위대한 물리학자』 1~7권 (사이언스 북스, 2007)

총 7권으로 나온 핵심 물리학자들의 전기. 갈릴레오부터 허블까지 물리학의 400년 역사가 흥미롭게 펼쳐진다.

· 토마스 뷔르케, 유영미 옮김, 『물리학의 혁명적 순간들』 (해나무, 2010)

앞의 책 7권이 질린다면 짧고 쉽게 읽히는 이 책 한권을 추천한다. 역시 갈릴레오부터 시작하는 12명의 핵심 과학자들의 짧은 전기 모음이다.

· 김성근, 『교양으로 읽는 서양 과학사』 (안티쿠스, 2009)

국내 학자가 쓴 적당한 크기의 서양과학사. 매 페이지마다 사진을 넣었고, 역시 입문서로 좋다.

· 제임스 E. 맥클렐란 3세 · 해럴드 도런, 전대호 옮김, 『과학과 기술로 본 세계사 강의』 (모티브, 2006)

과학사 전반의 역사에 관한 책을 쉽게 쓴다는 것은 당연히 무리가 따른다. 이 책은 쉽고 재미있게 쓰기 위한 많은 노력이 함축되어 있다. 그러면서도 갈릴레오와 뉴턴에 대해 기술한 부분은 내용이 상당히 충실하다. 그리고 과학사와 함께 기술사의 영역도 어느 정도 할애하여 다루고 있다. 과학사 입문자가 한 권만 보려고 한다면 이 책을 추천한다.

· 제임스 버크, 장석봉 옮김, 『우주가 바뀌던 날 그들은 무엇을 했나』 (궁리, 2010)

과학과 기술의 역사에서 대표적 사건들을 무엇보다 일반 역사와 잘 융합하여 흥미롭게 서술하고 있다. 예를 들어 원근법과 통계학 같은 것이 얼마나 중요하고 우리의 삶과 밀접한 변화였는지 잘 이해하게 해준다.

· 존 헨리, 노태복 옮김, 『서양과학사상사』 (책과함께, 2013)

과학사에 대한 전반적 흐름을 파악하고 난 뒤 읽으면 아주 좋은 책. 핵심 과학자들과 각 과학이론이 기반하고 있는 철학적 입장들을 흥미롭게 정리한 책.

· 김영식 · 임경순 공저, 『과학사신론』 제2판 (다산출판사, 2007)

과학사 강의 표준 교과서다. 교과서라는 것이 장점이고 단점.

· 조진호, 『어메이징 그래비티』 (궁리, 2012)

중력 개념의 역사를 다룬 탁월한 만화책. 떨어진다는 것에 대해 할 얘기가 얼마나 많은지 알 수 있게 해준다.

· 칼 세이건, 『코스모스』

무엇으로 이 책을 설명할 것인가 망설여지는 책. 과학대중서의 시대 자체를 열어준 책. 파급효과 면에서 갈릴레오의 『대화』에 견주어도 될 만한 책. 출간 후 30년 이상이 지났어도 대체할 책은 없다. 1980년대부터 지금까지 여러 한국어 판본이 있고 일부러 특정본을 언급하지 않았다.

· 리처드 웨스트폴, 최상돈 옮김, 『프린키피아의 천재』 (사이언스북스, 2001)

　뉴턴 연구에 평생을 바친 학자의 뉴턴에 대한 표준 전기. 절대 재미있게 읽히지는 않지만 사실관계들이 충돌한다면 이 책을 믿어야 한다.

· 토머스 핸킨스, 양유성 옮김, 『과학과 계몽주의』 (글항아리, 2011)

　18세기 계몽사상과 과학혁명의 관계성에 집중해서 계몽사상기 과학들을 분야별로 설명한다.

· 찰스 길리스피, 이필렬 옮김, 『객관성의 칼날』 (새물결, 1999)

　제대로 나온 과학사학자의 과학사상사 책. 존 헨리의 앞의 책을 읽고 난 뒤 읽으면 좋을 것 같다. 천천히 완독하면 그 가치가 충분히 느껴지는 책.

· 히로시게 토오루 · 이토 준타로 · 무라카미 요우이치로, 남도현 옮김, 『사상사 속의 과학』 (다우, 2003)

　일본인의 입장에서 본 서양사상 속의 과학의 흐름. 유럽 바깥에서 바라본 과학사의 입장은 어떤 것인지 미묘하게 느껴볼 수 있다.

· 홍성욱 편역, 『과학고전선집』, (서울대학교 출판부)

　많은 핵심 과학자들의 원전 일부를 맛보는 재미가 있는 책.

· 김영식, 『과학혁명』 (아르케, 2001)

　국내 과학사학계의 대부라 할 수 있는 저자의 깊은 내공이 실린 책. 앞의 책들에서 더 깊게 들어가보고 싶다면 추천한다.

· 스티브 샤핀, 한영덕 옮김, 『과학혁명』 (영림카디널, 2002)

　'과학혁명 같은 것은 없었다.'로 시작되는 과학혁명에 대한 책. 과학혁명에 대한 사실적 내용을 어느 정도 숙지한 뒤 읽어보면 좋은 책. 과학혁명을 바라보는 관점이 얼마나 다양하고 깊을 수 있는지 한 사례를 보여주는 책.

· 피터 디어, 정원 옮김, 『과학혁명』 (뿌리와이파리, 2011)

　동명의 책이 많다. 이 책의 경우 앞의 샤핀의 책과 같이 읽으면 좋다. 디어가 샤핀의 책을 '맞받아치는' 형국으로 쓴 책이다. 디어는 과학혁명에서 16세기와 17세기를 나눠보는 시각을 권장한다.

· 데이비드 C. 린드버그, 이종흡 옮김, 『서양과학의 기원들』 (나남, 2009)

　절대 쉬울 수는 없는 제대로 된 서양 고대와 중세 과학사. 고대와 중세의 천문학이 궁금해질 때 읽어보라.

· C.V. 웨지우드, 남경태 옮김, 『30년 전쟁』 (휴머니스트, 2011)

　30년 전쟁 전반의 흐름을 알 수 있는 고전적 역사서. 복잡한 30년 전쟁의 역사를 그나마 크게 대강을 잡을 수 있게 해준다. 개인적으로 처음 읽을 때 20대 여성이 썼던 글이라고 믿어지지 않아 충격과 감동을 받았다.

· 앤서니 케니 편저, 김영건 외 옮김, 『서양철학사』 (이제이북스, 2004)

서양철학사 전반을 다룬 서적들은 난이도 별로 다양하다. 입문서 다음 단계로 하나를 고르라면 이 책을 추천하고 싶다. 분야별 전문가들이 나누어 쓰고 역시 전공자들에 의해 충실히 번역된 책이다.

★ 찾아보기 ★

태양을 멈춘 사람들

태양을 멈춘 사람들

1판 1쇄 펴냄 2016년 8월 5일
1판 3쇄 펴냄 2023년 12월 5일

지은이 남 영

주간 김현숙 | **편집** 김주희, 이나연
디자인 이현정, 전미혜
영업 백국현, 문윤기 | **관리** 오유나

펴낸곳 궁리출판 | **펴낸이** 이갑수

등록 1999년 3월 29일 제300-2004-162호
주소 10881 경기도 파주시 회동길 325-12
전화 031-955-9818 | **팩스** 031-955-9848
홈페이지 www.kungree.com
전자우편 kungree@kungree.com
페이스북 /kungreepress | **트위터** @kungreepress

ⓒ 남 영 2016.

ISBN 978-89-5820-389-6   93400

값 25,000원